国家电工电子教学基地系列教材

单片机原理及接口技术
（第 4 版修订本）

梅丽凤　郭　栋
汪毓铎　周　丹　编著

清华大学出版社
北京交通大学出版社
·北京·

内 容 简 介

本书以89C51单片机为样机,全面、详细地介绍了89C51系列单片机的硬件、软件及应用技术。全书主要内容包括:第1章绪论,第2章89C51单片机的结构及原理,第3章89C51单片机的指令系统,第4章汇编语言程序设计,第5章定时/计数器,第6章串行接口,第7章中断系统,第8章89C51单片机的系统扩展,第9章89C51单片机的接口技术,第10章I^2C串行总线及单总线技术,第11章89C51单片机应用举例,第12章单片机应用系统的抗干扰技术设计。本书的特点:选材新颖、内容丰富、由浅入深、循序渐进、编排顺序合理,可读性好,实用性强。有丰富的例题及习题。

本书既可以作为高等院校、高等职业学校及成人高等学校的单片机原理课程的教材,也可供从事单片机应用的工程技术人员学习参考或作为培训教材。

本书封面贴有清华大学出版社防伪标签,无标签者不得销售。
版权所有,侵权必究。侵权举报电话:010-62782989　13501256678　13801310933

图书在版编目(CIP)数据

单片机原理及接口技术/梅丽凤等编著.—4版.—北京:北京交通大学出版社:清华大学出版社,2018.6(2022.3重印)
ISBN 978-7-5121-3523-9

Ⅰ.①单… Ⅱ.①梅… Ⅲ.①单片微型计算机-基础理论②单片微型计算机-接口技术 Ⅳ.①TP368.1

中国版本图书馆CIP数据核字(2018)第056952号

单片机原理及接口技术
DANPIANJI YUANLI JI JIEKOU JISHU

责任编辑:韩　乐
出版发行:清华大学出版社　　邮编:100084　电话:010-62776969
　　　　　北京交通大学出版社　邮编:100044　电话:010-51686414
印　刷　者:北京时代华都印刷有限公司
经　　　销:全国新华书店
开　　　本:185 mm×230 mm　印张:23.5　字数:526千字
版　印　次:2020年8月第4版第1次修订　2022年3月第3次印刷
印　　　数:5 001～7 000册　　定价:59.00元

本书如有质量问题,请向北京交通大学出版社质监组反映。对您的意见和批评,我们表示欢迎和感谢。
投诉电话:010-51686043,51686008;传真:010-62225406;E-mail:press@bjtu.edu.cn。

国家电工电子教学基地系列教材编审委员会成员名单

主　任　谈振辉

副主任　张思东　赵乐沅　孙雨耕

委　员　王化深　卢先河　朱定华　刘京南　严国萍
　　　　　杜普选　李金平　李哲英　邹家骙　沈嗣昌
　　　　　张有根　张传生　张晓冬　陈后金　郑光信
　　　　　屈　波　侯建军　贾怀义　徐国治　徐佩霞
　　　　　廖桂生　薛　质　戴瑜兴

总 序

当今信息科学技术日新月异，以通信技术为代表的电子信息类专业知识更新尤为迅猛。培养具有国际竞争能力的高水平的信息技术人才，促进我国信息产业发展和国家信息化水平的提高，对电子信息类专业创新人才的培养、课程体系的改革、课程内容的更新提出了富有时代特色的要求。近年来，国家电工电子教学基地对电子信息类专业的技术基础课程群进行了改革与实践，探索了各课程的认知规律，确定了科学的教育思想，理顺了课程体系，更新了课程内容，融合了现代教学方法，取得了良好的效果。为总结和推广这些改革成果，在借鉴国内外同类有影响教材的基础上，决定出版一套以电子信息类专业的技术基础课程为基础的"国家电工电子教学基地系列教材"。

本系列教材具有以下特色：

● 在教育思想上，符合学生的认知规律，使教材不仅是教学内容的载体，也是思维方法和认知过程的载体；

● 在体系上，建立了较完整的课程体系，突出了各课程内在联系及课群内各课程的相互关系，体现微观与宏观、局部与整体的辩证统一；

● 在内容上，体现现代与经典、数字与模拟、软件与硬件的辩证关系，反映当今信息科学与技术的新概念和新理论，内容阐述深入浅出，详略得当。增加工程性习题、设计性习题和综合性习题，培养学生分析问题和解决问题的素质与能力；

● 在辅助工具上，注重计算机软件工具的运用，使学生从单纯的习题计算转移到基本概念、基本原理和基本方法的理解和应用，提高学习效率和效果。

本系列教材包括：

《基础电路分析》《现代电路分析》《电路分析学习指导及习题精解》《模拟集成电路基础》《信号与系统（第3版）》《信号与系统学习指导及习题精解》《电子测量技术》《微机原理与接口技术》《电路基础实验》《电子电路实验及仿真》《数字实验一体化教程》《电路基本理论》《现代电子线路》（含上、下册）。

本系列教材的编写和出版得到了教育部高等教育司的指导、北京交通大学教务处及电子信息工程学院的支持，在教育思想、课程体系、教学内容、教学方法等方面获得了国内同行们的帮助，在此表示衷心的感谢。

北京交通大学

"国家电工电子教学基地系列教材"

编审委员会主任

前 言

《单片机原理及接口技术》自 2004 年出版以来，经过 2 次修订，深得各大专院校同行的认可，并广受广大读者的厚爱，在此作者仅致诚挚的谢意。现鉴于单片机技术及嵌入式系统技术发展迅速，根据读者的反馈意见和实际应用的需要，决定对本教材再次修订。

本次修订仍以 89C51 单片机为样机，详细介绍了 89C51 单片机的硬件结构、原理、指令系统、接口技术及最新应用技术；在内容编排上，仍然保持由浅入深，循序渐进的编写顺序，分散难点，突出实用性。删去不常用的器件内容，对部分章节内容进行了调整和补充，在第 11 章 89C51 单片机应用举例中增加了新的应用案例，并配备了教学课件，以满足教学与自学的需要。

本书的再次修订由辽宁工业大学梅丽凤、郭栋和北京信息科技大学汪毓铎及辽宁理工职业学院周丹共同完成，其中第 1、2、7 章由郭栋编写和修订，第 3、4 章由周丹编写和修订，第 5、6、10、11 章由梅丽凤编写和修订，第 8、9、12 章由汪毓铎编写和修订，全书由梅丽凤策划和统稿。

本书的再次修订，得到了各高校同行专家与学者的热情帮助，他们对本书的修订提出了许多宝贵意见，在修订的过程中，参考了国内外大量的参考文献和教材，在此，谨向给予我们支持和帮助的单位、个人及作者表示最诚挚的谢意！

由于编者学识、水平有限，本书一定有许多疏漏、不妥乃至错误之处，敬请同行及读者提出宝贵意见。

编 者

2020 年 8 月

目　录

第1章　绪论 (1)
1.1　单片机的特点及应用领域 (1)
1.1.1　单片机的特点 (1)
1.1.2　单片机的应用领域 (2)
1.2　常用单片机系列介绍 (3)
1.2.1　Intel 公司 MCS-51 系列单片机 (3)
1.2.2　51 系列单片机命名规则 (4)
1.2.3　AT89 系列单片机 (4)
思考题与习题 (6)

第2章　89C51 单片机的结构及原理 (7)
2.1　89C51 单片机的主要特性 (7)
2.2　89C51 单片机的内部总体结构 (7)
2.3　89C51 单片机的引脚功能 (9)
2.3.1　89C51 单片机引脚功能 (9)
2.3.2　三总线结构 (11)
2.4　89C51 单片机的主要组成部分 (12)
2.4.1　CPU (12)
2.4.2　存储器 (12)
2.4.3　并行 I/O 口 (18)
2.5　时钟电路与 CPU 的时序 (20)
2.5.1　振荡器和时钟电路 (21)
2.5.2　CPU 的时序及有关概念 (21)
2.5.3　CPU 的取指令和执行指令时序 (22)
2.5.4　访问外部 ROM 的操作时序 (24)
2.5.5　访问外部 RAM 的操作时序 (24)
2.6　单片机的复位状态与复位电路 (25)
2.6.1　单片机的复位状态 (25)
2.6.2　单片机的复位电路 (26)

I

2.7 低功耗工作方式 ·· (28)
　　　　2.7.1 低功耗工作方式 ·· (28)
　　　　2.7.2 低功耗工作方式的进入与退出 ·························· (29)
　　思考题与习题 ·· (30)

第3章 89C51 单片机的指令系统 ·································· (31)
　　3.1 指令系统简介 ··· (31)
　　　　3.1.1 指令概述 ··· (31)
　　　　3.1.2 指令格式 ··· (31)
　　　　3.1.3 指令中常用符号说明 ···································· (32)
　　3.2 寻址方式 ·· (33)
　　　　3.2.1 立即寻址 ··· (33)
　　　　3.2.2 直接寻址 ··· (33)
　　　　3.2.3 寄存器寻址 ·· (33)
　　　　3.2.4 寄存器间接寻址 ·· (34)
　　　　3.2.5 变址寻址 ··· (34)
　　　　3.2.6 相对寻址 ··· (35)
　　　　3.2.7 位寻址 ·· (35)
　　3.3 数据传送类指令 ·· (36)
　　　　3.3.1 内部 RAM 数据传送指令 ······························· (36)
　　　　3.3.2 访问外部 RAM 的数据传送指令 ························ (38)
　　　　3.3.3 程序存储器向累加器 A 传送数据指令 ·················· (39)
　　　　3.3.4 数据交换指令 ·· (40)
　　　　3.3.5 堆栈操作指令 ·· (41)
　　3.4 算术运算类指令 ·· (41)
　　　　3.4.1 加法指令 ··· (41)
　　　　3.4.2 带进位加法指令 ·· (42)
　　　　3.4.3 带借位减法指令 ·· (43)
　　　　3.4.4 加 1 指令 ··· (44)
　　　　3.4.5 减 1 指令 ··· (44)
　　　　3.4.6 乘、除法指令 ·· (44)
　　　　3.4.7 十进制调整指令 ·· (45)
　　3.5 逻辑运算及移位类指令 ······································ (47)
　　　　3.5.1 逻辑与运算指令 ·· (47)
　　　　3.5.2 逻辑或运算指令 ·· (47)

3.5.3　逻辑异或运算指令 ……………………………………………（48）
　　3.5.4　累加器清零、取反指令 ………………………………………（48）
　　3.5.5　循环移位指令 …………………………………………………（49）
3.6　控制转移类指令 ……………………………………………………（50）
　　3.6.1　无条件转移指令 ………………………………………………（50）
　　3.6.2　条件转移指令 …………………………………………………（52）
　　3.6.3　子程序调用及返回指令 ………………………………………（55）
　　3.6.4　空操作指令 ……………………………………………………（58）
3.7　位操作类指令 ………………………………………………………（58）
　　3.7.1　位变量传送指令 ………………………………………………（58）
　　3.7.2　位置位、清零指令 ……………………………………………（59）
　　3.7.3　位逻辑运算指令 ………………………………………………（59）
　　3.7.4　位控制转移指令 ………………………………………………（60）
思考题与习题 ………………………………………………………………（61）

第4章　汇编语言程序设计 ………………………………………………（65）
4.1　程序设计概述 ………………………………………………………（65）
　　4.1.1　程序设计语言简介 ……………………………………………（65）
　　4.1.2　汇编语言程序设计步骤 ………………………………………（66）
4.2　汇编语言源程序的编辑和汇编 ……………………………………（66）
　　4.2.1　伪指令 …………………………………………………………（67）
　　4.2.2　源程序的编辑和汇编 …………………………………………（68）
4.3　汇编语言程序设计 …………………………………………………（69）
　　4.3.1　顺序程序设计 …………………………………………………（70）
　　4.3.2　分支程序设计 …………………………………………………（71）
　　4.3.3　循环程序设计 …………………………………………………（76）
　　4.3.4　子程序设计 ……………………………………………………（83）
　　4.3.5　运算类程序设计 ………………………………………………（90）
思考题与习题 ………………………………………………………………（103）

第5章　定时/计数器 ………………………………………………………（106）
5.1　定时/计数器的结构和工作原理 ……………………………………（106）
　　5.1.1　定时/计数器的结构 ……………………………………………（106）
　　5.1.2　定时/计数器的工作原理 ………………………………………（107）
5.2　定时/计数器的控制 …………………………………………………（108）

    5.2.1 工作模式寄存器 TMOD ……………………………………（108）
    5.2.2 控制寄存器 TCON ……………………………………………（108）
  5.3 定时/计数器的工作模式 ……………………………………………（109）
    5.3.1 模式 0 ……………………………………………………………（109）
    5.3.2 模式 1 ……………………………………………………………（110）
    5.3.3 模式 2 ……………………………………………………………（110）
    5.3.4 模式 3 ……………………………………………………………（111）
  5.4 定时/计数器的应用 …………………………………………………（112）
    5.4.1 定时/计数器使用方法 …………………………………………（112）
    5.4.2 定时/计数器模式 0 的应用 ……………………………………（113）
    5.4.3 定时/计数器模式 1 的应用 ……………………………………（113）
    5.4.4 定时/计数器模式 2 的应用 ……………………………………（114）
    5.4.5 定时/计数器门控位 GATE 的应用 ……………………………（114）
    5.4.6 运行中读定时/计数器 …………………………………………（115）
  思考题与习题 ………………………………………………………………（116）

第 6 章 串行接口 ……………………………………………………………（118）
  6.1 串行通信的基础知识 …………………………………………………（118）
    6.1.1 串行通信的两种基本方式 ………………………………………（118）
    6.1.2 串行通信的数据传送方式 ………………………………………（119）
    6.1.3 串并转换和串行接口 ……………………………………………（120）
  6.2 89C51 单片机的串行接口 ……………………………………………（120）
    6.2.1 89C51 单片机串行口的结构 ……………………………………（120）
    6.2.2 89C51 单片机串行口的控制 ……………………………………（121）
    6.2.3 波特率设计 ………………………………………………………（123）
  6.3 串行口工作模式 ………………………………………………………（125）
    6.3.1 模式 0 ……………………………………………………………（125）
    6.3.2 模式 1 ……………………………………………………………（125）
    6.3.3 模式 2 ……………………………………………………………（126）
    6.3.4 模式 3 ……………………………………………………………（127）
  6.4 串行口应用举例 ………………………………………………………（127）
    6.4.1 用串行口扩展 I/O 口 ……………………………………………（127）
    6.4.2 单片机双机通信技术 ……………………………………………（130）
    6.4.3 单片机多机通信技术 ……………………………………………（137）
  思考题与习题 ………………………………………………………………（138）

第 7 章 中断系统 (139)

7.1 中断概述 (139)
7.1.1 中断的概念 (139)
7.1.2 中断技术的优点 (139)
7.1.3 中断系统的功能 (140)

7.2 89C51 单片机的中断系统 (141)
7.2.1 中断源 (141)
7.2.2 中断请求标志 (142)
7.2.3 中断允许控制寄存器 IE (143)
7.2.4 中断优先级控制寄存器 IP (144)

7.3 中断处理过程 (144)
7.3.1 中断响应 (145)
7.3.2 中断处理 (146)
7.3.3 中断返回 (146)
7.3.4 中断请求的撤除 (147)
7.3.5 中断响应时间 (148)

7.4 中断系统的应用 (149)
思考题与习题 (166)

第 8 章 89C51 单片机的系统扩展 (168)

8.1 程序存储器的扩展 (168)
8.1.1 程序存储器的分类 (168)
8.1.2 典型程序存储器芯片介绍 (169)
8.1.3 典型程序存储器的扩展方法 (175)
8.1.4 典型程序存储器扩展电路 (178)

8.2 数据存储器的扩展 (185)
8.2.1 典型数据存储器的扩展方法 (185)
8.2.2 典型数据存储器的扩展电路 (186)

8.3 89C51 单片机片选方法简介 (189)
8.3.1 线选法 (189)
8.3.2 译码法 (190)

8.4 Flash 存储器的扩展 (192)
8.4.1 Flash 存储器的分类 (193)
8.4.2 典型 Flash 存储器芯片简介 (193)
8.4.3 典型 Flash 存储器的扩展 (196)

8.5 并行 I/O 接口的扩展 (198)
　8.5.1 I/O 接口电路的功能 (198)
　8.5.2 简单并行 I/O 接口的扩展 (199)
　8.5.3 可编程接口电路的扩展 (201)
思考题与习题 (211)

第 9 章　89C51 单片机的接口技术 (212)

9.1 人机通信接口技术 (212)
　9.1.1 键盘接口技术 (212)
　9.1.2 显示接口技术 (219)
　9.1.3 键盘、显示器组合接口举例 (224)
9.2 A/D 转换器 (228)
　9.2.1 A/D 转换器技术指标与选择原则 (228)
　9.2.2 A/D 转换器 MAX197 (230)
　9.2.3 A/D 转换器 ADC 0809 (235)
　9.2.4 A/D 转换器 TLV2548 (239)
9.3 D/A 转换器 (247)
　9.3.1 D/A 转换器技术指标 (247)
　9.3.2 D/A 转换器 DAC 0832 (248)
　9.3.3 D/A 转换器 MAX508 (254)
　9.3.4 D/A 转换器 TLV5630 (256)
9.4 开关量输入/输出接口 (261)
　9.4.1 开关量输入接口 (261)
　9.4.2 开关量输出接口 (262)
思考题与习题 (266)

第 10 章　I^{2}C 串行总线及单总线技术 (267)

10.1 I^{2}C 串行总线扩展技术 (267)
　10.1.1 I^{2}C 串行总线概述 (267)
　10.1.2 I^{2}C 总线的数据传送 (269)
　10.1.3 I^{2}C 总线数据传送的模拟 (274)
　10.1.4 I^{2}C 总线应用程序设计实例 (281)
10.2 单总线及其应用 (283)
　10.2.1 单总线简介 (283)
　10.2.2 单总线温度传感器 DS18B20 (284)

10.2.3　DS18B20 构成的测温系统 ……………………………………（291）
　思考题与习题 ………………………………………………………………（294）

第 11 章　89C51 单片机应用举例 ………………………………………（295）
11.1　单片机应用系统的一般设计过程 ……………………………………（295）
　　11.1.1　硬件系统设计原则 …………………………………………（295）
　　11.1.2　应用软件设计特点 …………………………………………（295）
　　11.1.3　应用系统开发过程 …………………………………………（296）
11.2　应用系统结构及其设计内容 …………………………………………（297）
　　11.2.1　应用系统的结构特点 ………………………………………（297）
　　11.2.2　应用系统的典型通道接口 …………………………………（298）
　　11.2.3　应用系统设计内容 …………………………………………（299）
11.3　水塔水位控制 …………………………………………………………（299）
　　11.3.1　水塔水位控制原理 …………………………………………（299）
　　11.3.2　水塔水位控制电路与软件设计 ……………………………（300）
11.4　交通信号灯模拟控制 …………………………………………………（302）
　　11.4.1　交通信号灯模拟控制的硬件设计 …………………………（302）
　　11.4.2　交通信号灯模拟控制的软件设计 …………………………（303）
11.5　火灾报警控制系统 ……………………………………………………（304）
　　11.5.1　火灾报警控制系统工作原理 ………………………………（304）
　　11.5.2　火灾报警控制电路与软件设计 ……………………………（305）
11.6　步进电动机控制 ………………………………………………………（307）
　　11.6.1　步进电动机控制原理 ………………………………………（307）
　　11.6.2　步进电动机接口技术与软件设计 …………………………（309）
11.7　电力系统负载电流的数据采集与远端再现 …………………………（314）
　　11.7.1　电力系统负载电流的数据采集 ……………………………（314）
　　11.7.2　电力系统负载电流的远端再现 ……………………………（316）
11.8　倒计时器的设计 ………………………………………………………（317）
　　11.8.1　实时日历时钟芯片 DS12C887 简介 ………………………（318）
　　11.8.2　倒计时器的硬件电路设计 …………………………………（321）
　　11.8.3　倒计时器的软件设计 ………………………………………（322）
11.9　数字温度计的设计 ……………………………………………………（324）
　　11.9.1　数字温度计的硬件电路设计 ………………………………（324）
　　11.9.2　数字温度计的软件设计 ……………………………………（325）
　思考题与习题 ………………………………………………………………（329）

第 12 章 单片机应用系统的抗干扰技术设计 (330)
12.1 干扰源 (330)
12.1.1 串模干扰 (330)
12.1.2 共模干扰 (331)
12.1.3 电源干扰 (332)
12.2 硬件抗干扰设计 (332)
12.2.1 共串模干扰的抑制 (332)
12.2.2 共模干扰的抑制 (334)
12.2.3 输入/输出通道干扰的抑制 (335)
12.2.4 电源与电网干扰的抑制 (337)
12.2.5 地线系统干扰的抑制 (337)
12.3 软件抗干扰设计 (338)
12.3.1 程序执行过程中的软件抗干扰 (338)
12.3.2 系统的恢复 (342)
思考题与习题 (344)

附录 A ASCII 表 (345)

附录 B 89C51 单片机指令系统表 (347)

附录 C 常用芯片引脚图 (353)

参考文献 (357)

第 1 章　绪　　论

单片机的出现是计算机发展史上的一个重要里程碑，开辟了嵌入式计算机领域。目前单片机已经成为工控领域、军事领域及日常生活中应用最广泛的计算机。

1.1　单片机的特点及应用领域

1.1.1　单片机的特点

微处理器（micro processing unit，MPU）是一种大规模集成电路器件，包括计算机控制部件和运算部件，具有控制和运算功能，微处理器又称为中央处理器（microprocessor，CPU）。

微型计算机（microcomputer，MC）是由微处理器加上同样采用大规模集成电路制成的程序存储器（ROM、EPROM、Flash ROM）和数据存储器（RAM），以及与外围设备相连接的输入/输出（I/O）接口电路等构成，图 1-1 所示为微型计算机的组成。

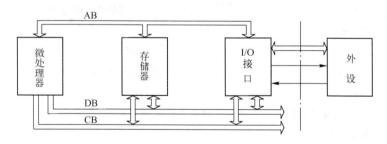

图 1-1　微型计算机组成框图

微型计算机系统是指由微型计算机与外围设备、电源和系统软件一起构成的系统。

单片微型计算机简称单片机。它是在一块芯片上集成了中央处理器（CPU）、一定容量的 RAM 和 ROM（或 EPROM、Flash ROM）、定时/计数器及 I/O 接口电路等部件，构成一个完整的微型计算机。

由于单片机的结构及其所采用的半导体工艺，使之具有显著的特点，其主要特点可以归纳如下。

(1) 优异的性能价格比。

(2) 集成度高、体积小、有很高的可靠性；单片机把各功能部件集成在一个芯片上，内部采用总线式结构，减少了各芯片之间的连线，大大提高了单片机的可靠性与抗干扰能力。另外，由于其体积小，对于强磁场环境易于采取屏蔽措施，适合在恶劣环境下工作。

(3) 控制功能强大。为了满足工业控制的要求，一般单片机的指令系统中均含有丰富的转移指令、I/O 口逻辑指令及位处理功能。单片机的逻辑控制功能及运行速度均高于同一档次的微机。

(4) 低功耗、低电压，便于生产便携式产品。

(5) 外部总线增加了 I^2C 及 SPI 等串行总线方式，进一步缩小了体积，简化了结构。

(6) 单片机系统扩展和系统配置较典型、规范，容易构成各种规模的应用系统。

1.1.2 单片机的应用领域

单片机的自身特点决定了其应用非常广泛，单片机的主要应用领域如下。

(1) 智能化仪器仪表。用单片机改造原有的测量、控制仪表，使仪器仪表数字化、智能化、多功能化、微型化，并使长期以来测量仪表中的误差修正和线性化处理等难题迎刃而解。由单片机构成的智能仪表集测量、处理、控制功能于一身，从而赋予测量仪表以崭新的面貌，是仪器产品更新换代的标志。

(2) 机电一体化产品。机电一体化是机械工业发展的方向。机电一体化产品是指集机械技术、微电子技术、计算机技术于一体，具有智能化特征的机电产品。单片机的出现促进了机电一体化的发展，它作为机电产品中的控制器，使传统的机械产品结构简单化、控制智能化，构成了新一代的机电一体化产品。例如，在电传打字机中，由于采用了单片机，从而取代了近千个机械部件。

(3) 测控系统。用单片机可以构成各种工业控制系统、自适应控制系统、数据采集系统等。例如，温度、湿度的自动控制、锅炉燃烧的自动控制、电镀生产线的自动控制、包装生产线的自动控制等。

(4) 计算机网络及通信技术。高档单片机集成有通信接口，为单片机在计算机网络与通信设备中的应用提供了良好的条件。例如，用 51 系列单片机控制的串行自动呼叫应答系统、列车无线通信系统、无线遥控系统等。

(5) 家用电器。由于单片机价格低廉、体积小、逻辑判断和控制功能强，且内部具有定时/计数器，所以广泛用于家电设备。例如，洗衣机、电冰箱、微波炉、高级智能玩具、电子门铃、家用防盗报警器等，配上单片机后，提高了自动化程度，增加了功能，备受人们的喜爱。总之，单片机将使人类的生活更加方便舒适、丰富多彩。

1.2 常用单片机系列介绍

自单片机诞生以来的近40年中,单片机已有70多个系列,500多个机种,如今单片机厂商众多,生产的单片机产品性能各异,种类繁多。国际上比较著名、影响较大的公司及其8位单片机产品如下。

Intel(美国英特尔)公司:MCS-51系列产品。
Motorola(美国摩托罗拉)公司:M6805、M68HC05、M68HC11、M68HC12系列产品。
Atmel(美国艾特梅尔)公司:AT89系列、AT90系列产品。
Zilog(美国齐洛格)公司:Z8、Z8Encore系列产品。
MicroChip(美国微芯科技)公司:PIC16C、16F、PIC18F系列产品。
Philips(荷兰飞利浦)公司:P87系列、P89系列产品。
SST(美国硅存储技术)公司:SST89系列产品。

上述公司产品既有很多共性,又各具一定的特色,因而在国际市场上都占有一席之地。

1.2.1 Intel公司MCS-51系列单片机

Intel公司自1976年首推出8位单片机之后,相继推出了三个系列几十个机种。其中MCS-51系列典型产品见表1-1。

表1-1 Intel公司51系列单片机

系列	型号	片内存储器		片外存储器直接寻址范围		I/O口线		中断源	定时/计数器/(个×位)	封装DIP	其他
		ROM/EPROM	RAM	RAM	EPROM	并行	串行				
MCS-51 (8位机)	8051	4KB/	128	64 KB	64 KB	32	UART	5	2×16	40	
	8751	/4KB	128	64 KB	64 KB	32	UART	5	2×16	40	
	8031	—	128	64 KB	64 KB	32	UART	5	2×16	40	
	8052AH	8KB/	256	64 KB	64 KB	32	UART	6	3×16	40	
	8752AH	/8KB	256	64 KB	64 KB	32	UART	6	3×16	40	
	8032AH	—	256	64 KB	64 KB	32	UART	6	3×16	40	
	80C51BH	4KB/	128	64 KB	64 KB	32	UART	5	2×16	40	CHMOS
	80C31BH	—	128	64 KB	64 KB	32	UART	5	2×16	40	CHMOS
	87C51BH	/4KB	128	64 KB	64 KB	32	UART	5	2×16	40	CHMOS
	80C52	8KB/	256	64 KB	64 KB	32	UART	6	3×16	40	CHMOS
	87C52	/8KB	256	64 KB	64 KB	32	UART	6	3×16	40	CHMOS
	83C52	—	256	64 KB	64 KB	32	UART	6	3×16	40	CHMOS

(1) 8031/8051/8751 三种型号是普通型，亦称为 8051 子系列。

这三种芯片的结构和功能相同，它们之间的区别在于片内程序存储器配置：8051 片内含有 4KB 的掩膜 ROM，其中的程序是生产厂家制作芯片时，代为用户烧制的，出厂的 8051 都是具有特殊用途的单片机。所以 8051 应用在程序固定、且批量大的单片机产品中；8751 片内含有 4KB 的 EPROM，用户可以把编写好的程序用开发机或编程器写入其中，修改程序时，需要从系统上拆除下来，放进紫外线擦除器中擦除，然后再写入新的程序；8031 片内没有 ROM，使用时需在片外接 EPROM。

(2) 8032AH/8052AH/8752AH 是 8031/8051/8751 的增强型，亦称为 8052 子系列。

其中片内 ROM 和 RAM 的容量比 8051 子系列各增加一倍，另外，增加了一个定时/计数器和一个中断源。

(3) 80C31/80C51/87C51BH 是 8051 子系列的 CHMOS 工艺芯片；80C32/80C52/87C52 是 8052 子系列的 CHMOS 工艺芯片；两者芯片内的配置和功能兼容。

MCS-51 系列单片机采用两种半导体工艺生产，一种是 HMOS 工艺，即高密度短沟道 MOS 工艺；另外一种是 CHMOS 工艺，即互补金属氧化物的 MOS 工艺。芯片型号中带有 "C" 的，均为 CHMOS 工艺芯片，其特点是低功耗。另外，87C51 带有一级保密系统，有一个保密位，对其编程后，可防止任何外部方式访问片内 ROM，防止程序被非法复制。

1.2.2 51 系列单片机命名规则

从 Intel 公司推出 MCS-51 系列高档 8 位单片机至今 30 余年，51 系列单片机经久不衰，并得到了极其广泛的应用。世界上很多半导体公司都生产以 8051 为内核的单片机，开发出各种型号的 51 系列单片机，如 Atmel 公司的 AT89/AT87 系列、Philips 公司的 P89/P87 系列、SST 公司的 SST89/87 系列单片机等，越来越多地得到广泛应用。

世界上各大公司所生产的 51 系列单片机型号多种，通常以 8XC51 来命名 51 系列单片机，其中：

$$X = \begin{cases} 0 & \text{mask ROM} \\ 7 & \text{EPROM/OTPROM} \\ 9 & \text{flash ROM} \end{cases}$$

其中，89C51 单片机的最大特点是在片内含有 flash 存储器，flash 存储器是一种可以电擦除和电写入的闪速存储器（简记 flash ROM），读写方便，可多次擦写，在系统的开发过程中可以十分容易地进行程序的修改，这使开发调试更为方便。因此 89 系列单片机越来越受到人们的瞩目，其市场份额逐年提高。

1.2.3 AT89 系列单片机

在众多的 51 系列单片机中，AT89 系列单片机最为流行，在我国得到了极为广泛的应用。

AT89 系列单片机是美国 Atmel 公司的 8 位 flash 单片机产品。分为标准型、低档型和高档型三大类。标准型以 AT89C51 为代表，低档型以 AT89C2051 为代表，高档型以 AT89S8252 为代表。AT89 系列单片机内部功能配置概况见表 1-2。

表 1-2 AT89 系列单片机内部功能配置

型号	flash ROM	EEPROM	RAM	I/O 口线	16 位定时器	串行口	把关定时器	SPI	10 位 A/D
AT89C1051	1 KB	—	64 B	15	1 个	无	—	—	—
AT89C2051	2 KB	—	128 B	15	2 个	UART	—	—	—
AT89C51	4 KB	—	128 B	32	2 个	UART	—	—	—
AT89C52	8 KB	—	256 B	32	3 个	UART	—	—	—
AT89C53	12 KB	—	256 B	32	3 个	UART	—	—	—
AT89C54	16 KB	—	256 B	32	3 个	UART	—	—	—
AT89C55	20 KB	—	256 B	32	3 个	UART	—	—	—
AT89LV51	4 KB	—	128 B	32	2 个	UART	—	—	—
AT89LV52	8 KB	—	256 B	32	3 个	UART	—	—	—
AT89LV53	12 KB	—	256 B	32	3 个	UART	—	—	—
AT89S51	4 KB	—	128 B	32	2 个	UART	Yes	—	—
AT89S52	8 KB	—	256 B	32	3 个	UART	Yes	—	—
AT89S53	12 KB	—	256 B	32	3 个	UART	Yes	Yes	—
AT89S8252	8 KB	2 KB	256 B	32	3 个	UART	Yes	Yes	—
AT89S8253	12 KB	2 KB	256 B	32	3 个	UART	Yes	Yes	—
AT89C51RC2	32 KB	—	1280 B	32	3 个	UART	Yes	Yes	—
AT89C51RD2	64 KB	—	2048 B	32	3 个	UART	Yes	Yes	—
AT89C51AC2	32 KB	2 KB	1280 B	34	3 个	UART	Yes	Yes	8 路
AT89C51AC3	64 KB	2 KB	2304 B	32	3 个	UART	Yes	Yes	8 路

表 1-2 中低档型的单片机有 AT89C1051 和 AT89C2051 两种型号，标准型单片机有 AT89C51、AT89C52、AT89LV51、AT89LV52 等型号，高档型单片机有 AT89S51、AT89S52、AT89S53、AT89S8252 等型号。

标准型的 AT89 系列单片机具有如下特点。

（1）片内有足够的 flash ROM，可避免扩展外部 ROM。扩展外部 ROM 既增加应用成本，又增加线路的复杂性，影响系统的可靠性。

（2）flash ROM 是电擦除和电写入，读写方便，可擦写 1 000 次以上，可在线修改程序。

（3）价格低廉。在国内，AT89C51、AT89C52 芯片的零售价在 10 元以下。

（4）片内 ROM 具有三级保密系统。即具有 3 个保密位，对其编程后，可呈现 3 种不同方式的保密功能,可有效防止程序被非法复制。

(5) AT89C52～AT89C55 芯片与 80C52 芯片相同,有定时/计数器 3 个,中断源 6 个,片内 ROM256B。

(6) AT89C51 系列单片机中还有相应的低电压芯片,AT89LV51～AT89LV55 最低工作电压为 2.7 V。

(7) AT89C51 系列单片机时钟频率最高为 24 MHz。

高档型 AT89 系列单片机是在 89C51 的基础上,又集成了许多新功能,如加大存储器容量,加入串行外围接口 SPI、把关定时器 Watchdog、A/D 转换器等功能部件。

综上所述,标准型 89 系列单片机均是 51 内核单片机,与 MCS-51 同属于 51 系列单片机,基本功能也是通用的,即 89C51 与 87C51 完全兼容,不论是 SIP 封装,还是 LCC、QFP 封装,均可以用相同引脚的芯片直接替换,且使用十分方便,因此现在几乎没有人使用 80C31 或 87C51 开发产品。选择 89C51 单片机作为研究分析对象,既符合教学特点的典型性,又使得教学内容具有先进性。

本教材以 Atmel、Philips 和 SST 等公司的 AT89C51/P89C51/SST89C51(以下简称 89C51)为样机,就 51 系列单片机的硬件结构、原理、指令系统、接口技术及其应用技术进行详细的讨论。

思考题与习题

1-1 什么是微处理器、CPU、微机和单片机?
1-2 单片机有哪些特点?
1-3 叙述 51 子系列与 52 子系列的区别。
1-4 51 系列单片机是如何命名的? 89C51 单片机的显著特点是什么?
1-5 AT89C51 单片机与 MCS-51 系列单片机有什么不同? 是否可以直接替换?
1-6 标准型的 AT89 系列单片机有哪些特点?

第 2 章　89C51 单片机的结构及原理

2.1　89C51 单片机的主要特性

如前所述，51 系列单片机有很多种型号，一般可以分为普通型（80C31、80C51、87C51 和 89C51 等）和增强型（80C32、80C52、87C52 和 89C52 等）。它们的结构基本相同，其主要差别在于存储器的配置不同，80C31 片内没有程序存储器；80C51 片内含有 4 KB 的 Mask ROM 程序存储器；87C51 是将 80C51 片内的 Mask ROM 换成 EPROM 或 OTP ROM，89C51 则换成 Flash ROM。增强型的程序存储器容量为普通型的 2 倍。

89C51 与 80C31、80C51 和 87C51 的内部结构及引脚排列完全相同，使用中可以直接替换，89C51 具有如下特性：

(1) 面向控制的 8 位 CPU；
(2) 一个片内振荡器和时钟产生电路，振荡频率为 0～24 MHz；
(3) 片内 4 KB Flash ROM 程序存储器；
(4) 128 B 的片内数据存储器；
(5) 可寻址 64 KB 的片外程序存储器和片外数据存储器控制电路；
(6) 2 个 16 位定时/计数器；
(7) 4 个并行 I/O 口，共 32 条可单独编程的 I/O 线；
(8) 5 个中断源，2 个中断优先级；
(9) 一个全双工的异步串行口；
(10) 21 个特殊功能寄存器；
(11) 具有节电工作方式，即休闲方式和掉电保护方式。

2.2　89C51 单片机的内部总体结构

图 2-1 所示为 89C51 单片机的基本结构，它由 8 个部件组成，即中央处理器（CPU），片内数据存储器（RAM），片内程序存储器，输入/输出接口（Input/Output，简称 I/O 口，分为 P0 口、P1 口、P2 口和 P3 口），可编程串行口，定时/计数器，中断系统及特殊功能寄存器（SFR），各部分通过内部总线相连。其基本结构依然是通用 CPU 加上外围芯片的结构模式，但在功能单元的控制上，却采用了特殊功能寄存器

（SFR）的集中控制方法。

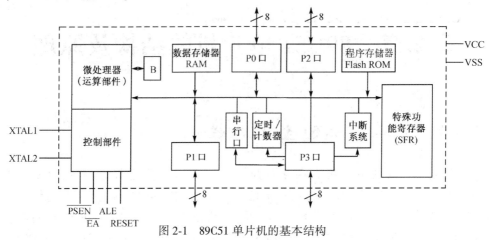

图 2-1 89C51 单片机的基本结构

图 2-2 所示为 89C51 单片机的内部总体结构框图，有关 89C51 硬件结构的各部分将在后续各章中叙述。

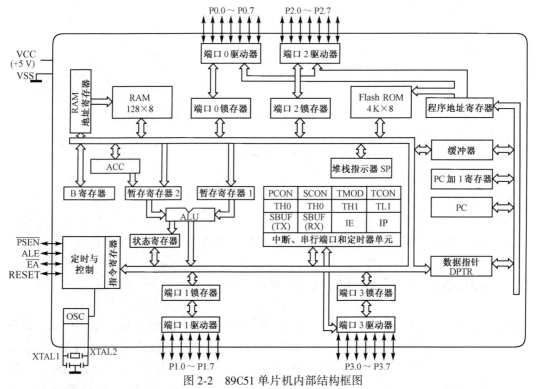

图 2-2 89C51 单片机内部结构框图

2.3 89C51 单片机的引脚功能

89C51 单片机有 5 种封装：① 40 脚双列直插封装（也称 DIP 封装）方式，② 44 脚方形封装方式，③ 48 脚 DIP 封装，④ 52 脚方形封装方式，⑤ 68 脚方形封装方式。

其中 40 脚 DIP 和 44 脚方形封装为基本封装形式，这两种封装形式的引脚完全一样，所不同的是排列不一样，方形封装芯片的 4 个边的中心位置为空脚（依次为 1 脚，12 脚，23 脚和 34 脚），左上角为标志脚，上方中心位置为 1 脚，其他引脚逆时针依次排列。

2.3.1 89C51 单片机引脚功能

图 2-3 是 89C51 单片机的引脚图（40 脚 DIP 封装）及总线结构图。其中有 2 条主电源引脚，2 条外接晶体引脚，4 条控制或与其他电源复用的引脚，32 条 I/O 引脚，下面分别叙述这 40 条引脚的功能。

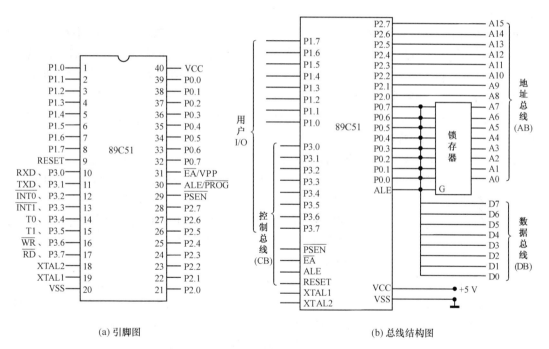

图 2-3 89C51 单片机的引脚及总线结构图

1. 电源引脚 VSS 和 VCC

VSS（20 脚）：接地端。

VCC（40 脚）：电源端。正常操作及对 Flash ROM 编程和验证时接+5 V 电源。

2. 外接晶体引脚 XTAL1 和 XTAL2

XTAL1（19 脚）：接外部晶体和微调电容的一端。在 89C51 片内，它是振荡电路反向放大器的输入端及内部时钟发生器的输入端，振荡电路的频率就是晶体的固有频率。当采用外部振荡器时，此引脚输入外部时钟脉冲。

XTAL2（18 脚）：接外部晶体和微调电容的另一端。在 89C51 片内，它是振荡电路反向放大器的输出端。在采用外部振荡器时，此引脚应悬浮。

通过用示波器查看 XTAL2 端是否有脉冲信号输出，可以确认 89C51 的振荡电路是否正常工作。

3. 控制信号引脚 RESET、ALE/$\overline{PROG}$、$\overline{PSEN}$ 和 $\overline{EA}$/VPP

RST（9 脚）：复位信号输入端，高电平有效。当振荡器工作时，在此引脚上出现两个机器周期以上的高电平，就可以使单片机复位。

ALE/$\overline{PROG}$（30 脚）：地址锁存允许信号。当 89C51 上电正常工作后，ALE 端不断向外输出正脉冲信号，此信号频率为振荡器频率的 1/6。通过用示波器查看 ALE 端是否有脉冲信号输出，可以确认 89C51 芯片的好坏。

89C51 在并行扩展外部存储器（包括并行扩展 I/O 口）时，P0 口用于分时传送低 8 位地址和数据信号，当 ALE 信号有效时，P0 口传送的是低 8 位地址信号；ALE 信号无效时，P0 口传送的是 8 位数据信号。在 ALE 信号的下降沿，锁定 P0 口传送的低 8 位地址信号，可以实现低 8 位地址与数据的分离。

ALE 信号可以用作对外输出的时钟或定时信号。需注意的是，每当访问外部数据存储器时，将跳过一个 ALE 脉冲。

ALE 端可以驱动（吸收或输出电流）8 个 LSTTL 门电路。

在对 89C51 片内 4 KB Flash ROM 编程（固化）时，此引脚用于输入编程脉冲$\overline{PROG}$。

$\overline{PSEN}$（29 脚）：外部程序存储器的读选通信号。当 89C51 由外部程序存储器取指令（或常数）时，每个机器周期内$\overline{PSEN}$两次有效输出。当访问外部数据存储器时，这两次有效$\overline{PSEN}$信号将不出现。$\overline{PSEN}$端同样可以驱动 8 个 LSTTL 门电路。

$\overline{EA}$/VPP（31 脚）：内、外 ROM 选择端。

当$\overline{EA}$端接高电平时，CPU 访问并执行内部程序存储器的指令；但当 PC（程序计数器）值超过 4 KB（0FFFH）时，将自动转去执行外部程序存储器中的程序。当$\overline{EA}$端接低电平时，CPU 只访问并执行外部程序存储器中的指令，而不管是否有内部程序存储器。需要注意的是，如果保密位 LB1 被编程，复位时在内部会锁存$\overline{EA}$端的状态。

在对 89C51 片内 Flash ROM 编程（固化）时，此引脚用于施加编程电源 VPP。高电压编程时，VPP 为+12 V，低电压编程时，VPP 为+5 V。

对 4 个控制引脚，应熟记其第一功能，了解其第二功能。

4. 输入/输出引脚 P0 口、P1 口、P2 口、P3 口

P0 口（P0.0～P0.7 共 8 条引脚，即 39～32 脚）：是双向 8 位三态 I/O 口。在访问外

部存储器时,可分时用作低 8 位地址线和 8 位数据线;在 Flash ROM 编程时,它输入指令字节,而在验证程序时,则输出指令字节。P0 口能驱动 8 个 LSTTL 门电路。

P1 口 (P1.0~P1.7 共 8 条引脚,即 1~8 脚):P1 口是一个带有内部上拉电阻的 8 位双向 I/O 口。在 Flash ROM 编程和程序验证时,它接收低 8 位地址。能驱动 4 个 LSTTL 门电路。

P2 口 (P2.0~P2.7 共 8 条引脚,即 21~28 脚):P2 口是一个带有内部上拉电阻的 8 位双向 I/O 口。在访问外部存储器时,它送出高 8 位地址。在对 Flash ROM 编程和程序验证时,它接收高 8 位地址和其他控制信号。能驱动 4 个 LSTTL 门电路。

P3 口 (P3.0~P3.7 共 8 条引脚,即 10~17 脚):P3 口是一个带有内部上拉电阻的 8 位双向 I/O 口,P3 口能驱动 4 个 LSTTL 门电路。在 89C51 单片机中,这 8 个引脚都有各自的第二功能,在实际工作中,大多数情况下都使用 P3 口的第二功能,表 2-1 表示出了 P3 口的第二功能。

表 2-1 P3 口的第二功能

口 线	第二功能	名 称
P3.0	RXD	串行数据接收端
P3.1	TXD	串行数据发送端
P3.2	$\overline{INT0}$	外部中断 0 申请输入端
P3.3	$\overline{INT1}$	外部中断 1 申请输入端
P3.4	T0	定时器 0 计数输入端
P3.5	T1	定时器 1 计数输入端
P3.6	$\overline{WR}$	外部 RAM 写选通
P3.7	$\overline{RD}$	外部 RAM 读选通

在对 Flash ROM 编程和程序校验时,P3 口还用于接板控制信号。

2.3.2 三总线结构

单片机的引脚除了电源、复位、时钟接入和用户 I/O 口外,其余引脚都是为了实现系统扩展而设置的。这些引脚构成了三总线结构,如图 2-3(b)所示。

(1) 地址总线 (AB):地址总线宽度为 16 位,因此外部存储器直接寻址范围为 64 KB。16 位地址总线由 P0 口经地址锁存器提供低 8 位地址 (A0~A7),P2 口直接提供高 8 位地址 (A8~A15)。

(2) 数据总线 (DB):数据总线宽度为 8 位,由 P0 口提供。

(3) 控制总线 (CB):由 P3 口的第二功能状态和 4 根独立控制线 RESET、$\overline{EA}$、$\overline{PSEN}$、ALE 组成。

2.4　89C51 单片机的主要组成部分

无论什么型号的微型计算机，一般都由中央处理器、存储器和 I/O 接口组成，89C51 单片机也是如此。

2.4.1　CPU

CPU 是单片机的核心部分，它的作用是读入和分析每条指令，根据每条指令的功能要求，控制各个部件执行相应的操作。89C51 单片机内部有一个 8 位的 CPU，它是由运算器和控制器组成的。

1. 运算器

运算器主要包括算术和逻辑运算部件 ALU、累加器 ACC、寄存器 B、暂存器 TMP1、TMP2、程序状态字寄存器 PSW、布尔处理器及十进制调整电路等。

运算器主要用来实现数据的传送、数据的算术运算和逻辑运算，以及位变量处理等。

2. 控制器

控制器包括时钟发生器、定时控制逻辑、指令寄存器、指令译码器、程序计数器 PC、程序地址寄存器、数据指针寄存器 DPTR 和堆栈指针 SP 等。

控制器是用来统一指挥和控制计算机进行工作的部件。它的功能是从程序存储器中提取指令，送到指令寄存器，再进入指令译码器进行译码，并通过定时和控制电路，在规定的时刻发出各种操作所需要的全部内部控制信息及 CPU 外部所需要的控制信号，如 ALE、$\overline{PSEN}$、$\overline{RD}$、$\overline{WR}$ 等，使各部分协调工作，完成指令所规定的各种操作。

2.4.2　存储器

89C51 单片机在物理上有 4 个存储空间：片内程序存储器和片外程序存储器，片内数据存储器和片外数据存储器。89C51 片内有 4 KB 的程序存储器和 128 B 数据存储器。除此之外还可以在片外扩展 64 KB 的程序存储器和 64 KB 的数据存储器。

其中 64 KB 的程序存储器中，有 4 KB 地址对于片内程序存储器和片外程序存储器是公共的，这 4 KB 的地址为 0000H ~ 0FFFH，从 1000H ~ FFFFH 是外部程序存储器的地址，也就是说 4 KB 内部程序存储器的地址是从 0000H ~ 0FFFH，64 KB 外部程序存储器的地址也是从 0000H ~ FFFFH；128 B 的片内数据存储器地址是从 00H ~ 7FH（用 8 位地址），而 64 KB 外部数据存储器的地址是从 0000H ~ FFFFH。图 2-4 示出了 89C51 存储器结构。

下面分别叙述程序存储器和数据存储器的配置。

1. 程序存储器

程序存储器用于存放编好的程序、表格和常数。如前所述，89C51 内部有 4 KB Flash ROM，片外最多可扩展 64 KB ROM，两者是统一编址的，CPU 的控制器专门提供一个控制

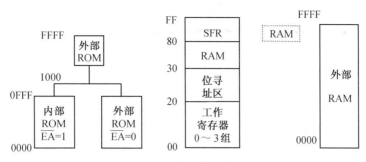

图 2-4　89C51 存储器结构示意图

信号 $\overline{EA}$ 来区分内部 ROM 和外部 ROM 的公用地址区 0000H～0FFFH：当 $\overline{EA}$ 接高电平时，单片机从片内 4 KB Flash ROM 中取指令，而当指令地址超过 0FFFH 后，就自动地转向片外 ROM 取指令。当 $\overline{EA}$ 接低电平时，89C51 片内 Flash ROM 不起作用，CPU 只从片外 ROM 取指令，地址可以从 0000H 开始编址。

使用 89C51 时，$\overline{EA}$ 必须接高电平，以使用片内资源。

在程序存储器中，有 6 个单元具有特殊功能。

0000H～0002H：是所有执行程序的入口地址，89C51 复位后，CPU 总是从 0000H 单元开始执行程序。

0003H：外部中断 0 入口。

000BH：定时器 0 溢出中断入口。

0013H：外部中断 1 入口。

001BH：定时器 1 溢出中断入口。

0023H：串行口中断入口。

使用时，通常在这些入口地址处存放一条绝对跳转指令，使程序跳转到用户安排的中断程序起始地址，或者从 0000H 起始地址跳转到用户设计的初始程序上。

2．数据存储器

数据存储器分为内、外两部分，89C51 内部有 128B RAM，地址为 00H～7FH；片外最多可扩展 64 KB RAM，地址为 0000H～FFFFH。内、外 RAM 地址有重叠，可通过不同的指令来区分："MOV"是对内部 RAM 进行读/写的操作指令；"MOVX"是对外部 RAM 进行读/写的操作指令。

89C51 内部 128 B RAM 其应用最为灵活，可用于暂存运算结果及标志位等。按其用途还可以分为三个区域。

（1）工作寄存器区。从 00～1FH 安排了 4 组工作寄存器，每组占用 8 B，记为 R0～R7。在某一时刻，CPU 只能使用其中的一组工作寄存器，工作寄存器组的选择由程序状态字寄存器 PSW 中两位来确定。工作寄存器的作用相当于一般微处理器中的通用寄存器。

（2）位寻址区。占用地址 20H～2FH，共 16 B。这个区域除了可以作为一般 RAM 单元进行读/写之外，还可以对每个字节中的每一位单独进行操作，并且对这些位都规定了固定的位地址，从 20H 单元的第 0 位起到 2FH 单元的第 7 位止共 128 位，用位地址 00H～7FH 分别与之对应。对于需要进行按位操作的数据，可以存放到这个区域。

（3）用户 RAM 区。地址为 30H～7FH，共 80 B。这是真正给用户使用的一般 RAM 区，用户对该区域的访问是按字节寻址的方式进行的。该区域主要用来存放随机数据及运算的中间结果，另外也常把堆栈开辟在该区域中。

3. 特殊功能寄存器（SFR）

89C51 内部有 21 个特殊功能寄存器（special function register，SFR），它们离散地分布在 80H～FFH 中（与片内 RAM 统一编址），未占用的地址单元无定义，用户不能使用，如果对无定义的单元进行读/写操作，得到的是随机数，而写入的数据将会丢失。表 2-2 列出了这些特殊功能寄存器的符号、名称及地址（89C52 内部有 26 个特殊功能寄存器）。

表 2-2 89C51 特殊功能寄存器一览表

寄存器符号	地　址	寄存器名称
*ACC	E0H	累加器
*B	F0H	乘法寄存器
*PSW	D0H	程序状态字
SP	81H	堆栈指针
DPL	82H	数据存储器指针（低 8 位）
DPH	83H	数据存储器指针（高 8 位）
*IE	A8H	中断允许控制器
*IP	D8H	中断优先级控制器
*P0	80H	通道 0
*P1	90H	通道 1
*P2	A0H	通道 2
*P3	B0H	通道 3
PCON	87H	电源控制和波特率选择
*SCON	98H	串行口控制器
SBUF	99H	串行数据缓冲器
*TCON	88H	定时控制器
TMOD	89H	定时方式选择
TL0	8AH	定时器 0 低 8 位
TL1	8BH	定时器 1 低 8 位
TH0	8CH	定时器 0 高 8 位
TH1	8DH	定时器 1 高 8 位

访问这些特殊功能寄存器仅允许使用直接寻址方式,在指令中,既可以使用特殊功能寄存器的符号,也可以使用它们的地址,使用寄存器符号更能提高程序的可读性。

在 21 个特殊功能寄存器中有 11 个寄存器可以位寻址,在表 2-2 中符号左边带"*"号的特殊功能寄存器都是可以位寻址的。这些特殊功能寄存器的特征是地址可以被 8 整除,下面把可位寻址的特殊功能寄存器的字节地址及位地址一并列于表 2-3 中。

访问这些可位寻址的寄存器中各位时,既可使用它的位符号,也可以使用它的位地址,还可用"寄存器名.位"来表示,如 ACC.0 表示 ACC 寄存器的第 0 位,B.7 表示 B 寄存器的第 7 位等,使用位符号可使程序易读。

表 2-3 可位寻址的特殊功能寄存器及其位地址表

B	F7H	F6H	F5H	F4H	F3H	F2H	F1H	F0H	F0H
ACC	E7H	E6H	E5H	E4H	E3H	E2H	E1H	E0H	E0H
PSW	D7H	D6H	D5H	D4H	D3H	D2H	D1H	D0H	D0H
	CY	AC	F0	RS1	RS0	OV	—	P	
IP	BFH	BEH	BDH	BCH	BBH	BAH	B9H	B8H	B8H
	—	—	—	PS	PT1	PX1	PT0	PX0	
IE	AFH	AEH	ADH	ACH	ABH	AAH	A9H	A8H	A8H
	EA	—	—	ES	ET1	EX1	ET0	EX0	
SCON	9FH	9EH	9DH	9CH	9BH	9AH	99H	98H	98H
	SM0	SM1	SM2	REN	TB8	RB8	TI	RI	
TCON	8FH	8EH	8DH	8CH	8BH	8AH	89H	88H	88H
	TF1	TR1	TF0	TR0	IE1	IT1	IE0	IT0	
P0	87H	86H	85H	84H	83H	82H	81H	80H	80H
	P0.7	P0.6	P0.5	P0.4	P0.3	P0.2	P0.1	P0.0	
P1	97H	96H	95H	94H	93H	92H	91H	90H	90H
	P1.7	P1.6	P1.5	P1.4	P1.3	P1.2	P1.1	P1.0	
P2	A7H	A6H	A5H	A4H	A3H	A2H	A1H	A0H	A0H
	P2.7	P2.6	P2.5	P2.4	P2.3	P2.2	P2.1	P2.0	
P3	B7H	B6H	B5H	B4H	B3H	B2H	B1H	B0H	B0H
	P3.7	P3.6	P3.5	P3.4	P3.3	P3.2	P3.1	P3.0	

特殊功能寄存器反映了单片机的状态,它们实际上就是单片机的状态字及控制字寄存器,故也称为专用寄存器,它大致分为两类:一类与芯片的引脚有关,另一类做芯片内部控

制用。特殊功能寄存器的应用几乎贯穿89C51单片机研讨的始终，下面介绍在CPU中使用的特殊功能寄存器，其余的特殊功能寄存器将在后面章节陆续介绍。

（1）程序计数器PC是一个16位的计数器。用于存放将要执行的指令地址，CPU每读取指令的一个字节PC便自动加1，指向本指令的下一个字节或下一条指令地址，从而实现程序的顺序执行，PC可寻址64 KB范围ROM。

PC在物理结构上是独立的，它不属于内部RAM的SFR范围，它没有地址，是不可寻址的。因此用户无法对其进行读/写，但可以通过转移、调用和返回等指令改变其内容，以实现程序的转移。

（2）累加器A是一个最常用的8位特殊功能寄存器，它既可用于存放操作数，也可用于存放运算的中间结果。在89C51单片机中，大部分单操作数指令的操作数就取自累加器。许多双操作数指令中的一个操作数，也取自累加器。指令系统中A表示累加器，用ACC表示A的符号地址。

（3）寄存器B是一个8位寄存器，主要用于乘法和除法运算。乘法运算时，B中存放乘数，乘法操作后，乘积的高8位又存于B中；除法运算时，B中存放除数，除法操作后，B又存放余数。在其他指令中，寄存器B可作为一般的寄存器使用，用于暂存数据。

（4）状态字寄存器PSW是8位寄存器，用于存放程序运行的状态信息，其格式如下。

D7	D6	D5	D4	D3	D2	D1	D0
CY	AC	F0	RS1	RS0	OV	—	P

CY（PSW.7）：进位标志，是累加器A的溢出位，如果操作结果在最高位有进位输出（加法）或借位输入（减法）时由硬件置位，否则清零。

AC（PSW.6）：辅助进位标志，是低半字节的进位位，加减运算中当低4位向高4位进位或借位时，由硬件置位，否则清零。CPU根据AC标志对BCD码的算术运算结果进行调整。

表2-4　RS1、RS0与工作寄存器组的关系

RS1	RS0	当前寄存器组	对应的RAM地址
0	0	第0组	00H～07H
0	1	第1组	08H～0FH
1	0	第2组	10H～17H
1	1	第3组	18H～1FH

F0（PSW.5）：用户标志位，用户可根据自己的需要用软件方法置位或复位，并根据F0=0或1来决定程序的执行方式。

RS1（PSW.4）、RS0（PSW.3）：工作寄存器组选择位，由用户用软件改变RS1和RS0的组合，来选择片内RAM中的4组工作寄存器之一，作为当前工作寄存器组，其组合关系如表2-4所示。

OV（PSW.2）：溢出标志位，当执行算术指令时，由硬件置位或清零，根据计算方法的不同，OV代表的意义也不同，说明如下。

在有符号数的加减运算中，当运算结果超出-128～+127的范围时，即产生溢出，则OV由硬件自动置1，表示运算结果错误；否则OV由硬件清零，表示运算结果正确。

在无符号数的乘法运算中，当乘积超出 255 时，OV = 1，表示乘积的高 8 位放在 B 中，低 8 位放在 A 中；若乘积未超出 255，则 OV = 0，表示乘积只放在 A 中。

在无符号数的除法运算中，当除数为 0 时，OV = 1，表示除法不能进行；否则，OV = 0，表示除法可正常进行。

P（PSW.0）：奇偶标志位，该位始终跟踪累加器 A 内容的奇偶性。如果有奇数个"1"，则 P 置 1；否则置 0。

在 89C51 的指令系统中，凡是改变累加器 A 中内容的指令均影响奇偶标志位 P。

（5）堆栈指针 SP。所谓堆栈，顾名思义就是一种以"堆"的方式工作的"栈"。堆栈是在内存中专门开辟出来的按照"先进后出、后进先出"的原则进行存取的 RAM 区域。

堆栈的用途是保护现场和断点地址。在 CPU 响应中断或调用子程序时，需要把断点处的 PC 值及现场的一些数据保存起来，在微型计算机中，它们就是保存在堆栈中的。同样，当发生中断嵌套（高级中断中断低级中断）或子程序嵌套（在执行一个子程序中，又调用另一个子程序）时，也要把各级断点处的 PC 值及一些现场数据保护起来，为了能保证逐级正确返回，要求后保存的值先取回，即符合"先进后出、后进先出"的原则。堆栈正是为此目的而设计的。

堆栈可设置在内部 RAM 的任意区，堆栈共有两种操作：进栈和出栈。但不论是数据进栈还是数据出栈，都是对堆栈的栈顶单元进行的，即对栈顶单元进行读、写操作。最后进栈的数据所在单元称为栈顶，为了指示栈顶地址，需要设置堆栈指示器，在 89C51 单片机中由一个特殊功能寄存器 SP 来管理堆栈的栈顶。

SP 称为堆栈指示器，也称为堆栈指针，它是一个 8 位寄存器，堆栈指针 SP 的初值称为栈区的栈底，每当一个数据送到堆栈中（称为压入堆栈）或从堆栈中取出（称为弹出堆栈），堆栈指针都要随之做相应的变化，它始终指向栈顶地址。

堆栈有两种类型：向上生长型和向下生长型，如图 2-5 所示。89C51 的堆栈属于向上生长型，在数据压入堆栈时，SP 的内容自动加 1 作为本次进栈的地址指针，然后再存入信息，所以随着信息的存入，SP 的值越来越大，在信息从堆栈弹出以后，SP 的值随之减小；向下生长型的堆栈则相反，栈底占用较高地址，栈顶占用较低地址。

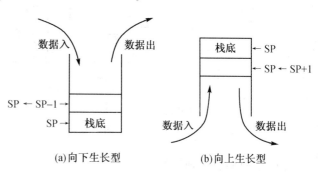

图 2-5 两种不同类型的堆栈

89C51 单片机复位后，堆栈指针 SP 总是初始化到内部 RAM 地址 07H。从 08H 开始就是 89C51 的堆栈区，这个位置与工作寄存器组 1 的位置相同。因此，在实际应用中，通常要根据需要在主程序开始处通过指令改变 SP 的值，从而改变堆栈的位置。

（6）数据指针 DPTR 是一个 16 位寄存器，由高位字节 DPH 和低位字节 DPL 组成，用来存放 16 位存储器的地址，以便对外部数据存储器 RAM 数据进行读写。DPTR 的值可通过指令设置和改变。

对于 89C52 芯片来说，内部 RAM 是 256 B。其高 128 B 与特殊功能寄存器的地址重叠，地址也为 80H～FFH，在使用时，可以通过指令的寻址方式加以区别。

2.4.3 并行 I/O 口

89C51 中有 4 个 8 位并行输入/输出端口，记作 P0、P1、P2 和 P3，共 32 根线。实际上它们就是特殊功能寄存器中的 4 个。每个并行 I/O 口都能用作输入和输出，所以称它们为双向 I/O 口。但这 4 个通道的功能不完全相同，所以它们的结构也设计得不同。在这里将详细地介绍这些 I/O 口的结构，以便于掌握它们的结构特点，在使用中采取不同的策略。

1. P0 口的结构

P0 口有两个用途，第一是作为普通 I/O 口使用；第二是作为地址/数据总线使用。当用做第二个用途时，在这个口上分时送出低 8 位地址和传送数据，这种地址与数据同用一个 I/O 口的方式，称为地址/数据总线。下面分别介绍。

图 2-6 是 P0 口某一位的结构图。它由一个锁存器、两个三态输入缓冲器 1 和 2、场效应管 VT1 和 VT2、控制与门、反向器和转换开关 MUX 组成。当控制线 C=0 时，MUX 开关向下，P0 口作为普通 I/O 口使用；当 C=1 时，MUX 开关向上，P0 口作为地址/数据总线使用。

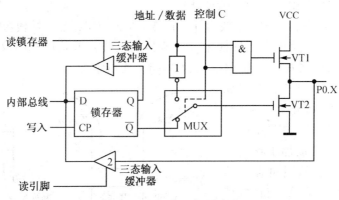

图 2-6 P0 口线逻辑电路图

1）P0 口作为普通 I/O 口使用

当控制线 C=0 时，MUX 开关向下，P0 口作为普通 I/O 口使用。这时与门输出为 0，场效应管 VT1 截止。

（1）P0 口作为输出口。当 CPU 在 P0 口执行输出指令时，写脉冲加在锁存器的 CP 端，这样与内部数据总线相连的 D 端数据经锁存器 $\overline{Q}$ 端反相，再经场效应管 VT2 反相，在 P0 端口出现的数据正好是内部数据总线的数据，实现了数据输出。值得注意的是，P0 口作为 I/O 口使用时场效应管 VT1 是截止的，当从 P0 口输出时，必须外接上拉电阻才能有高电平输出。

(2) P0 口作为输入口。当 P0 口作为输入口使用时，应区分读引脚和读端口两种情况。所谓读引脚，就是读芯片引脚的数据，这时使用缓冲器 2，由读引脚信号将缓冲器打开，把引脚上的数据经缓冲器通过内部总线读进来；所谓读端口，则是指通过缓冲器 1 读锁存器 Q 端的状态。为什么要有读引脚和读端口两种输入呢？这是为了适应对口进行"读—修改—写"类指令的需要。例如，指令"ANL P0，A"，执行该指令时，先读 P0 端口的数据，再与 A 的内容进行逻辑与，然后把结果送回 P0 口。不直接读引脚而读锁存器是为了避免可能出现的错误，因为在端口处于输出的情况下，如果端口的负载是一个晶体管基极，导通的 PN 结就会把端口引脚的高电平拉低，而直接读引脚会使原来的"1"误读为"0"。如果读锁存器的 Q 端，就不会产生这样的错误。

由于 P0 口作为 I/O 使用时场效应管 VT1 是截止的，当 P0 口作为 I/O 口输入时，必须先向锁存器写"1"，使场效应管 VT2 截止（即 P0 口处于悬浮状态，变为高阻抗），以避免锁存器为"0"状态时对引脚读入的干扰。这一点对 P1、P2、P3 口同样适用。

2) P0 口作为地址/数据总线使用

在实际应用中，P0 口大多数情况下是作为地址/数据总线。这时控制线 C=1，MUX 开关向上，使数据/地址线经反向器与场效应管 VT2 接通，形成上下两个场效应管推拉输出电路（VT1 导通时上拉，VT2 导通时下拉），大大增加了负载能力，而当输入数据时，数据信号仍然从引脚通过输入缓冲器 2 进入内部总线。

2. P1 口的结构

P1 口只用做普通 I/O 口，所以它没有转换开关 MUX，其结构见图 2-7。

P1 口的驱动部分与 P0 口不同，内部有上拉电阻，其实这个上拉电阻是两个场效应管并在一起形成的。当 P1 口输出高电平时，可以向外提供拉电流负载，所以不必再接上拉电阻，当输入时，与 P0 口一样，必须先向锁存器写"1"，使场效应管截止。由于片内负载电阻较大，为 20～40 kΩ，所以不会对输入数据产生影响。

3. P2 口的结构

P2 口也有两种用途：一是作为普通 I/O 口，二是作为高 8 位地址线，其结构见图 2-8。

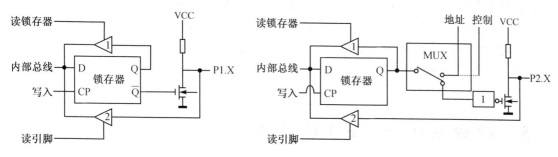

图 2-7　P1 口线逻辑电路图　　　　　图 2-8　P2 口线逻辑电路图

P2 口的位结构比 P1 口多了一个转换控制部分。当 P2 口作为通用 I/O 口时，多路开关 MUX 倒向锁存器输出 Q 端，其操作与 P1 口相同。

在系统扩展片外程序存储器时，由 P2 口输出高 8 位地址（低 8 位地址由 P0 口输出）。此时 MUX 在 CPU 的控制下，转向内部地址线的一端。因为访问片外程序存储器的操作往往连接不断，P2 口要不断送出高 8 位地址，所以这时 P2 口无法再作为通用 I/O 口。

在不需要外接程序存储器而只需扩展较小容量的片外数据存储器的系统中，使用"MOVX @Ri"类指令访问片外 RAM 时，若寻址范围是 256 B，则只需低 8 位地址线就可以实现。P2 口不受该指令影响，仍可作为通用 I/O 口。若寻址范围大于 256 B，又小于 64 KB，可以用软件方法只利用 P1～P3 口中的某几根口线送高位地址，而保留 P2 中的部分或全部口线作为通用 I/O 口。

若扩展的数据存储器容量超过 256 B，则使用"MOVX @DPTR"指令，寻址范围是 64 KB，此时高 8 位地址总线由 P2 口输出。在读/写周期内，P2 口锁存器仍保持原来端口的数据，在访问片外 RAM 周期结束后，多路开关自动切换到锁存器 Q 端。由于 CPU 对 RAM 的访问不是经常的，在这种情况下，P2 口在一定的限度内仍可用做通用 I/O 口。

4. P3 口的结构

P3 口是一个多功能端口，其结构见图 2-9。与 P1 口相比，P3 口增加了与非门和缓冲器 3，它们使 P3 口除了有准双向 I/O 功能外，还具有第二功能。

与非门的作用实际上是一个开关，它决定是输出锁存器上的数据，还是输出第二功能 W 的信号。当输出锁存器 Q 端的信号时，W=1；当输出第二功能 W 的信号时，锁存器 Q 端为 1。

通过缓冲器 3，可以获得引脚的第二功能输入。不管是作为 I/O 口的输入，还是作为第二功能的输入，此时锁存器的 D 端和第二功能线 W 都应同时保持高电平。

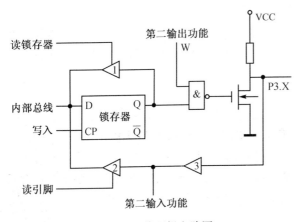

图 2-9　P3 口线逻辑电路图

不用考虑如何设置 P3 口的第一功能或第二功能。当 CPU 把 P3 口当作专用寄存器进行寻址时（包括位寻址），内部硬件自动将第二功能线 W 置 1，这时 P3 口为普通 I/O 口；当 CPU 不把 P3 口当成专用寄存器使用时，内部硬件自动使锁存器 Q 端置 1，P3 口成为第二功能端口。

2.5　时钟电路与 CPU 的时序

计算机工作时，是在统一的时钟脉冲控制下一拍一拍地进行的。这个脉冲是由单片机控制器中的时序电路发出的,本节将介绍有关电路及 CPU 的时序。

2.5.1 振荡器和时钟电路

时钟电路用于产生单片机工作所需的时钟信号。时钟信号可以由两种方式产生:内部时钟方式和外部时钟方式,下面分别予以介绍。

1. 内部时钟方式

89C51 内部有一个高增益反向放大器(即与非门的一个输入端编程为常有效时),用于构成片内振荡器,引脚 XTAL1 和 XTAL2 分别是此放大器的输入端和输出端。在 XTAL1 和 XTAL2 两端跨接晶体或陶瓷谐振器,就构成了稳定的自激振荡器,其发出的脉冲直接送入内部时钟发生器,见图 2-10。外接晶振时,C_1、C_2 的电容通常选择为 30 pF 左右;外接陶瓷谐振器时,C_1、C_2 的电容约为 47 pF。C_1、C_2 可稳定频率并对振荡频率有微调作用,振荡频率范围是 0~24 MHz。为了减少寄生电容,更好地保证振荡器稳定可靠地工作,谐振器和电容应尽可能安装得与单片机芯片靠近。

内部时钟发生器实质上是一个二分频的触发器,其输出是单片机工作所需的时钟信号。

2. 外部时钟方式

外部时钟方式是采用外部振荡器,外部振荡脉冲信号由 89C51 的 XTAL1 端接入后直接送至内部时钟发生器,见图 2-11。输入端 XTAL2 应悬浮,由于 XTAL1 端的逻辑电平不是 TTL 的,故建议外接一个上拉电阻。

一般要求,外接的脉冲信号应当是高、低电平的持续时间大于 20 ns,且频率低于 24 MHz 的方波。这种方式适合于多块芯片同时工作,便于同步。

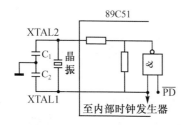

图 2-10 振荡电路

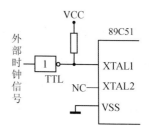

图 2-11 外部时钟脉冲源接法

2.5.2 CPU 的时序及有关概念

时序是表达指令执行中各控制信号在时间上的相互关系。时序是用定时单位来说明的,89C51 单片机的时序定时单位共有 4 个,从小到大依次是:拍、状态、机器周期、指令周期,如图 2-12 所示。下面分别加以说明。

(1)拍(P):把振荡脉冲的周期称为拍,用 P 表示。它就是晶体的振荡周期,或是外部振荡脉冲的周期,拍是 89C51 单片机中最小的时序单位。

(2) 状态或时钟周期（S）：振荡脉冲经过二分频后，就得到单片机的时钟信号，把时钟信号的周期称为状态，用 S 表示。一个状态包含两个拍，分别称作 P1 和 P2，或者前拍和后拍。时钟周期是单片机中最基本的时间单位，在一个时钟周期内，CPU 仅完成一个最基本的动作。

(3) 机器周期：通常把 CPU 完成一个基本操作所需要的时间称为机器周期。一个机器周期由 6 个状态（或 12 拍）组成，可依次表示为 S1P1，S1P2，S2P1，S2P2，…，S6P1，S6P2。

当振荡频率为 12 MHz 时，一个机器周期为 1 μs；当振荡脉冲频率为 6 MHz 时，一个机器周期为 2 μs。请记住这些数据，以后在程序里计算时间或使用定时器都要用到。

(4) 指令周期：指令周期就是执行一条指令所需要的时间。指令周期是 89C51 单片机中最大的时序单位，一般由若干个机器周期组成。指令不同，所需要的机器周期数也不同，但一条指令的周期应在 1～4 个机器周期范围内，每条指令所用的机器周期数详见附录 B。

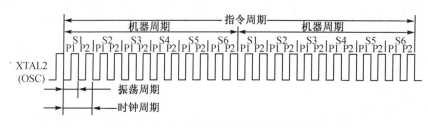

图 2-12　89C51 单片机各种周期的相互关系

2.5.3　CPU 的取指令和执行指令时序

每一条指令的执行都可分为取指令和执行指令两个阶段。在取指令阶段，CPU 从内部或外部 ROM 中取出指令操作码和操作数，然后再执行这条指令。

在 89C51 单片机中，每一条指令的长度根据其操作的繁简程度，可分为单字节、双字节和三字节指令。执行每条指令所用的时间也不相同，可分为单字节单机器周期指令、单字节双机器周期指令、双字节单机器周期指令、双字节双机器周期指令和三字节双机器周期指令，只有乘除法是单字节四机器周期指令。

图 2-13 给出了 89C51 单片机几种典型指令的取指令和执行指令的时序。可以通过观察 XTAL2 和 ALE 引脚信号，分析 CPU 取指时序。由图可知，在每一个机器周期内，地址锁存信号 ALE 出现二次有效信号，即两次高电平信号。第一次出现在 S1P2 和 S2P1 期间，第二次出现在 S4P2 和 S5P1 期间。

对于单周期指令，当操作码被送入指令寄存器时，便从 S1P2 开始执行指令，在 S6P2 结束时完成指令操作。

如果是单字节单周期指令,则在同一个周期的 S4P2 期间虽然读操作码,但所读的这个字节操作码被丢掉,程序指针 PC 也不加 1,见图2-13(a)。

如果是双字节单周期指令,则在 S4 期间读指令的第二个字节,见图 2-13(b)。

对于单字节双周期指令,在 2 个机器周期内发生 4 次读操作码的操作,由于是单字节指令,后 3 次读操作都无效,如图 2-13(c)所示。但当访问外部数据存储器指令(如 MOVX)时,时序有所不同。它也是单字节双周期指令,在第一个机器周期里有 2 次读指令操作,后一次无效,从 S5 开始送出外部数据存储器的地址,紧接着读或写数据,读写数据期间与 ALE 无关,ALE 不产生有效信号,所以第二个周期不产生取指令操作,见图2-13(d)。

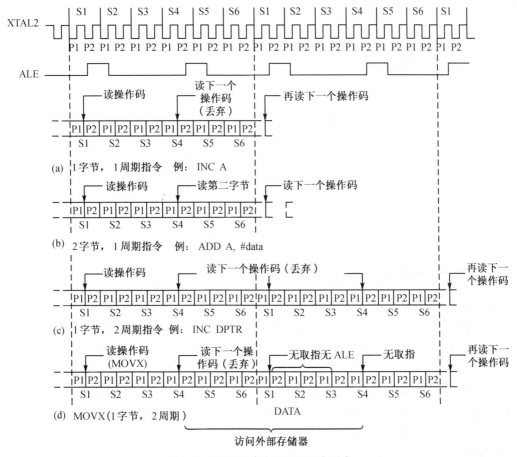

图 2-13　89C51 单片机的取指令时序

此外还应说明,时序图中只表示了取指令操作的有关时序,而没有说明执行指令的时序。实际上每条指令都有具体的数据操作,如算术和逻辑操作一般发生在 P1 期间,片内存储器之间的数据传送操作发生在 P2 期间。

2.5.4 访问外部 ROM 的操作时序

如果 89C51 单片机扩展了外部程序存储器时,就会有访问外部存储器的操作。在访问外部 ROM 时,除了 ALE 外,还需要 $\overline{\text{PSEN}}$ 信号,此外还要用 P0 口作为低 8 位地址,用 P2 口作为高 8 位地址。其时序见图 2-14。

如图 2-14 所示,P0 口输出地址和数据传送是分时操作的。它先输出低 8 位地址,在 ALE 信号的作用下,低 8 位地址被锁存,锁存的低 8 位地址与 P2 口提供的高 8 位地址一起,组成 16 位地址指向外部 ROM 某单元,在 $\overline{\text{PSEN}}$ 有效时,从外部 ROM 中取出指令,再通过 P0 口送到单片机中,P0 口完成了分时操作。

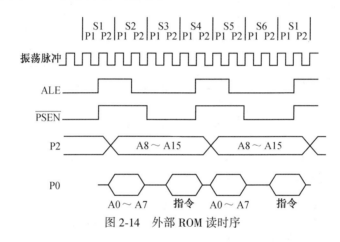

图 2-14 外部 ROM 读时序

2.5.5 访问外部 RAM 的操作时序

图 2-14 所示的时序不包括访问外部 RAM 指令(如 MOVX 指令)的时序,因为访问外部 RAM 时的时序要有所不同。访问外部 RAM 时,要进行两步操作:第一步先从外部 ROM 中取 MOVX 指令,第二步再根据 MOVX 指令所给出的数据选中外部 RAM 某单元,然后对该单元进行操作。图 2-15 示出了读/写外部 RAM 的操作时序,详细过程介绍如下。

第一个机器周期是从外部 ROM 取指过程,在 S4P2 之后,将取来的指令中的外部 RAM 地址送出,P0 口送低 8 位地址,P2 口送高 8 位地址。

在第二个机器周期中,ALE 中第一个有效信号不再出现,而 $\overline{\text{RD}}$ 读信号有效,将外部 RAM 的数据送回 P0 口。以后尽管 ALE 的第二个信号出现,但没有操作进行,从而结束了第二个机器周期。

向外部 RAM 的写操作与读操作一样,只不过 $\overline{\text{RD}}$ 信号被 $\overline{\text{WR}}$ 信号所取代。

请注意,在访问外部 RAM 时,ALE 丢失一个周期,所以不能用 ALE 作为精确的时钟输出。

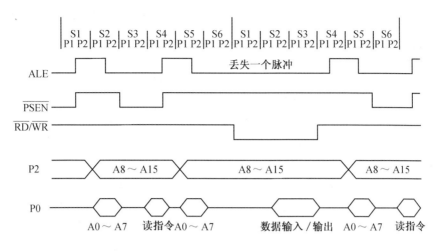

图 2-15 外部 RAM 读/写时序

2.6 单片机的复位状态与复位电路

2.6.1 单片机的复位状态

计算机在启动时,系统进入复位状态。在复位状态,CPU 和系统都处于一个确定的初始状态或称为原始状态,在这种状态下,所有的专用寄存器都被赋予默认值。牢记复位状态值将会对单片机系统设计有很大帮助,89C51 单片机的复位状态见表 2-5。

表 2-5 单片机复位状态

专用寄存器	复位状态	专用寄存器	复位状态
PC	0000H	TMOD	00H
ACC	00H	TCON	00H
B	00H	TH0	00H
PSW	00H	TL0	00H
SP	07H	TH1	00H
DPTR	0000H	TL1	00H
P0~P3	FFH	SCON	00H
IP	XXX0 0000B	SBUF	XXXX XXXXB
IE	0XX0 0000B	PCON	0XXX 0000B

复位时,ALE 和 $\overline{\text{PSEN}}$ 成输入状态,即 ALE = $\overline{\text{PSEN}}$ = 1,片内 RAM 不受复位影响;复位后,PC 指向 0000H,单片机从起始地址 0000H 开始执行程序。所以单片机运行出错或进入死循环,可按复位键重新启动。

如果不想完全使用这些默认值，可以进行修改，这就要在程序中对单片机进行初始化。

2.6.2 单片机的复位电路

复位操作可以使单片机初始化，也可以使死机状态下的单片机重新启动，因此非常重要。

单片机的复位都是靠外部复位电路来实现的，在时钟电路工作后，只要在单片机的RESET引脚上出现24个时钟振荡脉冲（两个机器周期）以上的高电平，单片机就能实现复位。为了保证系统可靠复位，在设计复位电路时，一般使RESET引脚保持10 ms以上的高电平，单片机便可以可靠地复位。当RESET从高电平变为低电平以后，单片机从0000H地址开始执行程序。在复位有效期间，ALE和PSEN引脚输出高电平。

89C51单片机内部复位结构如图2-16所示。外部复位电路接RESET引脚，RESET通过内部一个施密特触发器与内部复位电路相连，施密特触发器用来整形，它的输出在每个机器周期的S5P2由内部复位电路采样一次。

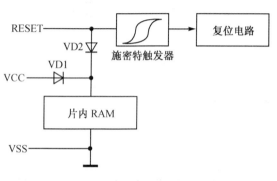

图2-16 内部复位电路逻辑图

1. 简单复位电路

简单复位电路有上电复位和手动复位两种。不管是哪一种复位电路都要保证在RESET引脚上提供10 ms以上稳定的高电平。

图2-17（a）是常用的上电复位电路，这种上电复位利用电容器充电来实现。当加电时，电容C充电，电路有电流流过，构成回路，在电阻R上产生压降，RESET引脚为高电平；当电容C充满电后，电路相当于断开，RESET的电位与地相同，复位结束。可见复位的时间与充电的时间有关，充电时间越长复位时间越长，增大电容或增大电阻都可以增加复位时间。

图2-17（b）是按键式复位电路。它的上电复位功能与图2-17（a）相同，但它还可以通过按键实现复位，按下键后，通过R_1和R_2形成回路，使RESET端产生高电平。按键的时间决定了复位时间。

图2-17（c）是按键脉冲式复位电路。它利用RC微分电路在RESET端产生正脉冲来实现复位。

在上述简单的复位电路中，干扰易串入复位端，在大多数情况下不会造成单片机的错误复位，但会引起内部某些寄存器错误复位。这时，可在RESET复位引脚上接一个去耦电容。

2. 采用专用复位电路芯片构成复位电路

在实际应用系统中，为了保证复位电路可靠地工作，常将RC电路接施密特电路后再接

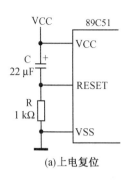 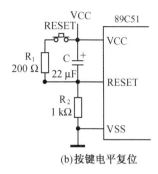 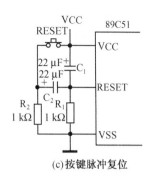

(a) 上电复位　　　　　(b) 按键电平复位　　　　(c) 按键脉冲复位

图 2-17　各种复位电路

入单片机复位端；或采用专用的复位电路芯片。MAX813L 是 Maxin 公司生产的一种体积小、功耗低、性价比高的带看门狗和电源监控功能的复位芯片，其引脚图如图 2-18 所示，引脚功能如下。

(1) $\overline{MR}$：手动复位输入端，低电平有效。当该端输入低电平保持 140 ms 以上，MAX813L 就输出复位信号。

(2) RESET：复位信号输出端。上电时，自动产生 200 ms 的复位脉冲（高电平）；手动复位端输入低电平时，该端也产生复位信号输出。

(3) WDI：看门狗输入端。程序正常运行时，必须在小于 1.6 s 的时间间隔内向该输入端发送一个脉冲信号，以清除芯片内部的看门狗定时器，若超过 1.6 s 该输入端收不到脉冲信号，则内部定时器溢出，$\overline{WDO}$ 端输出低电平。

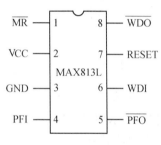

图 2-18　MAX813L 引脚图

(4) $\overline{WDO}$：看门狗信号输出端。正常工作时输出保持高电平，看门狗输出时，该端输出信号由高电平变为低电平。

(5) PFI：电源故障输入端。当该端输入电压低于 1.25 V 时，$\overline{PFO}$ 端输出低电平。

(6) $\overline{PFO}$：电源故障输出端。电源正常时输出保持高电平，电源电压变低或掉电时，输出由高电平变为低电平。

(7) VCC：工作电源，接+5 V。

(8) GND：接地端。

MAX813L 与单片机的连接电路如图 2-19 所示，该电路可以实现上电复位，程序运行出现"死机"时的自动复位和随时的手动复位。

为实现单片机死机时自动复位功能，需要在软件设计中，P1.7 不断输出脉冲信号（时间间隔小于 1.6 s），如果因某种原因单片机进入死循环，则 P1.7 无脉冲输出。于是 1.6 s 后在 MAX813L 的 $\overline{WDO}$ 端输出低电平，该电平加到 $\overline{MR}$ 端，使 MAX813L 产生一个 200 ms 的复位脉冲输出，使单片机有效复位，系统重新开始工作。

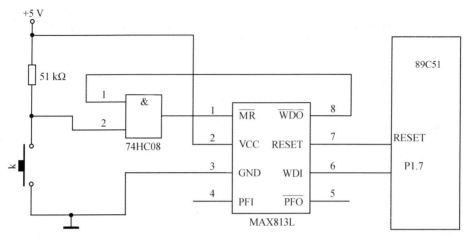

图 2-19 带手动复位的看门狗复位电路

2.7 低功耗工作方式

2.7.1 低功耗工作方式

在很多情况下,单片机要工作在供电困难的场合,如野外、井下、空中等,对于便携式仪器要求用电池供电,这时使用者都希望单片机应用系统运行时功耗低。

89C51 属于 CHMOS 的单片机,运行时耗电少,并且还提供两种低功耗方式,即空闲(等待、待机)方式和掉电(停机)保护方式,以进一步降低功耗。在 $V_{CC} = 5$ V,$f_{osc} = 12$ MHz 条件下,正常工作电流约 20 mA;空闲方式时电流约 5 mA;掉电保护方式时电流仅 75 μA。

空闲方式和掉电保护方式的内部控制电路如图 2-20 所示。

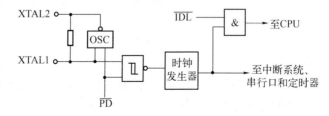

图 2-20 空闲方式和掉电保护方式的内部控制电路

由图 2-20 可见,若 $\overline{IDL} = 0$,则进入空闲方式。在空闲方式下,振荡器继续运行,由于 $\overline{IDL}$ 封锁了去 CPU 的"与"门,送往 CPU 的时钟信号被封锁,故 CPU 停止工作,但中断控制电路、定时/计数器和串行口等环节仍在时钟控制下正常运行。在空闲方式期间,CPU 现场(堆栈指针 SP、程序计数器 PC、程序状态字 PSW、累加器 ACC),内部 RAM 和其他特殊功能寄存器的内容维持不变,引脚保持进入空闲方式时的状态,ALE 和 $\overline{\text{PSEN}}$ 保持高电平。

若 PD=0,则进入掉电保护方式。在掉电保护方式下,由于 PD 封锁了振荡器,片内振荡器停止工作,单片机内部所有的功能部件也都停止工作。在掉电保护方式期间,内部 RAM 和特殊功能寄存器的内容维持不变,而 I/O 端口的状态都保存在对应的 SFR 中,ALE 和 $\overline{\text{PSEN}}$ 均为低电平。

2.7.2 低功耗工作方式的进入与退出

低功耗工作方式不是自动产生的,而是通过软件来设定。其控制由电源控制寄存器 PCON 确定,PCON 寄存器的各位定义如下。

D7	D6	D5	D4	D3	D2	D1	D0
SMOD	—	—	—	GF1	GF0	PD	IDL

其中,SMOD 是波特率倍增位,在串行通信中使用。

GF1、GF0:通用标志位,由软件置位、复位。

PD:掉电方式控制位。PD=1,进入掉电保护方式。

IDL:空闲方式控制位。IDL=1,进入空闲方式。

PCON 字节地址 87H,不能位寻址。读取时,只能整字节操作,不能按位操作。

1. 空闲(等待、待机)方式

空闲(等待、待机)方式是指 CPU 在不需要执行程序时停止工作,以取代不停的执行空操作或原地踏步等操作,从而达到减小功耗的目的。

当 CPU 执行一条置 PCON.0(IDL)为 1 的指令后,系统即进入空闲方式。置 IDL 为 1 的指令是 CPU 进入空闲方式前执行的最后一条指令。

单片机退出空闲方式有如下两种方法。

第一种是中断退出。由于在空闲方式下,中断系统还在工作,所以任何中断的响应都可以使 IDL 位由硬件清零,从而退出空闲方式。CPU 则进入中断服务程序。

第二种是硬件复位退出。复位时,各个专用寄存器都恢复默认状态,电源控制寄存器 PCON 也不例外,复位使 IDL 位清零,从而退出空闲方式。CPU 则从进入空闲方式的下一条指令开始重新执行程序。

2. 掉电(停待)保护方式

一般情况下,可在检测到电源发生故障,但尚能保持正常工作时,将需要保存的数据存入片内 RAM,然后使系统进入掉电保护状态。

当 CPU 执行一条置 PCON.1(PD)为 1 的指令后,系统即进入掉电保护方式。同样置 PD 为 1 的指令是 CPU 进入掉电保护方式前执行的最后一条指令。

退出掉电保护方式的唯一方法是硬件复位,复位后片内 RAM 区的数据不变,所有特殊功能寄存器的内容按复位状态初始化。

在掉电保护方式下,V_{CC} 可以降到 2 V,但不能真正掉电,为防止真正掉电,可以在 VCC 引脚加备用电源。

注意,只有当 V_{CC} 恢复到正常的工作电压值,并维持一段时间(约 10ms),使振荡器重新启动并稳定后方可退出掉电保护方式。

在设计低功耗应用系统时,外围扩展电路也应选择低功耗器件,这样才能达到低功耗的目的。

思考题与习题

2-1　89C51 单片机由哪几部分组成,它的功能是什么?
2-2　89C51 单片机的 $\overline{EA}$ 引脚有何功能?在使用 89C51 时 $\overline{EA}$ 如何连接?
2-3　89C51 单片机有哪些信号需要使用引脚的第二功能?
2-4　89C51 单片机的内部存储空间是怎样分配的?
2-5　如何从 89C51 单片机的 4 个工作寄存器组中选择当前工作寄存器组?
2-6　内部 RAM 低 128 个单元是如何划分的?
2-7　DPTR 是什么寄存器?它的作用是什么?它由哪几个寄存器组成?
2-8　什么是堆栈?堆栈有何作用?为什么在程序初始化时要对 SP 重新赋值?
2-9　试述程序状态字寄存器 PSW 各位的含义。
2-10　P0、P1、P2、P3 口的结构有何不同?使用时要注意什么?各口都有什么用途?
2-11　请说出指令周期、机器周期、状态和拍的概念。当晶振频率为 12 MHz、8 MHz 时,一个机器周期为多少微秒?
2-12　什么是单片机复位?复位后单片机的状态如何?
2-13　89C51 单片机低功耗方式有几种?各有什么特点?
2-14　如何使 89C51 退出空闲方式?
2-15　如何使 89C51 进入掉电保护方式?

第 3 章 89C51 单片机的指令系统

学习和使用单片机的一个最重要的环节就是理解和熟练掌握它的指令系统。不同种类的机型指令系统是不同的，本章将详细介绍 89C51 单片机指令系统的寻址方式、各类指令的格式及功能。(与 MCS-51 系列单片机完全兼容。)

3.1 指令系统简介

指令是规定计算机进行某种操作的命令。一台计算机所能执行的指令集合称为该计算机的指令系统。计算机的主要功能是由指令系统来体现的，指令系统与机器密切相关，指令系统是由计算机生产厂商定义的，不同系列的机器其指令系统是不同的。

3.1.1 指令概述

计算机内部只识别二进制数，因此，能被计算机直接识别、执行的指令是使用二进制编码表示的指令，这种指令被称为机器语言指令。机器语言具有难学、难记、不易书写、难以阅读和调试、容易出错而且不易查找错误，程序可维护性差等缺点。为方便人们的记忆和使用，制造厂家对指令系统的每一条指令都给出了助记符，助记符是用英文缩写来描述指令的功能，它不但便于记忆，也便于理解和分类。以助记符表示的指令就是计算机的汇编语言指令，汇编语言指令与机器语言指令具有一一对应的关系。

与通常的计算机一样，89C51 单片机也只能识别二进制编码表示的机器语言。同样，为了便于人们记忆和使用，也采用汇编语言指令来描述它的指令系统。

89C51 单片机指令系统共有 111 条指令，按功能划分，可分为五大类：

(1) 数据传送类指令 (29 条)；
(2) 算术运算类指令 (24 条)；
(3) 逻辑运算及移位类指令 (24 条)；
(4) 控制转移类指令 (17 条)；
(5) 位操作类指令 (17 条)。

3.1.2 指令格式

一条完整的 89C51 单片机汇编语言的指令格式如下。

［标号:］〈操作码〉［操作数］［;注释］

标号——该指令的起始地址,是一种符号地址。

标号可以由 1~8 个字符组成,第一个字符必须是字母,其余字符可以是字母、数字或其他特定符号,标号后跟分界符":"。

操作码——指令的助记符,规定了指令所能完成的操作功能。

操作数——指出了指令的操作对象,操作数可以是一个具体的数据,也可以是存放数据的单元地址,还可以是符号常量或符号地址等。

在一条指令中可能有多个操作数,操作数与操作数之间用逗号","分隔。

注释——为了方便阅读而添加的解释说明性的文字,用";"开头。

操作码与操作数之间必须用空格分隔,带方括号项称为可选项。由指令格式可见,操作码是指令的核心,不可缺少。

在 89C51 单片机指令系统中,指令的字长有单字节、双字节、三字节三种,在程序存储器中分别占用 1~3 个单元。

3.1.3 指令中常用符号说明

在描述 89C51 单片机指令系统的功能时,经常使用的符号及意义如下:

Rn ——当前选中的工作寄存器组中的寄存器 R0~R7 之一,所以 n=0,1,…,7;

Ri ——当前选中的工作寄存器组中可作为地址指针的寄存器 R0、R1,所以 i=0,1;

#data ——8 位立即数;

#data16 ——16 位立即数;

direct ——内部 RAM 的 8 位地址,既可以是内部 RAM 的低 128 个单元地址,也可以是特殊功能寄存器的单元地址或符号,因此在指令中 direct 表示直接寻址方式;

addr11 ——11 位目的地址,只限于在 ACALL 和 AJMP 指令中使用;

addr16 ——16 位目的地址,只限于在 LCALL 和 LJMP 指令中使用;

rel ——补码形式表示的 8 位地址偏移量,在相对转移指令中使用;

bit ——片内 RAM 位寻址区或可位寻址的特殊功能寄存器的位地址;

@ ——间接寻址方式中间址寄存器的前缀标志;

C ——进位标志位,是布尔处理机的累加器,也称为位累加器;

/ ——加在位地址的前面,表示对该位先求反再参与操作,但不影响该位的值;

(X) ——由 X 指定的寄存器或地址单元中的内容;

((X)) ——由 X 寄存器的内容作为地址的存储单元的内容;

$ ——本条指令的起始地址;

← ——指令操作流程,将箭头右边的内容送到箭头左边的单元中。

3.2 寻址方式

在指令系统中,操作数是一个重要的组成部分,它指出了参加运算的数或数所在的单元地址。而如何找到这个操作数就称为寻址方式。寻址方式越多,则计算机的功能越强,灵活性亦越大,但指令系统也就越复杂。

寻址方式是汇编语言程序设计中最基本的内容之一,必须十分熟悉,牢固掌握。在第 2 章中,已介绍过 89C51 单片机系统的存储器分布,在学习寻址方式时,要特别注意在各种不同的存储区中,分别可以采用什么寻址方式。

89C51 单片机提供了 7 种寻址方式,下面分别介绍。

3.2.1 立即寻址

所谓立即寻址就是操作数在指令中直接给出。通常把出现在指令中的操作数称为立即数,为了与直接寻址指令中的直接地址相区别,在立即数前面加"#"标志。例如:

  MOV A, #3AH

其中 3AH 就是立即数,该指令功能是将 3AH 这个数本身送入累加器 A 中。

3.2.2 直接寻址

在指令中直接给出操作数地址,这就是直接寻址方式。此时,指令的操作数部分就是操作数的地址。例如:

  MOV A, 3AH

其中 3AH 就是表示直接地址,其操作示意图如图 3-1 所示,该指令功能是把内部 RAM 地址为 3AH 单元中的内容 68H 传送给累加器 A。

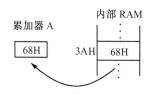

图 3-1 直接寻址示意图

直接寻址方式可访问以下存储空间:

(1) 内部 RAM 低 128 个字节单元,在指令中直接地址以单元地址的形式给出;

(2) 特殊功能寄存器。

对于特殊功能寄存器,其直接地址还可以用特殊功能寄存器的符号名称来表示。

应注意,直接寻址是访问特殊功能寄存器的唯一方法。

3.2.3 寄存器寻址

寄存器寻址就是以寄存器的内容作为操作数。因此在指令的操作数位置上指定了寄存器就能得到操作数。采用寄存器寻址方式的指令都是一字节的指令,指令中以符号名称来表示寄存器。例如:

```
        MOV    A, R0
        MOV    R2, A
```
以上两条指令都是属于寄存器寻址。前一条指令是将 R0 寄存器的内容传送到累加器 A。后一条是把累加器 A 中的内容传送到 R2 寄存器中。

由于寄存器在 CPU 内部，所以采用寄存器寻址可以获得较高的运算速度。能实现这种寻址方式的寄存器有：R0～R7、A、AB 寄存器和数据指针 DPTR。

3.2.4 寄存器间接寻址

所谓寄存器间接寻址就是以寄存器中的内容作为 RAM 地址，该地址中的内容才是操作数。寄存器间接寻址也需在指令中指定某个寄存器，也是以符号名称来表示寄存器的，为了区别寄存器寻址和寄存器间接寻址，用寄存器名称前加"@"标志，来表示寄存器间接寻址。例如：

```
        MOV    A, @R0
```

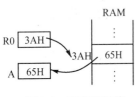

图 3-2 寄存器间接寻址示意图

其操作示意图如图 3-2 所示。

这时 R0 寄存器的内容 3AH 是操作数地址，内部 RAM 的 3AH 单元的内容 65H 才是操作数，并把该操作数传送到累加器 A 中，结果（A）= 65H。若是寄存器寻址指令：

```
        MOV    A, R0
```

则执行结果（A）= 3AH。对这两类指令的差别和用法，一定要区分清楚。间接寻址理解起来较为复杂，但在编程时是极为有用的一种寻址方式。

89C51 单片机规定只能用寄存器 R0、R1、DPTR 作为间接寻址的寄存器。间接寻址可以访问的存储空间为内部 RAM 和外部 RAM。

（1）内部 RAM 的低 128 个单元采用 R0、R1 作为间址寄存器。

（2）外部 RAM 的寄存器间接寻址有两种形式：一是采用 R0、R1 作为间址寄存器，可寻址 256 个单元；二是采用 16 位的 DPTR 作为间址寄存器，可寻址外部 RAM 的整个 64 KB 地址空间。

对于 89C52 单片机，其内部 RAM 是 256 B，其高 128 B 与特殊功能寄存器的地址是重叠的，两者由不同的寻址方式加以区分。对 89C52 的高 128B RAM，必须采用寄存器间接寻址方式访问。

3.2.5 变址寻址

变址寻址是以 DPTR 或 PC 作为基址寄存器，以累加器 A 作为变址寄存器（存放地址偏移量），并以两者内容相加形成的 16 位地址作为操作数地址。例如：

```
        MOVC   A, @A+DPTR    ; A ← ((A) + (DPTR))
```

```
           MOVC    A, @A+PC           ; A ← ((A) + (PC))
```
第一条指令的功能是将 A 的内容与 DPTR 的内容相加形成操作数的地址（即程序存储器的 16 位地址），把该地址中的内容送入累加器 A 中，如图 3-3 所示。第二条指令的功能是将 A 的内容与 PC 的内容相加形成操作数的地址（ROM16 位地址），把该地址中的内容送入累加器 A 中。

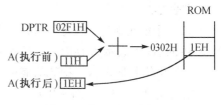

图 3-3　变址寻址示意图

这两条指令常用于访问程序存储器中的数据表格，且都为一字节指令。

3.2.6　相对寻址

相对寻址只在相对转移指令中使用，指令中给出的操作数是相对地址偏移量 rel。相对寻址就是将程序计数器 PC 的当前值与指令中给出的偏移量 rel 相加，其结果作为转移地址送入 PC 中。此种寻址方式的操作是修改 PC 的值，故可用来实现程序的分支转移。

PC 当前值是指正在执行指令的下条指令的地址。rel 是一个带符号的 8 位二进制数，取值范围是 −128 ~ +127，故 rel 给出了相对于 PC 当前值的跳转范围。例如：

```
                    SJMP    54H
```

这是无条件相对转移指令，是双字节指令，指令代码为 80H、54H，其中 80H 是该指令的操作码，54H 是偏移量。现假设此指令所在地址为 2000H，执行此指令时，PC 当前值为 2000H+02H，则转移地址为 2000H+02H+54H=2056H。

故指令执行后，PC 的值变为 2056H，程序的执行发生了转移。其寻址方式如图 3-4 所示。

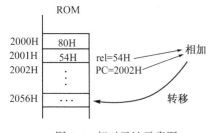

图 3-4　相对寻址示意图

3.2.7　位寻址

89C51 单片机有位处理功能，可对寻址的位单独进行操作，相应的在指令系统中有一类位操作指令，它们可以采用位寻址方式。在指令的操作数位置上直接给出位地址，这种寻址方式被称为位寻址。例如：

```
           MOV     C, 30H
```

该指令的功能是把位地址 30H 中的值（0 或 1）传送到位累加器 CY 中。

89C51 单片机内部 RAM 有两个区域可以位寻址：一个是位寻址区 20H ~ 2FH 单元的 128 位，另一个是字节地址能被 8 整除的特殊功能寄存器的相应位。

在 89C51 单片机中，位地址的表示可以采用以下几种方式。

（1）直接使用位地址。对于 20H ~ 2FH 共 16 个单元的 128 位，其位地址是 00H ~

7FH，例如，20H 单元的 0～7 位的位地址为 00H～07H，而特殊功能寄存器的可寻址的位地址见表 2-3。

（2）用单元地址加位序号表示。如 25H.5 表示 25H 单元的 D5 位（位地址是 2DH），而 PSW 中的 D3 可表示为 D0H.3，这种表示方法可以避免查表或计算，比较方便。

（3）用位名称表示。特殊功能寄存器中的可寻址位均有位名称，可以用位名称来表示该位，如可用 RS0 表示 PSW 中的 D3——D0H.3。

（4）对特殊功能寄存器可直接用寄存器符号加位序号表示。如 PSW 中的 D3，又可表示为 PSW.3。

习惯上，对于特殊功能寄存器的寻址位常使用位名称表示其位地址。

3.3 数据传送类指令

数据传送类指令是最常用、最基本的一类指令。数据传送类指令的一般功能是把源操作数传送到目的操作数，指令执行后，源操作数不变，目的操作数被源操作数所代替。这类指令主要用于数据的传送、保存及交换数据等场合。

在 89C51 单片机的指令系统中，各类数据传送指令共有 29 条，分述如下。

3.3.1 内部 RAM 数据传送指令

内部 RAM 的数据传送类指令共 16 条，包括累加器、寄存器、特殊功能寄存器、RAM 单元之间的相互数据传送。

1. 以累加器 A 为目的操作数的数据传送指令

```
MOV  A, #data          ; A ← data
MOV  A, direct         ; A ← (direct)
MOV  A, Rn             ; A ← (Rn)
MOV  A, @Ri            ; A ← ((Ri))
```

这组指令的功能是将源操作数所指定的内容送入累加器 A 中。源操作数可以采用立即寻址、直接寻址、寄存器寻址和寄存器间接寻址 4 种寻址方式。

上述指令在上节均有例题和图示，不再重复。

2. 以寄存器 Rn 为目的操作数的数据传送指令

```
MOV  Rn, A             ; Rn ← (A)
MOV  Rn, #data         ; Rn ← data
MOV  Rn, direct        ; Rn ← (direct)
```

这组指令的功能是将源操作数所指定的内容送到当前工作寄存器组 R0～R7 中的某个寄存器中。源操作数可以采用寄存器寻址、立即寻址和直接寻址。

注意，没有 "MOV Rn, Rn" 指令，也没有 "MOV Rn, @Ri" 指令。

例 3-1 已知 (A)=50H,(R1)=10H,(R2)=20H,(R3)=30H,(30H)=4FH,执行指令：

```
MOV  R1, A              ; R1 ← (A)
MOV  R2, 30H            ; R2 ← (30H)
MOV  R3, #85H           ; R3 ← 85H
```

执行后,(R1)=50H,(R2)=4FH,(R3)=85H

3. 以直接地址为目的操作数的数据传送指令

```
MOV  direct, A          ; direct ← (A)
MOV  direct, #data      ; direct ← data
MOV  direct1, direct2   ; direct1 ← (direct2)
MOV  direct, Rn         ; direct ← (Rn)
MOV  direct, @Ri        ; direct ← ((Ri))
```

这组指令的功能是将源操作数所指定的内容送入由直接地址 direct 所指定的片内存储单元。源操作数可以采用寄存器寻址、立即寻址、直接寻址和寄存器间接寻址。

例 3-2 已知 (R0)=60H,(60H)=72H,现执行如下指令：

```
MOV  40H, @R0           ; (40H) ← (60H)
```

该指令执行过程如图 3-5 所示。

执行结果为 (40H)=72H

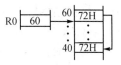

图 3-5 MOV 40H, @R0 执行示意图

注意,"MOV direct1,direct2" 指令在译成机器码时,源地址在前,目的地址在后。

4. 以间接地址 @Ri 为目的操作数的数据传送指令

```
MOV  @Ri, A             ; (Ri) ← (A)
MOV  @Ri, #data         ; (Ri) ← data
MOV  @Ri, direct        ; (Ri) ← (direct)
```

这组指令的功能是把源操作数所指定的内容送入以 R0 或 R1 为地址指针的片内 RAM 单元中。源操作数可以采用寄存器寻址、立即寻址和直接寻址 3 种方式。

注意,没有 "MOV @R*i*,R*n*" 指令。

例 3-3 已知 (R1)=30H,(A)=20H,执行指令：

```
MOV  @R1, A             ; (30H) ← (A)
```

执行指令结果为 (30H)=20H

5. 以 DPTR 为目的操作数的数据传送指令

```
MOV  DPTR, #data16      ; DPTR ← data16
```

这是 89C51 单片机指令系统唯一的一条 16 位立即数传送指令,其功能是将外部存储器 (RAM 或 ROM) 某单元地址作为立即数送到 DPTR 中,立即数的高 8 位送 DPH,低 8 位送 DPL。

注意，该指令在译成机器码时，16 位立即数其高 8 位在前，低 8 位在后。
在使用上述指令时，需注意以下几点。

(1) 要区分各种寻址方式的含义，正确传送数据。

例 3-4 若 (R0)= 30H，(30H)= 50H 时，注意以下指令的执行结果：

```
MOV  A, R0              ;(A) = 30H
MOV  A, @R0             ;(A) = (30H) = 50H
MOV  A, 30H             ;(A) = (30H) = 50H
MOV  A, #30H            ;(A) = 30H
```

(2) 所有传送指令都不影响标志位，这里所说的标志位是指 CY、AC 和 OV。涉及累加器 A 的将影响奇偶标志位 P。

(3) 估算指令的字节数，凡是指令中既不包含字节地址，又不包含 8 位立即数的指令均为一字节指令；若指令中包含一个 8 位字节地址或 8 位立即数，指令字节数为 2，若指令中包含两个这样的操作数，则指令字节数为 3。如：

```
MOV  A,  @R0            ;1 字节
MOV  A,  direct         ;2 字节
MOV  direct, #data      ;3 字节
MOV  DPTR, #data16      ;3 字节
```

3.3.2 访问外部 RAM 的数据传送指令

CPU 与外部 RAM 或 I/O 口进行数据传送，必须采用寄存器间接寻址的方法，并通过累加器 A 来传送。这类指令共有 4 条：

```
MOVX  A, @DPTR          ;A← ((DPTR))
MOVX  @DPTR, A          ;(DPTR) ← (A)
MOVX  A, @Ri            ;A← ((Ri))
MOVX  @Ri, A            ;(Ri) ← (A)
```

前两条指令是以 DPTR 作为间址寄存器，其功能是将 DPTR 所指定的外部 RAM 单元与累加器 A 之间传送数据。由于 DPTR 是 16 位地址指针，因此这两条指令的寻址范围可达片外 RAM 64 KB 全部空间。

后两条指令是以 R0 或 R1 作为间址寄存器，其功能是将 R0 或 R1 所指定的外部 RAM 单元与累加器 A 之间传送数据。由于 R0 或 R1 是 8 位地址指针，因此这两条指令的寻址范围仅限于外部 RAM 256B 单元。

例 3-5 试编程，将片外 RAM 的 2000H 单元内容送入片外 RAM 的 0200H 单元中。

解 片外 RAM 与片外 RAM 之间不能直接传送，需通过累加器 A，另外，当片外 RAM 地址值大于 FFH 时，需用 DPTR 作为间址寄存器。编程如下：

```
MOV  DPTR, #2000H       ;源数据地址送 DPTR
```

```
        MOVX    A , @DPTR              ;从外部 RAM 中取数送 A
        MOV     DPTR , #0200H          ;目的地址送 DPTR
        MOVX    @DPTR , A              ;A 中内容送外部 RAM
```

3.3.3 程序存储器向累加器 A 传送数据指令

```
        MOVC    A, @A+DPTR             ;A← ((A) + (DPTR) )
        MOVC    A, @A+PC               ;A← ((A) + (PC) )
```

这两条指令的功能是从程序存储器中读取源操作数送入累加器 A 中。源操作数均为变址寻址方式。这两条指令都是一字节指令。

这两条指令特别适合于读取表格在 ROM 中建立的数据，故称做查表指令。虽然这两条指令的功能完全相同，但在具体使用中却有一点差异。

前一条指令是采用 DPTR 作为基址寄存器。在使用前，可以很方便地把一个 16 位地址（表格首地址）送入 DPTR，实现在整个 64 KB ROM 空间向累加器 A 的数据传送。即数据表格可以存放在 64 KB 程序存储器的任意位置，因此，第一条指令称为远程查表指令。远程查表指令使用起来比较方便。

后一条指令是以 PC 作为基址寄存器。在程序中，执行该查表指令时 PC 值是确定的，为下一条指令的地址，而不是表格首地址，这样基址和实际要读取的数据表格首地址就不一致，使得 A+PC 与实际要访问的单元地址不一致，为此，在使用该查表指令之前，必须用一条加法指令进行地址调整，地址调整只能通过对累加器 A 的内容进行调整，使得 A+PC 和所读 ROM 单元地址保持一致。

例 3-6 若在外部 ROM 中 2000H 单元开始存放 (0~9) 的平方值 0, 1, 4, 9, …, 81, 要求根据累加器 A 中的值 (0~9)，来查找所对应的平方值，并存入 60H 单元中。

解 (1) 用 DPTR 作为基址寄存器：

```
        MOV     DPTR, #2000H           ;表格首地址送 DPTR
        MOVC    A, @A+DPTR             ;根据表格首地址及 A 确定地址，取数送 A
        MOV     60H, A                 ;存结果
```

这种情况，(A) + (DPTR) 之和就是所查平方值所存的地址。

(2) 用 PC 作为基址寄存器，在 MOVC 指令之前应先用一条加法指令进行地址调整，编程如下：

```
(2 字节)  ADD     A, #data              ;(A)+data 作为地址调整
(1 字节)  MOVC    A, @A+PC              ;(A)+data+(PC)确定查表地址，取数送 A
(2 字节)  MOV     60H, A                ;存结果
(1 字节)  RET
2000H: DB 0, 1, 4, 9, 16, 25, 36, …, 81
```

执行该查表指令时，PC 已指向下一条指令地址，很显然，PC 的内容不是要查找的表格

首地址 2000H，两者之间存在地址差，因此需进行地址调整，使其能指向表格首地址，由于 PC 的内容不能随意改变，所以只能借助于 A 来进行调整。故在 MOVC 指令之前，先执行对 A 的加法操作，其中 # data 的值要根据 MOVC 指令后的地址和数据表格首地址之间的地址差确定，也就是由 MOVC 下边的指令与数据表格首地址之间，其他指令所占的字节数之和来确定。本例中，data=03H。

还应注意，累加器 A 中的内容为 8 位无符号数，该查表指令只能查找指令所在地址以后 256 B 范围内的数据，即表格只能放在该指令所在地址之后的 256 个字节范围内，故称之为近程查表指令。

3.3.4 数据交换指令

数据交换指令共有 5 条，可完成累加器和内部 RAM 单元之间的字节或半字节交换。

1. 整字节交换指令

整字节交换指令有 3 条，完成累加器 A 与内部 RAM 单元内容的整字节交换如下：

```
XCH   A, Rn              ; (A) ⟷ (Rn)
XCH   A, direct          ; (A) ⟷ (direct)
XCH   A, @Ri             ; (A) ⟷ ((Ri))
```

2. 半字节交换指令

```
XCHD  A, @Ri             ; (A)_{3~0} ⟷ ((Ri))_{3~0}
```

该指令功能是将 A 的低 4 位和 Ri 间接寻址单元的低 4 位交换，而各自的高 4 位内容都保持不变。

3. 累加器高低半字节交换指令

```
SWAP  A                  ; (A)_{7~4} ⟷ (A)_{3~0}
```

由于十六进制数或 BCD 码都是以 4 位二进制数表示，因此 SWAP 指令主要用于实现十六进制数或 BCD 码的数位交换。

例 3-7 试编程，将外部 RAM 1000H 单元中的数据与内部 RAM 6AH 单元中的数据相互交换。

解 数据交换指令只能完成累加器 A 和内部 RAM 单元之间的数据交换，要完成外部 RAM 与内部 RAM 之间的数据交换，需先把外部 RAM 中的数据取到 A 中，交换后再送回到外部 RAM 中。编程如下：

```
MOV   DPTR,   #1000H     ; 外部 RAM 地址送 DPTR
MOVX  A,      @DPTR      ; 从外部 RAM 中取数送 A
XCH   A,      6AH        ; A 与 6AH 地址中的内容进行交换
MOVX  @DPTR,  A          ; 交换结果送外部 RAM
```

3.3.5 堆栈操作指令

堆栈操作指令可以实现对数据或断点地址的保护，它只有两条指令：

```
PUSH  direct              ; SP ← (SP)+1, (SP) ← (direct)
POP   direct              ; direct ← ((SP)), SP ← (SP)-1
```

前一条指令是进栈指令，其功能是先将栈指针 SP 的内容加 1，使它指向栈顶空单元，然后将直接地址 direct 单元的内容送入栈顶空单元。

后一条指令是出栈指令，其功能是将 SP 所指的单元的内容送入直接地址所指出的单元，然后将栈指针 SP 的内容减 1，使之指向新的栈顶单元。

注意，进栈、出栈指令只能以直接寻址方式来取得操作数，不能用累加器或工作寄存器 R_n 作为操作数。例如把累加器 A 的内容送入堆栈，应使用指令：

```
PUSH  ACC
```

这里 ACC 表示累加器 A 的直接地址 E0H。

利用堆栈操作指令也可以完成数据的传送。

3.4 算术运算类指令

89C51 单片机的算术运算类指令共有 24 条，可以完成加、减、乘、除等各种操作，全部指令都是 8 位数运算指令。如果需要做 16 位数的运算则需编写相应的程序来实现。

算术运算类指令大多数要影响到程序状态字寄存器 PSW 中的溢出标志 OV、进位（借位）标志 CY、辅助进位标志 AC 和奇偶标志位 P。利用进位（借位）标志 CY，可进行多字节无符号整数的加、减运算，利用溢出标志可对带符号数进行补码运算，辅助进位标志则用于 BCD 码运算的调整。

3.4.1 加法指令

```
ADD  A, #data             ; A ← (A)+data
ADD  A, direct            ; A ← (A)+(direct)
ADD  A, Rn                ; A ← (A)+(Rn)
ADD  A, @Ri               ; A ← (A)+((Ri))
```

这组指令的功能是把源操作数所指出的内容与累加器 A 的内容相加，其结果存放在 A 中。源操作数的寻址方式分别为立即寻址、直接寻址、寄存器寻址和寄存器间接寻址。运算结果对程序状态字 PSW 中的 CY、AC、OV 和 P 的影响情况如下。

进位标志 CY：在加法运算中，如果 D7 位向上有进位，则 CY=1；否则，CY=0。

半进位标志 AC：在加法运算中，如果 D3 位向上有进位，则 AC=1；否则，AC=0。

溢出标志 OV：在加法运算中，如果 D7、D6 位只有一个向上有进位时，OV=1；如果

D7、D6 位同时有进位或同时无进位时，OV=0。

奇偶标志 P：当 A 中 "1" 的个数为奇数时，P=1；为偶数时，P=0。

例 3-8 设（A）=94H，（30H）=8DH，执行指令 ADD A, 30H，操作如下：

```
     10010100
  +  10001101
  ─────────────
   1 00100001
```

结果（A）=21H，（CY）=1，（AC）=1，（OV）=1，（P）=0

参加运算的两个数，可以是无符号数（0～255），也可以是有符号数（-128～+127）。用户可以根据标志位 CY 或 OV 来确定运算结果或判断结果是否正确。无符号数用 CY 位表示进位、溢出（不考虑 OV 位），有符号数用 OV 位表示溢出（不考虑 CY 位）。

上例中，若把 94H、8DH 看做无符号数相加，结果中 CY=1，表示运算结果发生了溢出（结果超出了 8 位），此时溢出的含义是向高位产生进位，所以确定结果时不能只看累加器 A 的内容，而应该把 CY 的值加到高位上，才可得到正确的结果。即结果为 121H，若把 94H、8DH 看做有符号数（补码表示的），结果中 OV=1，它表示运算结果发生了溢出，A 中的值是个错误的结果。因为两个负数相加，结果却为正数，很显然是错误的。

两个正数相加或两个负数相加时，若发生溢出，将改变结果的符号位，所得结果都是错误的，OV=1 正好指出了这一类错误。

无论编程人员把参加运算的两个数看做是无符号数还是有符号数，计算机在每次运算后，都会按规则自动设置标志位 CY、OV、AC、P，对于编程人员来说，应能根据这些标志来了解当前运算结果所处的状态，以确定程序的走向。

3.4.2 带进位加法指令

```
ADDC  A, #data      ; A ← (A) + data + (CY)
ADDC  A, direct     ; A ← (A) + (direct) + (CY)
ADDC  A, Rn         ; A ← (A) + (Rn) + (CY)
ADDC  A, @Ri        ; A ← (A) + ((Ri)) + (CY)
```

这组指令的功能是把源操作数所指出的内容与累加器 A 的内容相加、再加上进位标志 CY 的值，其结果存放在 A 中。源操作数的寻址方式分别为立即寻址、直接寻址、寄存器寻址和寄存器间接寻址。运算结果对 PSW 标志位的影响与 ADD 指令相同。

需要说明的是，这里所加的进位标志 CY 的值是在该指令执行之前已经存在的进位标志值，而不是执行该指令过程中产生的进位标志值。

例 3-9 设（A）=AEH，（R1）=81H，（CY）=1，执行指令 ADDC A, R1，则操作如下：

```
        10101110
        10000001
    +)         1 ← (CY)
      1 00110000
```

结果 (A) = 30H, (CY) = 1, (OV) = 1, (AC) = 1, (P) = 0

带进位加法指令主要用于多字节数的加法运算。因低位字节相加时可能产生进位，而在进行高位字节相加时，要考虑低位字节向高位字节的进位，因此必须使用带进位的加法指令。

例 3-10 设有两个无符号 16 位二进制数，分别存放在 30H、31H 单元和 40H、41H 单元中（低 8 位先存），写出两个 16 位数的加法程序，将和存入 50H、51H 单元（设和不超过 16 位）。

解 由于不存在 16 位数的加法指令，所以只能先加低 8 位，后加高 8 位，而在加高 8 位时要连低 8 位相加的进位一起相加，编程如下：

```
MOV   A, 30H          ;取一个加数的低字节送 A 中
ADD   A, 40H          ;两个低字节数相加
MOV   50H, A          ;结果送 50H 单元
MOV   A, 31H          ;取一个加数的高字节送 A 中
ADDC  A, 41H          ;高字节数相加，同时加低字节产生的进位
MOV   51H, A          ;结果送 51H 单元
```

3.4.3 带借位减法指令

```
SUBB  A, #data        ;A ← (A) - data - (CY)
SUBB  A, direct       ;A ← (A) - (direct) - (CY)
SUBB  A, Rn           ;A ← (A) - (Rn) - (CY)
SUBB  A, @Ri          ;A ← (A) - ((Ri)) - (CY)
```

这组指令的功能是将累加器 A 中的数减去源操作数所指出的数和进位位 CY，其结果存放在累加器 A 中。源操作数的寻址方式分别为立即寻址、直接寻址、寄存器寻址和寄存器间接寻址。运算结果对程序状态字 PSW 中各标志位的影响情况如下。

借位标志 CY：在减法运算中，如果 D7 位向上需借位，则 CY = 1；否则，CY = 0。

半借位标志 AC：在减法运算中，如果 D3 位向上需借位，则 AC = 1；否则，AC = 0。

溢出标志 OV：在减法运算中，如果 D7、D6 位只有一个向上需借位时，OV = 1；如果 D7、D6 位同时需借位或同时无借位时，OV = 0。

奇偶标志 P：当 A 中"1"的个数为奇数时，P = 1；为偶数时，P = 0。

减法运算只有带借位减法指令，而没有不带借位的减法指令。若要进行不带借位的减法运算，应该先用指令将 CY 清零，然后再执行 SUBB 指令。

需强调的一点是，减法运算在计算机中实际上是变成补码相加，下面举例说明。

例 3-11　设（A）= DBH，（R4）= 73H，（CY）= 1。

执行指令 SUBB　A，R4　则操作如下：

```
    11011011（DBH）              11011011
    01110011（73H）              10001101（-73H 的补码）
-)         1（CY）           +) 11111111（-1 的补码）
    01100111                  10 01100111
      常规减法                   减法变补码相加
```

结果（A）= 67H，（CY）= 0，（AC）= 0，（OV）= 1

由上述两式可见两种算法的最终结果是一样的。在此例中，若 DBH 和 73H 是两个无符号数，则结果 67H 是正确的；反之，若为两个带符号数，则由于产生溢出（OV = 1），使得结果是错误的，因为负数减正数其结果不可能是正数，OV = 1，就指出了这一错误。

3.4.4　加 1 指令

```
    INC   A               ;A ← (A) + 1
    INC   direct          ;direct ← (direct) + 1
    INC   Rn              ;Rn ← (Rn) + 1
    INC   @Ri             ;Ri ← ((Ri)) + 1
    INC   DPTR            ;DPTR ← (DPTR) + 1
```

这组指令的功能是将操作数所指定单元的内容加 1。本组指令除 "INC A" 指令影响 P 标志外，其余指令均不影响 PSW 标志。

加 1 指令常用来修改操作数的地址，以便于使用间接寻址方式。

3.4.5　减 1 指令

```
    DEC   A               ;A ← (A) - 1
    DEC   direct          ;direct ← (direct) - 1
    DEC   Rn              ;Rn ← (Rn) - 1
    DEC   @Ri             ;Ri ← ((Ri)) - 1
```

这组指令的功能是将操作数所指定单元的内容减 1。除 "DEC A" 指令影响 P 标志外，其余指令均不影响 PSW 标志。

3.4.6　乘、除法指令

89C51 单片机有乘、除法指令各一条，它们都是一字节指令，执行时需 4 个机器周期。

1. 乘法指令

```
    MUL   AB              ;BA ← (A) × (B)
```

这条指令的功能是把累加器 A 和寄存器 B 中的两个 8 位无符号数相乘，所得 16 位乘积的低 8 位放在 A 中，高 8 位放在 B 中。

乘法指令执行后会影响 3 个标志：若乘积小于 FFH（即 B 的内容为零），则 OV = 0，否则 OV = 1。CY 总是被清零，奇偶标志 P 仍按 A 中 1 的奇偶性来确定。

例 3-12 已知 (A) = 80H，(B) = 32H，

执行指令 MUL AB

结果 (A) = 00H，(B) = 19H，OV = 1，CY = 0，P = 0

2. 除法指令

  DIV AB   ; A ← (A)/(B) 之商，B ← (A)/(B) 之余数

这条指令的功能是对两个 8 位无符号数进行除法运算。其中被除数存放在累加器 A 中，除数存放在寄存器 B 中。指令执行后，商存于累加器 A 中，余数存于寄存器 B 中。

除法指令执行后也影响 3 个标志：若除数为零（B = 0）时，OV = 1，表示除法没有意义；若除数不为零，则 OV = 0，表示除法正常进行。CY 总是被清零，奇偶标志 P 仍按 A 中 1 的奇偶性来确定。

例 3-13 已知 (A) = 87H（135D），(B) = 0CH（12D），

执行指令 DIV AB

结果 (A) = 0BH，(B) = 03H，OV = 0，CY = 0，P = 1

3.4.7 十进制调整指令

  DA A

该指令的功能是对 A 中刚进行的两个 BCD 码的加法结果进行修正。该指令只影响进位标志 CY。

有时希望计算机能存储十进制数，而且能进行十进制数的运算，这时就要用 BCD 码来表示十进制数。

所谓 BCD 码就是采用 4 位二进制编码表示的十进制数。4 位二进制数共有 16 个编码，BCD 码是取它前 10 个的编码 0000～1001 来代表十进制数的 0～9，这种编码称为 8421BCD 码，简称 BCD 码。一个字节可以存放 2 位 BCD 码（称为压缩的 BCD 码）。

如果两个 BCD 码数相加，结果也是 BCD 码，则该加法运算称为 BCD 码加法。在 89C51 单片机中没有专门的 BCD 码加法指令，要进行 BCD 码加法运算，也要用加法指令 ADD 或 ADDC，然而计算机在执行 ADD 或 ADDC 指令进行加法运算时，是按照二进制规则进行的，对于 4 位二进制数是按逢 16 进位；而 BCD 码是逢 10 进位，两者存在进位差。因此用 ADD 或 ADDC 指令进行 BCD 码相加时，可能会出现错误。例如：

```
    (a) 3+5=8          (b) 6+7=13         (c) 8+9=17
         0011                0110                1000
      +) 0101             +) 0111             +) 1001
         ----                ----              ------
         1000                1101              1 0001
```

在上述 3 组运算中，(a) 的运算结果是正确的，因为 8 的 BCD 码就是 1000；(b) 的运算结果是错误的，因为 13 的 BCD 码应是 00010011，但运算结果却是 1101，BCD 码中没有这个编码；(c) 的运算结果也是错误的，因为 17 的 BCD 码应是 00010111，而运算结果是 00010001。

由此可知，当运算结果大于 16 或在 10～16 之间时，都将出现错误结果，因此要对结果进行修正，这就是所谓的十进制调整问题。

使用 DA A 指令可修正这种错误，它能对运算结果自动进行调整。实际上，计算机在遇到十进制调整指令时，中间结果的修正是由 ALU 硬件中的十进制调整电路自动进行的。因此，用户不必考虑它是怎样调整的。使用时只需在上述加法指令后面紧跟一条 DA A 指令即可。

在执行 DA A 指令之后，若 CY=1，则表明相加后的和已等于或大于十进制数 100。

例 3-14 试编写程序，实现 95+59 的 BCD 码加法，并将结果存入 30H、31H 单元。

```
MOV   A, #95H     ;95 的 BCD 码数送 A 中
ADD   A, #59H     ;A 与 59 的 BCD 码相加，结果存在 A 中
DA    A           ;对相加结果进行十进制调整
MOV   30H, A      ;A 中的和（十位、个位的 BCD 码）存入 30H
MOV   A, #00H     ;A 清零
ADDC  A, #00H     ;加进位（百位的 BCD 码）
DA    A           ;BCD 码相加之后，必须使用调整指令
MOV   31H, A      ;存进位
```

第一次执行 DA A 指令的结果：(A)=54H，CY=1
最终结果 (31H)=01H，(30H)=54H

需要指出的是，DA A 指令只能用在加法指令的后面。如果要进行 BCD 码减法运算，也应该进行调整，但在 89C51 单片机中没有十进制减法调整指令，也不像有的微处理器有加减标志，因此要用适当的方法来进行十进制减法运算。

为了进行十进制减法运算，可用加减数的补数来进行，2 位十进制数是对 100 取补的，例如：减法 60-30=30，也可以改为补数相加为

$$60+(100-30)=130$$

丢掉进位后，就得到正确的结果。

在实际运算时，不可能用 9 位二进制数来表示十进制数 100，因为 CPU 是 8 位的。为此，可用 8 位二进制数 10011010（9AH）来代替。因为这个二进制数经过十进制调整后就是 100000000。因此，十进制无符号数的减法运算可按以下步骤进行：

(1) 求减数的补数，即 9AH-减数；
(2) 被减数与减数的补数相加；
(3) 对第二步的和进行十进制调整，就得到所求的十进制减法运算结果。

这里用"补数"而没有用"补码",这是为了和带有符号位的补码相区别。由于现在操作数都是正数,没有必要再加符号位,故称"补数"更为合适一些。

例 3-15 编写程序实现十进制减法,计算 87-38。

```
CLR     C              ;减法之前,先清 CY 位,即 CY=0
MOV     A,    #9AH     ;9AH 送 A 中
SUBB    A,    #38H     ;做减法,计算 38 的补数送 A 中
ADD     A,    #87H     ;38 的补数与 87 做加法
DA      A              ;对相加结果进行调整
```

分析:减数求补数　　　　　　　　与被减数相加　　　　　　　十进制调整

```
   10011010  (94H)           01100010              11101001
-) 00111000  (38H)        +) 10000111           +) 01100000
   ────────                  ────────              ──────────
   01100010    →             11101001              →1 01001001
```

丢掉进位,取调整结果的低 8 位,即得结果为十进制数 49,显然是正确的结果。

3.5 逻辑运算及移位类指令

逻辑运算的特点是按位进行。逻辑运算包括与、或、异或三类,每类都有 6 条指令。此外还有移位指令及对累加器 A 清零和求反指令,逻辑运算及移位类指令共有 24 条。

3.5.1 逻辑与运算指令

```
ANL  A, #data        ; A ← (A) ∧ data
ANL  A, direct       ; A ← (A) ∧ (direct)
ANL  A, Rn           ; A ← (A) ∧ (Rn)
ANL  A, @Ri          ; A ← (A) ∧ ((Ri))
ANL  direct, A       ; direct ← (direct) ∧ (A)
ANL  direct, #data   ; direct ← (direct) ∧ data
```

这组指令中前 4 条指令是将累加器 A 的内容和源操作数所指出的内容按位相与,结果存放在 A 中。后两条指令是将直接地址单元中的内容和源操作数所指出的内容按位相与,结果存入直接地址所指定的单元中。

逻辑与运算指令常用于将某些位屏蔽(即使之为零)。

方法是:将要屏蔽的位和"0"相与,要保留的位同"1"相与。

3.5.2 逻辑或运算指令

```
ORL  A, #data        ; A ← (A) ∨ data
```

```
ORL   A, direct        ; A ← (A) ∨ (direct)
ORL   A, Rn            ; A ← (A) ∨ (Rn)
ORL   A, @Ri           ; A ← (A) ∨ ((Ri))
ORL   direct, A        ; direct ← (direct) ∨ (A)
ORL   direct, #data    ; direct ← (direct) ∨ data
```

这组指令中前 4 条指令是将累加器 A 的内容与源操作数所指出的内容按位相或，结果存放在 A 中。后两条指令是将直接地址单元中的内容与源操作数所指出的内容按位相或，结果存入直接地址所指定的单元中。

逻辑或运算指令常用于将某些位置位（即使之为 1）。

方法是：将要置位的位和"1"相或，要保留的位同"0"相或。

例 3-16 将累加器 A 的低 4 位送到 P1 口的低 4 位输出，而 P1 的高 4 位保持不变。

解 这种操作不能简单地用 MOV 指令实现，而可以借助与、或逻辑运算。程序如下：

```
ANL   A, #0FH          ; 屏蔽 A 的高 4 位，保留低 4 位
ANL   P1, #0F0H        ; 屏蔽 P1 的低 4 位，保留高 4 位
ORL   P1, A            ; 通过或运算，完成所需操作
```

3.5.3 逻辑异或运算指令

```
XRL   A, #data         ; A ← (A) ⊕ data
XRL   A, direct        ; A ← (A) ⊕ (direct)
XRL   A, Rn            ; A ← (A) ⊕ (Rn)
XRL   A, @Ri           ; A ← (A) ⊕ ((Ri))
XRL   direct, A        ; direct ← (direct) ⊕ (A)
XRL   direct, #data    ; direct ← (direct) ⊕ data
```

这组指令中前 4 条指令是将累加器 A 的内容和源操作数所指出的内容按位异或运算，结果存放在 A 中。后两条指令是将直接地址单元中的内容和源操作数所指出的内容按位异或运算，结果存入直接地址所指定的单元中。

逻辑异或运算指令常用于将某些位取反。

方法是：将需求反的位同"1"相异或，要保留的位同"0"相异或。

例 3-17 试编程，使内部 RAM 30H 单元中的低 2 位清零，高 2 位置 1，其余 4 位取反。

```
解 ANL   30H, #0FCH     ; 30H 单元中低 2 位清零
  ORL   30H, #0C0H     ; 30H 单元中高 2 位置 1
  XRL   30H, #3CH      ; 30H 单元中中间 4 位变反
```

3.5.4 累加器清零、取反指令

累加器清零指令 1 条：

```
    CLR    A                    ;A←0
```
累加器按位取反指令 1 条：
```
    CPL    A                    ;A←(Ā)
```
清零和取反指令只有累加器 A 才有，它们都是一字节指令，如果用其他方式来达到清零或取反的目的，则都为二字节的指令。

89C51 单片机只有对 A 的取反指令，没有求补指令。若要进行求补操作，可按"求反加 1"来进行。

以上所有的逻辑运算指令，对 CY、AC 和 OV 标志都没有影响，只在涉及累加器 A 时，才会影响奇偶标志 P。

3.5.5 循环移位指令

89C51 单片机的移位指令只能对累加器 A 进行移位，共有循环左移、循环右移、带进位的循环左移和右移 4 种：

```
    循环左移         RL   A      ;(A)_{i+1}←A_i,(A)_0←(A)_7
    循环右移         RR   A      ;(A)_i←(A)_{i+1},(A)_7←(A)_0
    带进位循环左移   RLC  A      ;(A)_0←CY,(A)_{i+1}←(A)_i,CY←(A)_7
    带进位循环右移   RRC  A      ;(A)_7←CY,(A)_i←(A)_{i+1},CY←(A)_0
```

前两条指令的功能分别是将累加器 A 的内容循环左移或右移一位，执行后不影响 PSW 中的标志位；后两条指令的功能分别是将累加器 A 的内容带进位位 CY 一起循环左移或右移一位，执行后影响 PSW 中的进位位 CY 和奇偶标志位 P。

以上移位指令，可用图形表示，如图 3-6 所示。

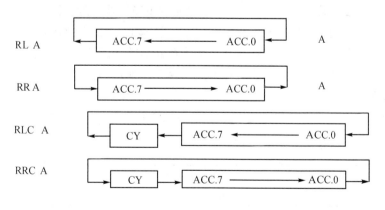

图 3-6 移位指令示意图

例 3-18 设（A）= 08H，试分析下面程序执行结果。
```
(1) RL   A                     ;A 的内容左移一位，结果(A)=10H
```

    RL A   ;A 的内容左移一位,结果(A)=20H
    RL A   ;A 的内容左移一位,结果(A)=40H

即左移一位,相当于原数乘 2(原数小于 80H 时)。

  (2) RR A   ;A 的内容右移一位,结果(A)=04H
    RR A   ;A 的内容右移一位,结果(A)=02H
    RR A   ;A 的内容右移一位,结果(A)=01H

即右移一位,相当于原数除 2(原数为偶数时)。

3.6 控制转移类指令

  通常情况下,程序的执行是按顺序进行的,这是由 PC 自动加 1 实现的。有时因任务要求,需要改变程序的执行顺序,这时就需要改变程序计数器 PC 中的内容,这种情况称作程序转移。控制转移类指令都能改变程序计数器 PC 的内容。

  89C51 单片机有比较丰富的控制转移指令,包括无条件转移指令、条件转移指令和子程序调用及返回指令,这类指令一般不影响标志位。

3.6.1 无条件转移指令

  89C51 单片机有 4 条无条件转移指令,提供了不同的转移范围和方式,可使程序无条件地转到指令所提供的地址上去。

  1. 长转移指令

    LJMP addr16   ;PC←addr16

  该指令在操作数位置上提供了 16 位目的地址 addr16,其功能是把指令中给出的 16 位目的地址 addr16 送入程序计数器 PC,使程序无条件转移到 addr16 处执行。16 位地址可以寻址 64 KB,所以用这条指令可转移到 64 KB 程序存储器的任何位置,故称为"长转移"。

  长转移指令是三字节指令,依次是操作码、高 8 位地址和低 8 位地址。

  2. 绝对转移指令

    AJMP addr11   ;PC←(PC)+2, $PC_{10\sim0}$←addr11

  这是一条两字节指令,其指令格式为:

a_{10}	a_9	a_8	0	0	0	0	1
a_7	a_6	a_5	a_4	a_3	a_2	a_1	a_0

  指令中提供了 11 位目的地址,其中 $a_7\sim a_0$ 在第二字节,$a_{10}\sim a_8$ 则占据第一字节的高 3 位,而 00001 是这条指令特有的操作码,占据第一字节的低 5 位。

  绝对转移指令的执行分为两步:

第一步,取指令。此时 PC 自身加 2 指向下一条指令的起始地址(称为 PC 当前值)。

第二步,用指令中给出的 11 位地址替换 PC 当前值的低 11 位,PC 高 5 位保持不变,形成新的 PC 地址——即转移的目的地址。

11 位地址的范围为 00000000000 ~ 11111111111,即可转移的范围是 2 KB。转移可以向前也可以向后,如图 3-7 所示。但要注意转移到的位置是要与 PC+2 的地址在同一个 2 KB 区域(即它们的高 5 位相同),而不一定与 AJMP 指令的地址在同一个 2 KB 区域。例如 AJMP 指令地址为 1FFFH,加 2 以后为 2001H,因此可以转移的区域为 2000H ~ 27FFH 的区域。

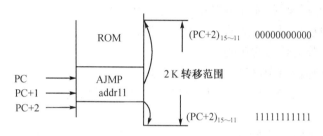

图 3-7 AJMP 指令转移范围

例 3-19 分析下面绝对转移指令的执行情况。

1234H:AJMP 0781H

解 在指令执行前,(PC) = 1234H;取出该指令后,(PC) +2 形成 PC 当前值,它等于 1236H,指令执行过程就是用指令给出的 11 位地址 11110000001B 替换 PC 当前值的低 11 位,即新的 PC 值为 1781H,所以指令执行结果是转移到 1781H 处执行程序,而并没有转移到 0781H 处,其原因是二者地址超出了 2 KB,即二者高 5 位地址不同,因此转移发生错误。

应注意:只有转移的目的地址在 2 KB 范围之内时,才可使用 AJMP 指令,超出 2 KB 范围,应使用长转移指令 LJMP。

3. 短转移指令

    SJMP rel   ; PC ← (PC) +2, PC ← (PC) + rel

SJMP 是无条件相对转移指令,该指令为双字节,rel 是相对转移的偏移量。指令的执行分两步完成:

第一步,取指令。此时 PC 自身加 2 形成 PC 的当前值。

第二步,将 PC 当前值与偏移量 rel 相加形成转移的目的地址,即

        目的地址 = (PC)+2 + rel

rel 是一个带符号的相对偏移量,其范围为 −128 ~ +127,负数表示向后转移,正数表示向前转移。

这条指令的优点是:指令给出的是相对转移地址,不具体指出地址值。这样,当程序地址发生变化时,只要相对地址不发生变化,该指令就不需要做任何改动。

通常，在用汇编语言编写程序时，在 rel 位置上直接以符号地址形式给出转移的目的地址，而由汇编程序在汇编过程中自动计算和填入偏移量。省去人工计算偏移量的工作。

4. 变址寻址转移指令（又称散转指令、间接转移指令）

  JMP @A+DPTR   ；PC←(A)+(DPTR)

  指令采用的是变址寻址方式，该指令的功能是把累加器 A 中的 8 位无符号数与基址寄存器 DPTR 中的 16 位地址相加，所得的和作为目的地址送入 PC。指令执行后不改变 A 和 DPTR 中的内容，也不影响任何标志位。

  这条指令的特点是转移地址可以在程序运行中加以改变。例如，在 DPTR 中装入多分支转移指令表的首地址，而由累加器 A 中的内容来动态选择该时刻应转向哪一条分支，实现由一条指令完成多分支转移的功能。

  例 3-20 设累加器 A 中存有用户从键盘输入的键值 0～3，键处理程序分别存放在 KPRG0、KPRG1、KPRG2、KPRG3 处，试编写程序，根据用户输入的键值，转入相应的键处理程序。

  解 MOV DPTR, #JPTAB ；转移指令表首地址送入 DPTR
     RL A   ；键值×2，因 AJMP 指令占 2 个字节
     JMP @A+DPTR   ；JPTAB+2×键值，和送 PC 中，则程序
                    就转移到表中某一位置去执行指令
  JPTAB: AJMP KPRG0
      AJMP KPRG1
      AJMP KPRG2
      AJMP KPRG3
  KPRG0:
     ⋮
  KPRG1:
     ⋮
  KPRG2:
     ⋮
  KPRG3:
     ⋮

3.6.2　条件转移指令

  条件转移指令是指当某种条件满足时，转移才进行；而条件不满足时，程序就按顺序往下执行。

  条件转移指令的共同特点：

  (1) 所有的条件转移指令都属于相对转移指令，转移范围相同，都在以 PC 当前值为基

准的 256 B 范围内（-128 ~ +127）。

(2) 计算转移地址的方法相同，即转移地址=PC 当前值 + rel。

条件转移指令有如下指令。

1. 累加器判零转移指令

```
    JZ    rel        ;若(A)=0,则转移,PC ← (PC) + 2 + rel
                     ;若(A)≠0,按顺序执行,PC ← (PC) + 2
    JNZ   rel        ;若(A)≠0,则转移,PC ← (PC) + 2 + rel
                     ;若(A)=0,按顺序执行,PC ← (PC) + 2
```

这是一组以累加器 A 的内容是否为零作为判断条件的转移指令。JZ 指令的功能是：累加器（A）=0 则转移；否则就按顺序执行。JNZ 指令的操作正好与之相反。

这两条指令都是两字节的相对转移指令，rel 为相对转移偏移量。与短转移指令中的 rel 一样，在编写源程序时，经常用标号来代替，只是在翻译成机器码时，才由汇编程序换算成 8 位相对地址。

2. 比较条件转移指令

比较条件转移指令共有 4 条，其差别只在于操作数的寻址方式不同：

```
    CJNE  A, #data, rel  ;若(A)=data,则PC ← (PC)+3, CY ← 0
                         ;若(A)>data,则PC ← (PC)+3+rel, CY ← 0
                         ;若(A)<data,则PC ← (PC)+3+rel, CY ← 1
    CJNE  A, direct, rel ;若(A)=(direct),则PC ← (PC)+3, CY ← 0
                         ;若(A)>(direct),则PC ← (PC)+3+rel, CY ← 0
                         ;若(A)<(direct),则PC ← (PC)+3+rel, CY ← 1
    CJNE  Rn, #data, rel ;若(Rn)=data,则PC ← (PC)+3, CY ← 0
                         ;若(Rn)>data,则PC ← (PC)+3+rel, CY ← 0
                         ;若(Rn)<data,则PC ← (PC)+3+rel, CY ← 1
    CJNE  @Ri, #data, rel;若((Ri))=data,则PC ← (PC)+3, CY ← 0
                         ;若((Ri))>data,则PC ← (PC)+3+rel, CY ← 0
                         ;若((Ri))<data,则PC ← (PC)+3+rel, CY ← 1
```

该组指令在执行时首先对两个规定的操作数进行比较，然后根据比较的结果来决定是否转移——若两个操作数相等，程序按顺序往下执行；若两个操作数不相等，则进行转移。指令执行时，还要根据两个操作数的大小来设置进位标志 CY——若目的操作数大于、等于源操作数，则 CY=0；若目的操作数小于源操作数，则 CY=1；为进一步的分支创造条件。通常在该组指令之后，选用以 CY 为条件的转移指令，则可以判别两个数的大小。

在使用 CJNE 指令时应注意以下几点。

（1）比较条件转移指令都是三字节指令，因此 PC 当前值=PC+3（PC 是该指令所在地址），转移的目的地址应是 PC 加 3 以后再加偏移量 rel。

（2）比较操作实际就是做减法操作，只是不保存减法所得到的差（即不改变两个操作数本身），而将结果反映在标志位 CY 上。

（3）CJNE 指令将参与比较的两个操作数当做无符号数看待、处理并影响 CY 标志。因此 CJNE 指令不能直接用于有符号数大小的比较。

若进行两个有符号数大小的比较，则应依据符号位和 CY 位进行判别比较。

3. 减 1 条件转移指令

这是一组把减 1 与条件转移两种功能结合在一起的指令。这组指令共有 2 条：

```
    DJNZ    Rn, rel          ; Rn ← (Rn) -1
                             若 (Rn) ≠ 0, 则转移, PC ← (PC) +2+rel
                             若 (Rn) = 0, 按顺序执行, PC ← (PC) +2
    DJNZ    direct, rel      ; direct ← (direct) -1
                             若 (direct) ≠ 0, 则转移, PC ← (PC) +3+rel
                             若 (direct) = 0, 按顺序执行, PC ← (PC) +3
```

这组指令的操作是先将操作数（Rn 或 direct）内容减 1，并保存结果，如果减 1 以后操作数不为零，则进行转移；如果减 1 以后操作数为零，则程序按顺序执行。

注意：第一条为二字节指令，第二条指令为三字节指令，这两条指令与 DEC 指令一样，不影响 PSW 中的标志位。

这两条指令对于构成循环程序十分有用，可以指定任何一个工作寄存器或者内部 RAM 单元为计数器。对计数器赋以初值以后，就可以利用上述指令，若对计数器进行减 1 后不为零就进行循环操作，为零就结束循环，从而构成循环程序。

例 3-21 试编写程序，将内部 RAM 以 DATA 为起始地址的 10 个单元中的数据求和，并将结果送入 SUM 单元。设和不大于 255。

解 对一组连续存放的数据进行操作时，一般都采用间接寻址，使用 INC 指令修改地址，可使编程简单，利用减 1 条件转移指令很容易编成循环程序来完成 10 个数相加。

```
        MOV   R0, #DATA       ; 数据块首地址送入间址寄存器 R0
        MOV   R7, #0AH        ; 计数器 R7 送入计数初值
        CLR   A               ; 累加器 A 存放累加和, 先清零
LOOP:   ADD   A, @R0          ; 加一个数
        INC   R0              ; 地址加 1, 指向下一个地址单元
        DJNZ  R7, LOOP        ; 计数值减 1 不为零循环
        MOV   SUM, A          ; 累加和存入指定单元
        SJMP  $               ; 结束
```

例 3-22 将外部 RAM 的一个数据块传送到内部 RAM，两者的首地址分别为 DATA1 和 DATA2，遇到传送的数据为"$"字符，停止传送。

解 外部 RAM 向内部 RAM 的数据传送不能直接传送，一定要以累加器 A 作为桥梁，

将数据先取入 A 中，与"$"的 ASCII 码比较，不相等，进行传送；相等，终止传送。

```
        MOV   DPTR, #DATA1      ;外部数据块首地址送 DPTR
        MOV   R1, #DATA2        ;内部数据块首地址送 R1
LOOP:   MOVX  A, @DPTR          ;从外部 RAM 取数送入 A
        CJNE  A, #24H, LOOP1    ;与 $ ASCII 码比较，不相等，则转移 LOOP1
        SJMP  LOOP2             ;相等，转移 LOOP2
LOOP1:  MOV   @R1, A            ;不是 $ 字符，执行传送
        INC   DPTR              ;修改源地址指针
        INC   R1                ;修改目的地址指针
        SJMP  LOOP              ;转传送下一个数据
LOOP2:  SJMP  $                 ;结束
```

以上介绍了 89C51 单片机中的各种条件转移指令。这些条件转移指令都是相对转移指令，因此转移的范围是很有限的。若要在大范围内实现条件转移，可将条件转移指令和长转移指令 LJMP 结合起来加以实现。

例如，根据 A 和立即数 80H 比较的结果转移到标号 NEXT1，其转移的距离已超过了 256 B，则可用以下指令来实现：

```
        CJNE  A, #80H, NEXT     ;不相等，则转移
        ⋮                      ;相等，按顺序执行
        SJMP  NEXT2             ;执行完，跳到 NEXT2
NEXT:   LJMP  NEXT1             ;长转移至 NEXT1
```

CJNE 与 LJMP 这两条指令的结合，可以实现在 64 KB 范围内的条件转移。其中的 SJMP NEXT2 指令是在执行完两数相等的处理后，转移到继续执行的位置，以免也要去执行 LJMP 指令，造成程序逻辑上的混乱。

3.6.3 子程序调用及返回指令

在程序设计中，常常出现几个地方都需要进行功能完全相同的处理，如果重复编写这样的程序段，会使程序变得冗长而杂乱。对此，可以采用子程序，即把具有一定功能的程序段编写成子程序，通过主程序调用来使用它，这样不但减少了编程工作量，而且也缩短了程序的长度。

调用子程序的程序称之为主程序，主程序和子程序之间的调用关系可用图 3-8 表示。

从图中可以看出，子程序调用要中断原有指令的执行顺序，转移到子程序的入口地址去执行子程序。与转移指令不同的是：子程序执行完毕后，要返回到原有程序被中断的位

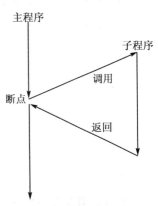

图 3-8 主程序和子程序之间调用示意图

置,继续往下执行。因此,子程序调用指令必须能将程序中断位置的地址保存起来,一般都是放在堆栈中保存。堆栈的先入后出的存取方式正好适合于存放断点地址,特别适合于子程序嵌套时断点地址的存放。

如果在子程序中还调用其他子程序,称为子程序嵌套;二层子程序嵌套过程如图3-9(a)所示。图3-9(b)为二层子程序调用后堆栈中断点地址存放的情况。先存入断点地址1,程序转去执行子程序1,执行过程中又要调用子程序2,于是在堆栈中又存入断点地址2。存放时,先存地址低8位,后存地址高8位。从子程序返回时,先取出断点地址2,接着执行子程序1,然后取出断点地址1,继续执行主程序。

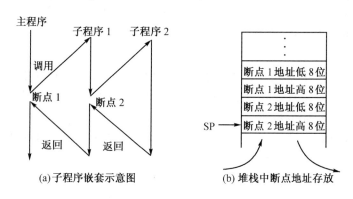

图3-9 子程序嵌套及堆栈中断点地址存放

调用和返回构成了子程序调用的完整过程。为了实现这一过程,必须有子程序调用指令和返回指令。调用指令在主程序中使用,而返回指令则是子程序中的最后一条指令。

1. 子程序调用指令

89C51单片机共有两条子程序调用指令:

```
LCALL  addr16            ; PC←(PC)+3
                           SP←(SP)+1,(SP)←(PC)_{7~0}
                           SP←(SP)+1,(SP)←(PC)_{15~8}
                           PC←addr16
ACALL  addr11            ; PC←(PC)+2
                           SP←(SP)+1,(SP)←(PC)_{7~0}
                           SP←(SP)+1,(SP)←(PC)_{15~8}
                           PC_{10~0}←addr11
```

LCALL指令称为长调用指令,是三字节指令。指令的操作数部分给出了子程序的16位地址。该指令功能是:先将PC加3,指向下条指令地址(即断点地址),然后将断点地址压入堆栈,再把指令中的16位子程序入口地址装入PC,以使程序转到子程序入口处。

长调用指令可调用存放在 64 KB 程序存储器任意位置的子程序，即调用范围为 64 KB。ACALL 指令称为绝对调用指令，是两字节指令。其指令格式为：

a_{10}	a_9	a_8	1	0	0	0	0	1
a_7	a_6	a_5	a_4	a_3	a_2	a_1	a_0	

指令的操作数部分提供了子程序的低 11 位入口地址，其中 $a_7 \sim a_0$ 在第二字节，$a_{10} \sim a_8$ 则占据第一字节的高 3 位，而 10001 是这条指令特有的操作码，占据第一字节的低 5 位。

绝对调用指令的功能是：先将 PC 加 2，指向下条指令地址（即断点地址），然后将断点地址压入堆栈，再把指令中提供的子程序低 11 位入口地址装入 PC 的低 11 位上，PC 的高 5 位保持不变。使程序转移到对应的子程序入口处。

子程序调用地址是由子程序的低 11 位地址与 PC 的高 5 位合并组成，调用范围为 2 KB。

使用时应注意：ACALL 指令所调用的子程序的入口地址必须在 ACALL 指令之后的 2 KB 区域内。若把 64 KB 内存空间以 2 KB 字节为一页，共可分为 32 个页面，所调用的子程序应该与 ACALL 下面的指令在同一个页面之内，即它们的地址高 5 位 $a_{15} \sim a_{11}$ 应该相同。也就是说，在执行 ACALL 指令时，子程序入口地址的高 5 位是不能任意设定的，只能由 ACALL 下面指令所在的位置来决定。因此，要注意 ACALL 指令和所调用的子程序的入口地址不能相距太远，否则就不能实现正确的调用。例如，当 ACALL 指令所在地址为 2300H 时，其高 5 位是 00100，因此，可调用的范围是 2000H ~ 27FFH。

2. 返回指令

返回指令也有两条：

```
RET         ;PC15~8←((SP)),SP←(SP)-1
             PC7~0←((SP)), SP←(SP)-1

RETI        ;PC15~8←((SP)),SP←(SP)-1
             PC7~0←((SP)), SP←(SP)-1
```

RET 指令被称为子程序返回指令，放在子程序的末尾。其功能是从堆栈中自动取出断点地址送入程序计数器 PC，使程序返回到主程序断点处继续往下执行。

RETI 指令是中断返回指令，放在中断服务子程序的末尾。其功能也是从堆栈中自动取出断点地址送入程序计数器 PC，使程序返回到主程序断点处继续往下执行。同时还清除中断响应时被置位的优先级状态触发器，以告之中断系统已经结束中断服务程序的执行，恢复中断逻辑以接受新的中断请求。

以下请注意：

（1）RET 和 RETI 不能互换使用；

（2）在子程序或中断服务子程序中，PUSH 指令和 POP 指令必须成对使用，否则，不能正确返回主程序断点位置。

3.6.4 空操作指令

```
NOP                         ;PC←PC+1
```

这是一条单字节指令。该指令不产生任何操作,只是使 PC 的内容加 1,然后继续执行下一条指令,它又是一条单周期指令,执行时在时间上消耗一个机器周期,因此 NOP 指令常用来实现等待或延时。

3.7 位操作类指令

89C51 单片机其特色之一就是具有丰富的布尔变量处理功能。所谓布尔变量即开关变量,是以位 (bit) 为单位来进行运算和操作的,也称为位变量。在硬件方面它有一个布尔处理器,实际上是一个一位微处理器,它是以进位标志 CY 作为位累加器,以内部 RAM 位寻址区中的各位作为位存储器;在软件方面它有一个专门处理布尔变量的指令子集,可以完成布尔变量的传送、逻辑运算、控制转移等操作。这些指令通常称之为位操作指令。

位操作类指令的操作对象:一是内部 RAM 中的位寻址区,即 20H~2FH 中的 128 位(位地址 00H~7FH);二是特殊功能寄存器中可以进行位寻址的各位。

位地址在指令中都用 bit 表示,bit 有四种表示形式。一是采用直接位地址表示,二是采用字节地址加位序号表示,三是采用位名称表示,四是采用特殊功能寄存器加位序号表示。

进位标志 CY 在位操作指令中直接用 C 表示,以便于书写,位操作指令共有 17 条。

3.7.1 位变量传送指令

```
MOV  C,bit                  ;CY←(bit)
MOV  bit,C                  ;bit←(CY)
```

这两条指令的功能是在以 bit 表示的位和位累加器 CY 之间进行数据传送,不影响其他标志。

注意,两个可寻址位之间没有直接的传送指令。若要完成这种传送,可以通过 CY 作为中间媒介来进行。

例 3-23 将 40H 位的内容传送到 20H 位。

解 传送通过 CY 来进行,但要注意保持原有 CY 的值不被破坏。

```
MOV  10H,C                  ;暂存 CY 内容
MOV  C,40H                  ;40H 位的值送 CY
MOV  20H,C                  ;CY 的值送 20H 位
MOV  C,10H                  ;恢复 CY 内容
```

上述指令均属位操作指令(因 CY 作为累加器),指令中的地址都是位地址,而不是存储单元的地址。

3.7.2 位置位、清零指令

```
CLR   C              ; CY ← 0
CLR   bit            ; bit ← 0
SETB  C              ; CY ← 1
SETB  bit            ; bit ← 1
```

上述指令的功能是对 CY 及可寻址位进行清零或置位操作，不影响其他标志。

3.7.3 位逻辑运算指令

位运算都是逻辑运算，有与、或、非3种，共6条指令。

```
ANL   C, bit         ; CY ← (CY) ∧ (bit)
ANL   C, /bit        ; CY ← (CY) ∧ (bit̄)
ORL   C, bit         ; CY ← (CY) ∨ (bit)
ORL   C, /bit        ; CY ← (CY) ∨ (bit̄)
CPL   C              ; CY ← (C̄Ȳ)
CPL   bit            ; bit ← (bit̄)
```

前4条指令的功能是将位累加器 CY 的内容与位地址中的内容（或取反后的内容）进行逻辑与、或操作，结果送入 CY 中，斜杠"/"表示将该位值取出，先求反后再参加运算，不改变位地址中原来的值。

后两条指令的功能是把位累加器 CY 或位地址中的内容取反。

在位操作指令中，没有位的异或运算，如果需要，可通过上述位操作指令实现。

例 3-24 设 E，B，D 都代表位地址，试编写程序完成 E、B 内容的异或操作，并将结果存入 D 中。

解 可直接按 D = EB̄ + ĒB 来编写。

```
MOV   C, B           ; 从位地址中取数送 CY
ANL   C, /E          ; CY ← (B) ∧ (Ē)
MOV   D, C           ; 暂存
MOV   C, E           ; 取另一个操作数
ANL   C, /B          ; CY ← (E) ∧ (B̄)
ORL   C, D           ; 进行 EB̄+ĒB 运算
MOV   D, C           ; 操作结果存 D 位
```

利用位逻辑运算指令，可以对各种组合逻辑电路进行模拟，即用软件方法来获得组合电路逻辑功能。

3.7.4 位控制转移指令

位控制转移指令都是条件转移指令,它以 CY 或位地址 bit 的内容作为转移的判断条件。

1. 以 CY 为条件的转移指令

```
JC   rel              ;若(CY)=1,则转移,PC←(PC)+2+rel
                      ;若(CY)≠1,按顺序执行,PC←(PC)+2
JNC  rel              ;若(CY)=0,则转移,PC←(PC)+2+rel
                      ;若(CY)≠0,按顺序执行,PC←(PC)+2
```

这两条指令的功能是进位位 CY 为 1 或为 0 则转移,否则按顺序执行,指令均为双字节指令。

2. 以位状态为条件的转移指令

```
JB   bit,rel          ;若(bit)=1,则转移,PC←(PC)+3+rel
                      ;若(bit)≠1,按顺序执行,PC←(PC)+3
JNB  bit,rel          ;若(bit)=0,则转移,PC←(PC)+3+rel
                      ;若(bit)≠0,按顺序执行,PC←(PC)+3
JBC  bit,rel          ;若(bit)=1,则转移,PC←(PC)+3+rel,
                      ;同时 bit←0
                      ;若(bit)≠1,按顺序执行,PC←(PC)+3
```

这组指令的功能是直接寻址位为 1 或为 0 则转移,否则按顺序执行。指令均为三字节指令,所以 PC 要加 3。

注意,JB 和 JBC 指令的区别:两者转移的条件相同,所不同的是 JBC 指令在转移的同时,还能将直接寻址位清零,即一条 JBC 指令相当于两条指令的功能。

使用位操作指令可以使程序设计变得更加方便和灵活。在许多情况下可以避免字节屏蔽、测试和转移的操作,使程序更加简洁。

例 3-25 试编程,在 89C51 的 P1.7 位输出一个方波,方波周期为 6 个机器周期。

```
SETB  P1.7            ;使 P1.7 位输出"1"电平
NOP                   ;延时 2 个机器周期
NOP
CLR   P1.7            ;使 P1.7 位输出"0"电平
NOP                   ;延时 2 个机器周期
NOP
SETB  P1.7            ;使 P1.7 位输出"1"电平
SJMP  $               ;暂停
```

例 3-26 试分析,执行完以下程序,程序将转至何处?

```
ANL   P1,#00H         ;(P1)=00H
```

```
        JB   P1.6, LOOP1      ;因 P1.6=0,程序按顺序往下执行
        JNB  P1.0, LOOP2      ;因 P1.0=0,程序发生转移,转至 LOOP2
        ⋮
LOOP1: ⋮
LOOP2: ⋮
```

上述程序执行结果：程序将转至标号 LOOP2 处去执行程序。

思考题与习题

3-1 何为指令系统、机器语言和汇编语言？

3-2 简述 89C51 单片机指令的格式。

3-3 89C51 单片机有哪几种寻址方式？各种寻址方式所对应的寄存器或存储器寻址空间如何？

3-4 若访问特殊功能寄存器，可使用哪些寻址方式？

3-5 若访问外部 RAM 单元，可使用哪些寻址方式？

3-6 若访问内部 RAM 单元，可使用哪些寻址方式？

3-7 若访问内外程序存储器，可使用哪些寻址方式？

3-8 对于 89C52 单片机，内部 RAM 还存在高 128 B，应采用何种寻址方式进行访问？

3-9 外部数据传送指令有几条？试比较下面每一组中两条指令的区别。

(1) MOVX A, @R1   MOVX A, @DPTR
(2) MOVX A, @DPTR   MOVX @DPTR, A
(3) MOV   @R0, A   MOVX @R0, A
(4) MOVC A, @A+DPTR   MOVX A, @DPTR

3-10 已知（30H）= 40H,（40H）= 10H,（10H）= 32H,（P1）= EFH, 试写出执行以下程序段后有关单元的内容。

```
        MOV  R0,   #30H
        MOV  A,    @R0
        MOV  R1,   A
        MOV  B,    @R1
        MOV  @R1,  P1
        MOV  P2,   P1
        MOV  10H,  #20H
        MOV  30H,  10H
```

3-11 试写出完成以下数据传送的指令序列。

(1) R1 的内容传送 R0；

(2) 片外 RAM 60H 单元的内容送入 R0；

(3) 片外 RAM 60H 单元的内容送入片内 RAM 40H 单元；

(4) 片外 RAM 1000H 单元的内容送入片外 RAM 40H 单元；

(5) ROM 2000H 单元的内容送入 R2；

(6) ROM 2000H 单元的内容送入片内 RAM 40H 单元；

(7) ROM 2000H 单元的内容送入片外 RAM 0200H 单元。

3-12 试编程，将外部 RAM 1000H 单元中的数据与内部 RAM 60H 单元中的数据相互交换。

3-13 已知 ROM 以 TAB 为起始地址的区域存放着 0～9 这 10 个数的平方值，试编写程序查找寄存器 R7 中数据的平方值（已知 R7 中存放的是 0～9 之间的数）。

3-14 已知（A）= 5BH，（R1）= 40H，（40H）= C3H、（PSW）= 81H，试写出各条指令单独执行结果，并说明程序状态字的状态。

  (1) XCH A, R1　　　　　(2) XCH A, 40H
  (3) XCH A, @R1　　　　 (4) XCHD A, @R1
  (5) SWAP A　　　　　　 (6) ADD A, R1
  (7) ADD A, 40H　　　　 (8) ADD A, #40H
  (9) ADDC A, 40H　　　　(10) SUBB A, 40H
  (11) SUBB A, #40H

3-15 试分析下面两组指令的执行结果有何不同。

  (1) MOV A, #0FFH　　　(2) MOV A, #0FFH
    INC A　　　　　　　　　ADD A, #01H

3-16 编程计算 2356H-4578H，并将差值存入 R1R0 中（R1 存放结果的高 8 位）。

3-17 已知（A）= 87H，（R0）= 42H，（42H）= 34H，请写出执行下列程序段后 A 的内容。

  ANL A, #23H
  ORL 42H, A
  XRL A, @R0
  CPL A

3-18 编程完成下述操作。

(1) 将外部 RAM 1000H 单元的所有位取反；

(2) 将外部 RAM 60H 单元的高 2 位清零，低两位变反，其余位保持不变。

3-19 DA A 指令有什么作用？怎样使用？

3-20 已知外部 RAM 1000H 单元和 2000H 单元分别存放着一个 8 位无符号二进制数 X 与 Y，试编程计算 10X+32Y，并把结果存入内部 RAM30H、31H 单元（31H 单元存放高 8 位）。

3-21 编程将外部 RAM 从 block1 开始存放的 10 个数据传送到内部 RAM 以 block2 开始的地址单元中去。

3-22 用 89C51 单片机的 P1 口做输出，经驱动电路接 8 个发光二极管，如图 3-10 所示。当输出位为"1"时，发光二极管点亮；输出为"0"时，发光二极管为暗。试编制灯亮移位程序，令 8 个发光二极管每次亮一个，循环左移，一个一个地亮，循环不止。

3-23 试用位操作指令实现逻辑操作：P1.0 =（10H∨P1.0）∧（11H∨CY）。

3-24 判断下面指令的正误，并简要说明原因。

  (1) CLR A　　　　　　(2) CLR E0H
  (3) CLR ACC　　　　 (4) CLR ACC.0

(5) CPL A　　　　　(6) CPL E0H
(7) CPL ACC　　　　(8) CPL ACC.0

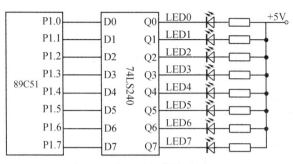

图 3-10　发光二极管线路图示

3-25　已知组合逻辑关系式为 F=AB+C，请编写模拟其功能的程序。设 A、B、C、F 均代表位地址。

3-26　指令 LJMP　addr16 和 AJMP　addr11 的区别是什么？

3-27　试分析以下两段程序中各条指令的作用，程序执行完将转向何处？

(1) MOV P1, #0CAH
　　MOV A, #56H
　　JB P1.2, L1
　　JNB ACC.3, L2
　　　⋮
　　L1：⋯
　　L2：⋯

(2) MOV A, #43H
　　JB ACC.2, L1
　　JBC ACC.6, L2
　　　⋮
　　L1：⋯
　　L2：⋯

3-28　如图 3-11 所示，这是由 89C51 构建的最小系统，外部连接了 4 个按键 S1～S4 及 4 个发光二极管 LED1～LED4，P1 口的高 4 位用于接收按键的输入状态，而低 4 位用于驱动发光二极管。请结合图示，编写程序，完成以下要求。

(1) 若 S1 闭合，则发光二极管 LED1 点亮；若 S2 闭合，则发光二极管 LED2 点亮……以此类推，即发光二极管实时反映按键状态。

(2) 用 4 个发光二极管实现对按键键值的 BCD 编码显示。即若 S1 闭合，键值为 1，编码为 0001，LED1 点亮；若 S2 闭合，键值为 2，编码为 0010，LED2 点亮；若 S3 闭合，键值为 3，编码为 0011，LED1、LED2 同时点亮；若 S4 闭合，键值为 4，编码为 0100，LED3 点亮。

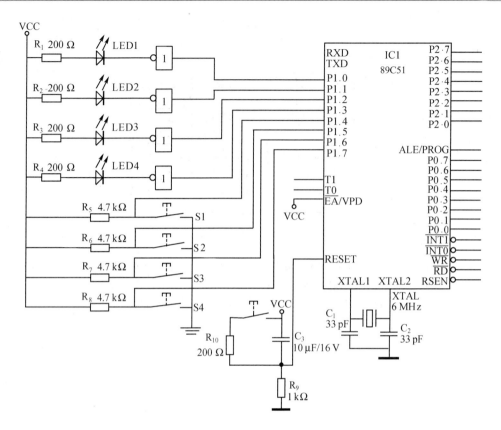

图 3-11　89C51 构建的最小系统图

第4章 汇编语言程序设计

本章从应用的角度出发,介绍各种常用程序的设计方法,并列举一些具有代表性的汇编语言源程序,作为读者设计程序的参考。

4.1 程序设计概述

程序设计就是用计算机所能接受的语言把解决问题的步骤描述出来,也就是编写计算机程序。

4.1.1 程序设计语言简介

在计算机的程序设计中可以使用以下 3 种语言来编写程序。

1. 机器语言

机器语言就是用二进制(可缩写为十六进制)代码来表示指令和数据,也称为机器代码、指令代码。机器语言是计算机唯一能识别和执行的语言,用其编写的程序执行效率最高,速度最快,但由于指令的二进制代码很难记忆和辨认,给程序的编写、阅读和修改带来很多困难,所以几乎没有人直接使用机器语言来编写程序。

2. 汇编语言

计算机所能执行的每条指令都对应一组二进制代码。为了容易理解和记忆计算机的指令,人们用一些英语单词和字符等作为助记符来描述每一条指令的功能。用助记符表示的指令就是计算机的汇编语言,汇编语言与机器语言一一对应。用汇编语言编写程序,每条指令的意义一目了然,给程序的编写、阅读和修改带来很大方便。而且用汇编语言编写的程序占用内存少,执行速度快,尤其适用于实时应用场合的程序设计,因此在单片机应用系统中主要使用汇编语言来编写程序。

汇编语言也有它的缺点:缺乏通用性,程序不易移植,是一种面向机器的低级语言。即使用汇编语言编写程序时,仍必须熟悉机器的指令系统、寻址方式、寄存器的设置和使用方法。每个计算机系统都有它自己的汇编语言,不同计算机的汇编语言之间不能通用,但是掌握了一种计算机的汇编语言,却有助于学习其他计算机的汇编语言。

3. 高级语言

高级语言是一种面向算法、过程和对象的程序设计语言,它采用更接近人们自然语言和习惯的数学表达式及直接命令的方法来描述算法、过程和对象,如 BASIC、C 语言等。高级语言的语句直观、易学、通用性强，便于推广、交流，但高级语言编写的程序经编译后所产生的目标程序大，占用内存多，运行速度较慢，这在实时应用中是一个突出的问题。

4.1.2 汇编语言程序设计步骤

使用汇编语言设计一个程序大致上可分为以下几个步骤。

（1）分析题意，明确要求。解决问题之前，首先要明确所要解决的问题和要达到的目的、技术指标等。

（2）确定算法。根据实际问题的要求、给出的条件及特点，找出规律性，最后确定所采用的计算公式和计算方法，这就是一般所说的算法。算法是进行程序设计的依据，它决定了程序的正确性和程序的指令。

（3）画程序流程图，用图解来描述和说明解题步骤。程序流程图是解题步骤及其算法进一步具体化的重要环节，是程序设计的重要依据，它直观、清晰地体现了程序的设计思路。流程图是用预先约定的各种图形、流程线及必要的文字符号构成的，标准的流程图符号如图 4-1 所示。

图 4-1 常用的流程图符号

（4）分配内存工作单元，确定程序与数据区存放地址。

（5）编写源程序。流程图设计后，程序设计思路比较清楚，接下来的任务就是选用合适的汇编语言指令来实现流程图中每一框内的要求，从而编制出一个有序的指令流，这就是源程序设计。

（6）程序优化。程序优化的目的在于缩短程序的长度，加快运算速度和节省存储单元。如恰当地使用循环程序和子程序结构，通过改进算法和正确使用指令来节省工作单元及减少程序执行的时间。

（7）上机调试、修改和最后确定源程序。只有通过上机调试并得出正确结果的程序，才能认为是正确的程序。对于单片机来说，没有自开发的功能，需要使用仿真器或利用仿真软件进行仿真调试，修改源程序中的错误，直至正确为止。

4.2 汇编语言源程序的编辑和汇编

用汇编语言编写的程序称为汇编语言源程序，通常，汇编语言源程序是由指令和伪指令两部分组成。前面介绍了 89C51 单片机的 111 条指令及功能，下面介绍 89C51 单片机的伪指令。

4.2.1 伪指令

指令能使 CPU 执行某种操作，能生成对应的机器代码。

伪指令不能命令 CPU 执行某种操作，也没有对应的机器代码，它的作用仅用来给汇编程序提供某种信息。伪指令是汇编程序能够识别的汇编命令。89C51 汇编程序常用的伪指令如下。

1. 汇编起始伪指令 ORG

格式：[标号:]　　ORG 16 位地址

功能：规定程序块或数据块存放的起始地址。如：

　　　　ORG 8000H
START: MOV A, #30H
　　　　⋮

该伪指令规定第一条指令从地址 8000H 单元开始存放，即标号 START 的值为 8000H。

通常，在一个汇编语言源程序的开始，都要设置一条 ORG 伪指令来指定该程序在存储器中存放的起始位置。若省略 ORG 伪指令，则该程序段从 0000H 单元开始存放。在一个源程序中，可以多次使用 ORG 伪指令，以规定不同程序段或数据段存放的起始地址，但要求 16 位地址值由小到大顺序排列，不允许空间重叠。

2. 汇编结束伪指令 END

格式：[标号:]　　END [表达式]

功能：结束汇编。

汇编程序遇到 END 伪指令后即结束汇编。处于 END 之后的程序，汇编程序不予处理。

3. 字节数据定义伪指令 DB

格式：[标号:]　　DB 8 位字节数据表

功能：从标号指定的地址单元开始，将数据表中的字节数据按顺序依次存入。

数据表可以是一个或多个字节数据、字符串或表达式，各项数据用","分隔，一个数据项占一个存储单元。例如

　　　　ORG 1000H
　TAB: DB -2, -4, 100, 30H, 'A', 'C'
　　⋮

汇编后：(1000H) = FEH, (1001H) = FCH, (1002H) = 64H, (1003H) = 30H
　　　　(1004H) = 41H, (1005H) = 43H

用单引号括起来的字符以 ASCII 码存入，负数用补码存入。

4. 字数据定义伪指令 DW

格式：[标号：] DW 16位字数据表

功能：从标号指定的地址单元开始，将数据表中的字数据按从左到右的顺序依次存入。

应注意：16位数据存入时，先存高8位，后存低8位。例如：

```
        ORG 1400H
DATA: DW 324AH, 3CH
         ⋮
```

汇编后：(1400H) = 32H, (1401H) = 4AH
　　　　(1402H) = 00H, (1403H) = 3CH

5. 空间定义伪指令 DS

格式：[标号：] DS 表达式

功能：从标号指定的地址单元开始，保留若干个存储单元作为备用的空间，保留的数量由表达式指定。例如：

```
       ORG 3000H
BUF: DS 05H
         ⋮
```

汇编后，从地址3000H开始保留5个存储单元作为备用。

应注意：DB、DW、DS伪指令只能对程序存储器进行定义，不能对数据存储器进行定义；DB伪指令常用来定义数据，DW伪指令常用来定义地址。

6. 赋值伪指令 EQU（或=）

格式：符号名 EQU 表达式

或　　符号名=表达式

功能：将表达式的值定义为一个指定的符号名。

应注意：用EQU定义的符号不允许重复定义，用"="定义的符号允许重复定义。

4.2.2　源程序的编辑和汇编

1. 源程序的编辑

源程序的编写要依据89C51单片机汇编语言的基本规则，特别要用常用的汇编命令（即伪指令），如下面程序段：

```
ORG 0040H
MOV A, #7FH
MOV R1, #44H
END
```

这里ORG和END是两条伪指令，其作用是告诉汇编程序该程序的起、止位置。

由于微型计算机的普及，现在单片机应用系统的程序设计几乎都借助于微型计算机来完成。在微机上可以利用各种编辑软件来编写汇编语言源程序，编写好的源程序应以".ASM"扩展名存盘，以备汇编程序调用。

2. 源程序的汇编

将汇编语言源程序转换为用机器码表示的目标程序，这个转换过程称为汇编，能完成该转换功能的程序称为汇编程序。

汇编常用的方法有两种：一是手工汇编，二是机器汇编。

手工汇编时，把程序用助记符指令写出后，人为查找指令代码表，逐个把助记符指令翻译成机器码，然后把得到的机器码程序（以十六进制形式）输入到单片机开发机中，并进行调试。由于手工汇编是按绝对地址进行定位的，所以对于偏移量的计算和程序的修改有诸多不便，故而只有程序较小或条件所限时才使用。

机器汇编是在微机上，使用汇编程序将汇编语言源程序转换为计算机能识别的机器码表示的目标程序。汇编工作由计算机自动完成，生成的目标程序由 PC 传到开发机上，经调试无误后，再固化到程序存储器中。机器汇编与手工汇编相比具有极大的优势，是汇编工作的首选。

源程序经过机器汇编后，可以形成两个文件：其一是打印文件，其二是目标码文件。
打印文件格式为：

地址	目标码	源程序
		ORG 0040H
0040H	747F	MOV A, #7FH
0042H	7944	MOV R1, #44H
		END

目标码文件格式为：

首地址	末地址	目标码
0040H	0044H	747F7944

该目标码文件由 PC 的串行口传送到开发机后，就可以进行仿真调试。

4.3 汇编语言程序设计

用汇编语言进行程序设计的过程与用高级语言进行程序设计很相似。对于比较复杂的问题可以先根据题目的要求做出流程图，然后再根据流程图来编写程序；对于比较简单的问题则可以不做流程图而直接编程。汇编语言程序共有 4 种结构形式，即顺序结构、分支结构、循环结构和子程序结构。

本节将介绍这 4 种程序结构及编程方法。

4.3.1 顺序程序设计

顺序结构程序是一种最简单、最基本的程序（也称为简单程序），它是一种无分支的直线形程序，按照程序编写的顺序依次执行。编写这类程序主要应注意正确地选择指令，提高程序的执行效率。

例 4-1 编写 16 位二进制数求补程序。

设 16 位二进制数存放在 R1、R0 中，求补以后的结果则存放于 R3、R2 中。

解 二进制数的求补可归结为"求反加 1"的过程，求反可用 CPL 指令实现；加 1 时应注意，加 1 只能加在低 8 位的最低位上。因为现在是 16 位数，有两个字节，因此要考虑进位问题，即低 8 位求反加 1，高 8 位求反后应加上低 8 位加 1 时可能产生的进位，还要注意这里的加 1 不能用 INC 指令，因为 INC 指令不影响 CY 标志。

本题较简单，框图省略，编写源程序如下：

```
    ORG     0200H
    MOV     A, R0       ;低 8 位送 A
    CPL     A           ;求反
    ADD     A, #01H     ;加 1
    MOV     R2, A       ;存结果
    MOV     A, R1       ;高 8 位送 A
    CPL     A           ;求反
    ADDC    A, #00H     ;加进位
    MOV     R3, A       ;存结果
    END
```

例 4-2 编程将内部 RAM 20H 单元中的 8 位无符号二进制数转换成 3 位 BCD 码，并存放在内部 RAM 22H（百位）和 21H（十位、个位）两个单元中。

解 在 89C51 单片机中有除法指令，转化比较方便。因 8 位二进制数对应的十进制数为 0～255，所以先将原数除以 100，商就是百位数的 BCD 码；余数作为被除数再除以 10，商为十位数的 BCD 码；最后的余数就是个位数的 BCD 码，将十位、个位的 BCD 码合并到一个字节中，将结果存入即可。如

```
    ORG     0100H
    MOV     A, 20H      ;取数送 A
    MOV     B, #64H     ;除数 100 送 B 中
    DIV     AB          ;商（百位数 BCD 码）在 A 中，余数在 B 中
    MOV     22H, A      ;百位数送 22H
    MOV     A, B        ;余数送 A 做被除数
    MOV     B, #0AH     ;除数 10 送 B 中
```

```
        DIV     AB              ;十位数 BCD 码在 A 中,个位数在 B 中
        SWAP    A               ;十位数 BCD 码移至高 4 位
        ORL     A, B            ;并入个位数的 BCD 码
        MOV     21H, A          ;十位、个位 BCD 码存入 21H
        END
```

另外一种算法则是连续除以 10:先除以 10,余数为个位数 BCD 码;再将商除以 10 可得百位数 BCD 码(商)和十位数 BCD 码(余数)。

4.3.2 分支程序设计

在很多实际问题中,都需要根据不同的情况进行不同的处理。这种思想体现在程序设计中,就是根据不同条件而转到不同的程序段去执行,这就构成了分支程序。分支程序的结构有两种,如图 4-2 所示。

图 4-2(a)结构是用条件转移指令来实现分支,当给出的条件成立时,执行程序段 A,否则执行程序段 B。

图 4-2(b)结构是用散转指令 JMP 来实现多分支转移,它首先将分支程序按序号排列,然后按照序号的值来实现多分支转移。

分支程序的特点是改变程序的执行顺序,跳过一些指令,去执行另外一些指令。

应注意:对每一个分支都要单独编写一段程序,每一分支的开始地址赋给一个标号。

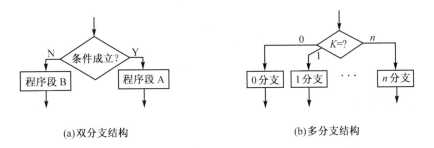

(a)双分支结构　　　　　　　　　　(b)多分支结构

图 4-2　分支程序结构

在编写分支程序时,关键是如何判断分支的条件。在 89C51 单片机中可以直接用来判断分支条件的指令并不多,只有累加器为零(或不为零)、比较条件转移指令 CJNE 等,89C51 单片机还提供了位条件转移指令,如 JC、JB 等。把这些指令结合在一起使用,就可以完成各种各样的条件判断。分支程序设计的技巧,就在于正确而巧妙地使用这些指令。

例 4-3　设变量 X 存放在内部 RAM 30H 单元,函数值 Y 存入内部 RAM 31H 单元。试编程,按照下式的要求给 Y 赋值。

$$Y = \begin{cases} 1 & X>0 \\ 0 & X=0 \\ -1 & X<0 \end{cases}$$

解 X 是有符号数，因此可以根据它的符号位来决定其正负，判别符号位是 0 还是 1 可利用 JB 或 JNB 指令。而判别 X 是否等于零则可以直接使用累加器判零 JZ 指令。把这两种指令结合使用就可以完成本题的要求。程序流程图如图 4-3 所示。

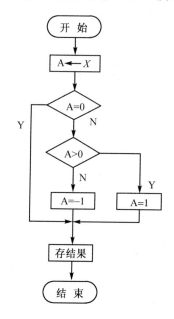

图 4-3　例 4-3 流程图

根据流程图编程如下：

```
        ORG   0200H
        MOV   A, 30H        ;取数 X 送 A
        JZ    COMP          ;X=0，则转 COMP 处理
        JNB   ACC.7, POSI   ;X>0，则转 POSI 处理
        MOV   A, #0FFH      ;X<0，则 Y=-1
        SJMP  COMP
POSI:   MOV   A, #1         ;X>0，则 Y=1
COMP:   MOV   31H, A        ;存函数值
        END
```

例 4-4　设内部 RAM 5AH 单元中有一整数 X，请编写计算下述函数式的程序，结果存入内部 RAM 5BH 单元。

$$Y = \begin{cases} X^2 - 1 & X < 10 \\ X^2 + 8 & 10 \leq X \leq 15 \\ 41 & X > 15 \end{cases}$$

解 根据题意首先计算 X^2,并暂存于 R1 中,因为 X^2 最大值为 225,故只用一个寄存器,然后根据 X 值的范围,决定 Y 的值。在判断 A<10 和 A>15 时,采用 CJNE、JC 指令相结合及 CJNE、JNC 指令相结合的方法进行判断。程序流程图如图 4-4 所示,R0 用作中间寄存器。

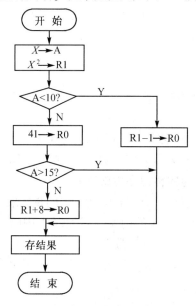

图 4-4 例 4-4 流程图

源程序如下:

```
        ORG     0300H
        MOV     A , 5AH         ;取数 X 送 A
        MOV     B , A           ;X 送 B
        MUL     AB              ;计算 X²
        MOV     R1 , A          ;X² 暂存 R1 中
        MOV     A , 5AH         ;重新把 X 装入 A
        CJNE    A , #0AH , L1   ;X 与 10 比较
L1:     JC      L2              ;若 X<10,转 L2
        MOV     R0 , #41        ;X≥10,先假设 X>15,41 作为函数值送 R0
        CJNE    A , #10H , L3   ;X 与 16 比较
L3:     JNC     L4              ;若 X≥16,转 L4
        MOV     A , R1          ;10≤X≤15,取 X² 送 A 中
```

```
              ADD     A, #08           ; 计算 X²+8
              MOV     R0, A            ; 函数值送 R0
              SJMP    L4               ; 转 L4
      L2:     MOV     A, R1            ; 取 X² 送 A 中
              CLR     C                ; 清 CY, 为减法做准备
              SUBB    A, #01H          ; 计算 X²-1
              MOV     R0, A            ; 函数值送 R0
      L4:     MOV     5BH, R0          ; 函数值存入指定单元
              SJMP    $
              END
```

上述两例，都是用条件转移指令实现分支，下面介绍利用散转指令 JMP 实现多分支程序转移。

利用 JMP 指令实现多分支转移时，首先应在 ROM 中建立一个散转表，表中可以存放无条件转移指令、地址偏移量或各分支入口地址（该表亦可称转移表、偏移量表、地址表）。表中存放的内容不同，所编写的散转程序也就不同。

所谓散转程序，就是使用散转指令 "JMP @A+DPTR" 来实现多分支程序的转移。散转指令的操作是把 16 位数据指针 DPTR 的内容与累加器 A 中的 8 位无符号数相加，形成 16 位地址（即转移的目的地址），装入程序计数器 PC，因而使程序发生转移。在编写散转程序时，一般是将散转表的首地址送 DPTR，分支序号送 A，根据序号查找相应的转移指令或入口地址，从而实现多分支的转移。

下面根据表中所存放的不同内容来编写不同的散转程序。

1. 采用转移指令组成表

在许多实际应用中，往往要根据某标志单元的内容（键盘输入或运算结果）是 0, 1, 2, …, n，分别转向操作程序 0、操作程序 1、操作程序 2、…、操作程序 n。

针对上述要求，可以先用无条件转移指令（如 AJMP）按顺序组成一个转移表，将转移表首地址装到数据指针 DPTR 中，将分支序号装入累加器 A，执行 "JMP @A+DPTR" 指令进入转移表后，再由 "AJMP" 指令转入对应程序段的入口，从而实现散转。

例 4-5 试编程根据 R7 的内容（即分支序号），转向相应的操作程序。

    若 R7=0, 转入 OPR0
     R7=1, 转入 OPR1
     ⋮   ⋮
     R7=n, 转入 OPRn

解 编写散转程序如下。

```
      JUMP1:  MOV     DPTR, #TAB1      ; 转移表首地址送数据指针 DPTR
              MOV     A, R7            ; 序号送 A
```

```
                ADD     A, R7              ; 序号×2→A（修正变址值）
        NOAD:   JMP     @A+DPTR            ; 转入转移表内
        TAB1:   AJMP    OPR0               ; 转移指令组成转移表
                AJMP    OPR1
                  ⋮
                AJMP    OPRn
                ⋯
        OPR0：  操作程序 0
        OPR1：  操作程序 1
        OPR2：  操作程序 2
                  ⋮
        OPRn：  操作程序 n
```

程序中，转移表 TAB1 是由绝对转移指令"AJMP"组成，每条 AJMP 指令各占两个字节，即每条转移指令的地址依次相差两个字节，所以累加器 A 中的值必须做乘 2 修正。若转移表是由 3 字节长转移指令"LJMP"组成，则累加器 A 中的值必须乘 3。

转移表中使用"AJMP"指令，这就限制了转移的入口 OPR0，OPR1，⋯，OPRn 必须和散转表首地址 TAB1 位于同一个 2 KB 空间范围内。另外，分支数 n 最大值为 128。

2. 采用地址偏移量组成表

如果分支序号较少，所有分支程序均处在 256 B 之内时，可使用地址偏移量组成表。

例 4-6 编程根据 R7 的内容，转向相应的操作程序，设（R7）= 0，1，2，3，4。

解 程序清单如下。

```
        JUMP2:  MOV     DPTR, #TAB2        ; 表首地址送数据指针 DPTR
                MOV     A, R7              ; 分支序号送 A
                MOVC    A, @A+DPTR         ; 根据序号查表，取地址偏移量送 A
                JMP     @A+DPTR            ; 表首地址加地址偏移量形成目标地址
        TAB2:   DB      OPR0-TAB2          ; 分支入口地址与表首的偏移量定义到表中
                DB      OPR1-TAB2
                DB      OPR2-TAB2
                DB      OPR3-TAB2
                DB      OPR4-TAB2
        OPR0：  操作程序 0
        OPR1：  操作程序 1
        OPR2：  操作程序 2
```

OPR3: 操作程序3
OPR4: 操作程序4

使用这种方法，偏移量表的长度加上各程序段的长度必须在 256 B 之内。

3. 采用各分支入口地址组成表

前面讨论的采用地址偏移量组成表的方法，其转向范围在 256 B 之内，在使用时受到较大限制。若需要转向较大的范围，可以建立一个转移地址表，即将所要转移的各分支入口地址（16 位地址），组成一个表。在散转之前，先用查表方法获得表中的转移地址，然后将该地址装入 DPTR，最后按 DPTR 中的内容进行散转。

例 4-7 试编程根据 R7 的内容（即分支序号），转向相应的操作程序。

设各分支转移入口地址为 OPR0，OPR1，⋯，OPRn，编写散转程序如下。

```
JUMP3: MOV   DPTR, #TAB3     ; 表首地址送 DPTR
       MOV   A, R7           ; 取分支序号送 A
       ADD   A, R7           ; 序号×2（转移地址占两个字节）
DADD:  MOV   R3, A           ; 暂存 2 倍序号（即索引值）
       MOVC  A, @A+DPTR      ; 根据序号查表，取转移地址高 8 位送 A
       XCH   A, R3           ; 转移地址高 8 位与 R3 互换
       INC   A               ; 2 倍序号加 1 送 A（索引值加 1）
       MOVC  A, @A+DPTR      ; 查表，取转移地址低 8 位送 A
       MOV   DPL, A          ; 转移地址低 8 位送 DPL
       MOV   DPH, R3         ; 转移地址高 8 位 DPH
       CLR   A               ; A 清零
       JMP   @A+DPTR         ; 按 DPTR 中的地址进行转移
TAB3:  DW    OPR0            ; 将各分支入口地址定义到表中
       DW    OPR1
              ⋮
       DW    OPRn
```

这种方法显然可以实现 64 KB 地址空间的转移，分支数最大值为 128。

分支程序在单片机应用中极为重要，在编程方法上有许多技巧，可通过阅读一些典型的程序逐渐增加这方面的能力。

4.3.3 循环程序设计

在很多实际程序中会遇到需多次重复执行某段程序的情况，这时可把这段程序设计为循环程序，这有助于缩短程序，同时也节省了程序的存储空间，提高程序的质量。

循环程序一般由 4 部分组成。

（1）置循环初值。即设置循环过程中有关工作单元的初始值，如置循环次数、地址指针及工作单元清零等。

（2）循环体。即循环的工作部分，完成主要的计算或操作任务，是重复执行的程序段。这部分程序应特别注意，因为它要重复执行许多次，若能少写一条指令，实际上就是少执行某条指令若干次，因此应注意优化程序。

（3）循环修改。每循环一次，就要修改循环次数、数据及地址指针等。

（4）循环控制。根据循环结束条件，判断是否结束循环。

如果在循环程序的循环体中不再包含循环程序，即为单重循环程序。如果在循环体中还包含有循环程序，那么这种现象就称为循环嵌套，这样的程序就称为二重循环程序或三重以至多重循环程序。在多重循环程序中，只允许外重循环嵌套内重循环程序，而不允许循环体互相交叉，也不允许从循环程序的外部跳入循环程序的内部。

循环程序结构框图有两种，如图4-5所示。

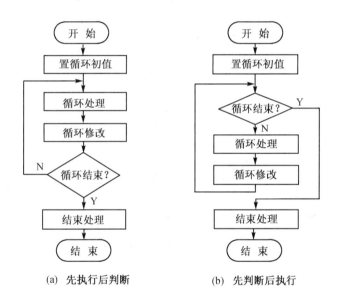

(a) 先执行后判断　　(b) 先判断后执行

图 4-5　循环程序结构框图

图4-5（a）结构是"先执行后判断"，适用于循环次数已知的情况。其特点是一进入循环，先执行循环处理部分，然后根据循环次数判断是否结束循环。

图4-5（b）结构是"先判断后执行"，适用于循环次数未知的情况。其特点是将循环控制部分放在循环的入口处，先根据循环控制条件判断是否结束循环，若不结束，则执行循环操作；若结束，则退出循环。

上述两种结构的程序设计在指令系统中做过介绍，见例3-21和例3-22。

下面通过一些实际的例子，说明如何编制循环程序。

例 4-8 编写多字节无符号数加法程序。

设有两个多字节无符号数分别存放在内部 RAM 的 DAT1 和 DAT2 开始的区域中（低字节先存），字节个数存放在 R2 中，求它们的和，并将结果存放在 DAT1 开始的区域中。

解 多字节首地址已知，宜采用间接寻址方式，多字节的求和，应采用循环程序，流程图如图 4-6 所示。

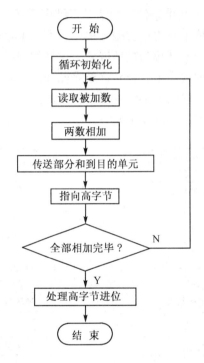

图 4-6 多字节无符号数加法程序流程图

程序如下：

```
        ORG  0400H
        MOV  R0, #DAT1      ;数据块首地址送 R0
        MOV  R1, #DAT2      ;数据块首地址送 R1
        CLR  C              ;清进位 CY
LOOP:   MOV  A, @R0         ;取一个数送 A
        ADDC A, @R1         ;两个数相加
        MOV  @R0, A         ;存结果
        INC  R0             ;修改地址指针
        INC  R1
```

```
        DJNZ  R2, LOOP            ;字节数减1,不为零,继续求和
        CLR   A                   ;A清零
        ADDC  A, #00H             ;加进位
        MOV   @R0, A              ;进位值存到高地址中
        END
```

例 4-9 编写查找最大值程序。

假设从内部 RAM 30H 单元开始存放 10 个无符号数,找出其中的最大值送入内部 RAM 的 MAX 单元。

解 寻找最大值的方法很多,最基本的方法是比较和交换依次进行的方法,即先取第一个数和第二个数比较,并把前一个数作为基准,若比较结果基准数大,则不做交换,再取下一个数来做比较;若比较结果基准数较小,则用较大的数来代替原有的基准数,即做一次交换。然后再以基准数和下一个数做比较。总之,要保持基准数是到目前为止最大的数,比较结束时,基准数就是所求的最大值,流程图如图 4-7 所示。

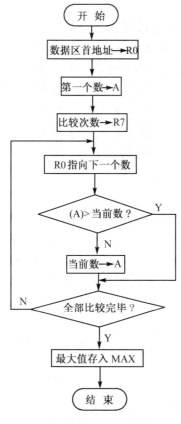

图 4-7 最大值查找程序流程图

程序如下：

```
        ORG   0500H
        MOV   R0, #30H        ; 数据区首地址送 R0
        MOV   A, @R0          ; 取第一个数做基准数送 A
        MOV   R7, #09H        ; 比较次数送计数器 R7
LOOP:   INC   R0              ; 修改地址指针，指向下一地址单元
        MOV   40H, @R0        ; 要比较的数暂存 40H 中
        CJNE  A, 40H, CHK     ; 比较两数
CHK:    JNC   LOOP1           ; A 大，则转移
        MOV   A, @R0          ; A 小，则将较大数送 A
LOOP1:  DJNZ  R7, LOOP        ; 计数器减 1，不为零，继续
        MOV   MAX, A          ; 比较完，存结果
        END
```

例 4-10 编写数据检索程序。

假设从内部 RAM 60H 单元开始存放着 32 个数据，查找是否有"$"符号（其 ASCII 码为 24H），如果找到就将数据序号送入内部 RAM 2FH 单元，否则将 FFH 送入内部 RAM 2FH 单元。

解 数据检索就是在指定数据区中查找关键字。比如在考勤系统中，有时需要查找某个职工上下班情况，或磁卡就餐系统中将某个磁卡挂失或销户等就属于这类问题。

实现数据检索的算法有很多，如顺序检索、对分检索等。对分检索需要先对数据排序；顺序检索是把关键字与数据区中的数据从前向后逐个比较，判断是否相等。

本例采用顺序检索进行编程。流程图如图 4-8 所示。

程序如下：

```
        ORG   0600H
        MOV   R0, #60H        ; 数据区首地址送 R0
        MOV   R7, #20H        ; 数据长度送计数器 R7
        MOV   2FH, #00H       ; 工作单元清零
LOOP:   MOV   A, @R0          ; 取数送 A
        CJNE  A, #24H, LOOP1  ; 与"$"比较，不等转移
        SJMP  HERE            ; 找到，转结束（序号在 2FH 单元）
LOOP1:  INC   R0              ; 修改地址指针
        INC   2FH             ; 序号加 1
        DJNZ  R7, LOOP        ; 计数器减 1，不为零，继续
        MOV   2FH, #0FFH      ; 未找到，标志送 2FH 单元
HERE:   AJMP  HERE            ; 程序结束
        END
```

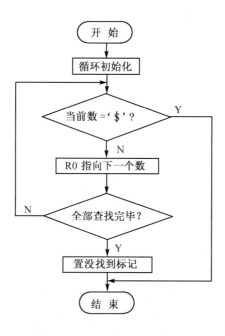

图 4-8 数据检索程序流程图

例 4-11 编写 50 ms 软件延时程序。

解 软件延时程序一般都是由 DJNZ Rn，rel 指令构成。执行一条 DJNZ 指令需要两个机器周期。由此可知，软件延时程序的延时时间主要与机器周期和延时程序中的循环次数有关，在使用 12 MHz 晶振时，一个机器周期为 1 μs，执行一条 DJNZ 指令需要两个机器周期，即 2 μs。延时 50 ms 需用双重循环，源程序如下。

```
DEL:  MOV  R7, #125     ;执行时需 1 个机器周期
DEL1: MOV  R6, #200     ;
DEL2: DJNZ R6, DEL2     ;200×2=400 μs（内循环时间）
      DJNZ R7  DEL1     ;0.4 ms×125=50 ms（外循环时间）
      RET
```

该延时程序的第一条指令是置外循环的初值，下面的指令为循环体，指令"DJNZ R7, DEL1"为外循环的控制部分；第二条指令是置内循环初值，"DJNZ R6, DEL2"既是内循环体，也是内循环的控制部分。

以上延时时间是粗略的计算，不太精确，它没有考虑到除 DJNZ R6, DEL2 指令外其他指令的执行时间，如把其他指令的执行时间计算在内，它的延时时间为

$$(400+1+2) \times 125+1 = 50.375 \text{ ms}$$

延时时间 = $(2T_M \times R6 + 3T_M)R7 + 1 \times T_M \approx (2 \times R6 \times R7 + 3R7)T_M$

如果应用系统中对延时时间的要求不是十分严格，可按粗略计算的方法进行计算和编

程，如果系统要求比较精确的延时，可按如下修改。

```
    DEL:  MOV  R7, #125
    DEL1: MOV  R6, #198
          NOP
    DEL2: DJNZ R6, DEL2      ; 内循环时间：198×2+2＝398 μs
          DJNZ R7   DEL1     ; 外循环时间：(398+2)×125+1＝50.001 ms
          RET
```

上述程序延时时间为 50.001 ms。

应注意，用软件实现延时的系统，不允许有中断，否则将严重影响定时的准确性。

对于更长时间的延时，可采用更多重的循环，如延时 1 s 时，可用三重循环。

例 4-12　编写无符号数排序程序。

假设在内部 RAM 中，起始地址为 40H 的 10 个单元中存放有 10 个无符号数。试进行升序排序。

解　数据排序常用方法是冒泡排序法。这种方法的过程类似水中气泡上浮，故称冒泡法。执行时从前向后进行相邻数的比较，如数据的大小次序与要求的顺序不符就将这两个数互换，否则不互换。对于升序排序，通过这种相邻数的互换，使小数向前移动，大数向后移动；从前向后进行一次冒泡（相邻数的互换），就会把最大的数换到最后；再进行一次冒泡，就会把次大的数排在倒数第二的位置。依次类推，完成由小到大的排序。

编程中选用 R7 做比较次数计数器，初始值为 09H，位地址 00H 作为冒泡过程中是否有数据互换的标志位，若 (00H)＝0，表明无互换发生，已排序完毕。(00H)＝1，表明有互换发生。流程图如图 4-9 所示。

程序如下：

```
           ORG  0700H
    START: MOV  R0, #40H     ; 数据区首址送 R0
           MOV  R7, #09H     ; 各次冒泡比较次数送 R7
           CLR  00H          ; 互换标志位清零
    LOOP:  MOV  A, @R0       ; 取前数送 A 中
           MOV  2BH, A       ; 暂存到 2BH 单元中
           INC  R0           ; 修改地址指针
           MOV  2AH, @R0     ; 取后数暂存到 2AH 单元中
           CLR  C            ; 清 CY
           SUBB A, @R0       ; 前数减后数
           JC   NEXT         ; 前数小于后数，则转（不互换）
           MOV  @R0, 2BH     ; 前数大于后数，两数交换
           DEC  R0
```

```
        MOV   @R0,2AH
        INC   R0              ;地址加1,准备下一次比较
        SETB  00H             ;置互换标志
NEXT:   DJNZ  R7,LOOP         ;未比较完,进行下一次比较
        JB    00H,START       ;有交换,表示未排完序,进行下一轮冒泡
        END                   ;无交换,表示已排好序,结束
```

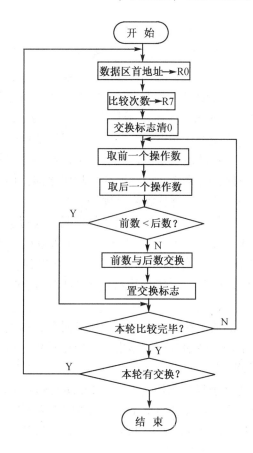

图 4-9 冒泡法排序程序流程图

4.3.4 子程序设计

在实际问题中,常常会遇到在一个程序中有许多相同的运算或操作,例如多字节的加、减、乘、除处理、代码转换、字符处理等。如果每遇到这些运算或操作,都重复编写程序,会使程序烦琐、浪费内存。因此在实际中,经常把这样多次使用的程序段,按一定结构编好,存放在内存中;当需要时,程序可以去调用这些独立的程序段。通常将这种能够完成一

定功能、可以被其他程序调用的程序段称为子程序。调用子程序的程序称为主程序或调用程序。调用子程序的过程，称为子程序调用。子程序执行完后返回主程序的过程称为子程序返回。

1. 子程序的结构与设计注意事项

子程序是具有某种功能的独立程序段，从结构上看，它与一般程序没有多大区别，唯一的区别是在子程序末尾有一条子程序返回指令（RET），其功能是当子程序执行完后能自动返回到主程序中去。

在编写子程序时要注意以下几点。

（1）要给每个子程序赋一个名字，实际上是子程序入口地址的符号。

（2）明确入口条件、出口条件。所谓入口条件，表明子程序需要哪些参数，放在哪个寄存器和哪个内存单元；出口条件则表明子程序处理的结果是如何存放的。

（3）注意保护现场和恢复现场。在执行子程序时，可能要使用累加器或某些工作寄存器。而在调用子程序之前，这些寄存器中可能存放有主程序的中间结果，这些中间结果在主程序中仍有用，这就要求在子程序使用累加器和这些工作寄存器之前，要将其中的内容保护起来，即保护现场。当子程序执行完毕，即将返回主程序之前，再将这些内容取出，送到累加器或原来的工作寄存器中，这一过程称为恢复现场。

保护现场通常用堆栈来进行。在需要保护现场的情况，编写子程序时，要在子程序的开始部分使用压栈指令 PUSH，把需要保护的寄存器内容压入堆栈。当子程序执行完，在返回指令 RET 前边使用弹栈指令 POP，把堆栈中保护的内容弹出到原来的寄存器，要注意，由于堆栈操作是"先入后出"。因此，先压入堆栈的参数应该后弹出，才能保证恢复原来的数据。

为了做到子程序有一定的通用性，子程序中的操作对象，尽量用地址或寄存器形式，而不用立即数形式。另外，子程序中如含有转移指令，应尽量用相对转移指令。

2. 子程序的调用与返回

主程序调用子程序是通过子程序调用指令 LCALL add16 和 ACALL add11 来实现的。前者称为长调用指令，指令的操作数部分给出了子程序的 16 位入口地址；后者为绝对调用指令，它的操作数提供了子程序的低 11 位入口地位，此地址与程序计数器 PC 的高 5 位并在一起，构成 16 位的调用地址（即子程序入口地址）。

它们的功能，首先是将 PC 中的内容（调用指令下一条指令地址，称断点地址）压入堆栈（即保护断点），然后将调用地址送入 PC，使程序转入子程序的入口地址。

子程序的返回是通过返回指令 RET 实现的。这条指令的功能是将堆栈中存放的返回地址（即断点）弹出堆栈，送回到 PC 去，使程序返回到主程序断点处继续往下执行。

主程序在调用子程序时要注意以下问题。

（1）在主程序中，要安排相应指令来满足子程序的入口条件，即提供子程序的入口数据。

(2) 在主程序中，要安排相应的指令，处理子程序提供的出口数据。

(3) 在主程序中，不希望被子程序更改内容的寄存器，也可以在调用前由主程序安排压栈指令来保护现场，然后子程序返回后再安排弹栈指令恢复现场。

(4) 在主程序中，要正确地设置堆栈指针。

3. 子程序嵌套

子程序嵌套（或称多重转子）是指在子程序执行过程中，还可以调用另一个子程序。子程序嵌套过程见 3.6.3 节中图 3-9 所示。

堆栈在子程序调用中是必不可少的，因为断点地址均是自动存入堆栈区的。

使用子程序进行程序设计会给用户带来很多方便，在实际程序中，特别是监控程序中，经常把一些常用的运算如数码转换、延时、拆字、多字节运算等操作编成子程序，供用户调用，以节省编程时间。

下面通过具体例子说明子程序的设计和调用。

例 4-13 用程序实现 $C=a^2+b^2$。

设 a、b 均小于 10，a 存在内部 RAM 31H 单元，b 存在内部 RAM 32H 单元，把 C 存入内部 RAM 33H 单元。

解 因本题两次用到平方值，所以在程序中采用把求平方编为子程序的方法。

子程序名称：SQR。

功能：求 X^2（通过查平方表来获得）。

入口参数：某个数在 A 中。出口参数：某数的平方在 A 中。

主程序是通过两次调用子程序来得到 a^2 和 b^2，并在主程序中完成相加。依题意编写主程序和子程序如下：

主程序：

```
        ORG     0800H
        MOV     SP, #3FH        ;设堆栈指针（调用和返回指令要用到堆栈）
        MOV     A, 31H          ;取 a 值
        LCALL   SQR             ;第一次调用，求 a²
        MOV     R1, A           ;a² 值暂存 R1 中
        MOV     A, 32H          ;取 b 值
        LCALL   SQR             ;第二次调用，求 b²
        ADD     A, R1           ;完成 a²+b²
        MOV     33H, A          ;存结果到 33H
        SJMP    $               ;暂停
```

子程序：

```
        ORG     0900H
SQR:    ADD     A, #01H         ;查表位置调整
```

```
        MOVC    A, @A+PC           ;查表取平方值
        RET                        ;子程序返回
   TAB: DB      0, 1, 4, 9, 16, 25
        DB      36, 49, 64, 81
```

求平方的子程序在此采用的是查表法，也可以采用计算法（另编程）。用伪指令 DB 将 0～9 的平方值以表格的形式定义到 ROM 中。A 之所以要加 1，是因为 RET 指令占了一个字节。

子程序入口和出口参数都是 A，不需要进行现场保护。

下面说明一下堆栈内容在程序执行过程中的变化。当程序执行第一条 LCALL SQR 指令时，断点地址为 2208H，此时 08H 压入内部 RAM 40H 单元，内部 RAM 22H 压入内部 RAM 41H 单元，2400H 装入 PC。当在子程序中执行 RET 指令时，2208H 弹入 PC，主程序接着从此地址执行。当执行第二条 LCALL SQR 指令时，断点地址为 220EH，此时 0EH 压入内部 RAM 40H 单元，内部 RAM 22H 压入内部 RAM 41H 单元，2400H 装入 PC。当在子程序执行 RET 指令时，220EH 弹入 PC，主程序接着从此地址运行。

例 4-14 求两个无符号数据块中的最大值。数据块的首地址分别为内部 RAM 60H 和内部 RAM 70H，每个数据块的第一个字节都存放数据块的长度，结果存入内部 RAM 5FH 单元。

解 本例可采用分别求出两个数据块的最大值，然后比较其大小的方法，求最大值的过程可采用子程序。

子程序名称：QMAX。

子程序入口条件：R1 中存有数据块首地址。出口条件：最大值在 A 中。

下面分别编写主程序和子程序。

主程序：
```
        ORG     0A00H
        MOV     SP, #2FH           ;设堆栈指针
        MOV     R1, #60H           ;取第一数据块首地址送 R1 中
        ACALL   QMAX               ;第一次调用求最大值子程序
        MOV     40H, A             ;第一个数据块的最大值暂存 40H
        MOV     R1, #70H           ;取第二数据块首地址送 R1 中
        ACALL   QMAX               ;第二次调用求最大值子程序
        CJNE    A, 40H, NEXT       ;两个最大值进行比较
   NEXT:JNC     LP                 ;A 大，则转 LP
        MOV     A, 40H             ;A 小，则把 40H 中内容送入 A
   LP:  MOV     5FH, A             ;存最大值到 5FH 单元
        SJMP    $
```

子程序：
```
        ORG     0B00H
```

```
QMAX:   MOV   A, @R1          ; 取数据块长度
        MOV   R2, A           ; R2 做计数器
        CLR   A               ; A 清零，准备做比较
LP1:    INC   R1              ; 指向下一个数据地址
        CLR   C               ; 0→CY，准备做减法
        SUBB  A, @R1          ; 用减法做比较
        JNC   LP3             ; 若 A 大，则转 LP3
        MOV   A, @R1          ; A 小，则将大数送 A 中
        SJMP  LP4             ; 无条件转 LP4
LP3:    ADD   A, @R1          ; 恢复 A 中值
LP4:    DJNZ  R2, LP1         ; 计数器减 1，不为零，转继续比较
        RET                   ; 比较完，子程序返回
```

例 4-15 在内部 RAM50H 单元存有两位十六进制数。编程将它们分别转换成 ASCII 码，并存入内部 RAM51H、52H 单元。

(解法 1) 十六进制数转换成 ASCII 码的过程可采用子程序。

子程序名称：HASC。

功能：把低 4 位十六进制数转换成 ASCII 码（采用查表法）。

入口条件：A 中存有待转换的十六进制数。出口条件：转换后的 ASCII 码在 A 中。

由于一个字节单元中有两位十六进制数，而子程序的功能是一次只转换一位十六进制数，所以 50H 单元中的两位十六进制数要拆开、转换两次，因此主程序需两次调用子程序，才能完成一个字节的十六进制数向 ASCII 码的转换。编写主程序和子程序如下。

主程序：

```
        ORG   0C00H
        MOV   SP, #3FH        ; 设堆栈指针
        MOV   A, 50H          ; 取待转换的数送 A
        ACALL HASC            ; 第一次调用转换子程序
        MOV   51H, A          ; 存转换结果
        MOV   A, 50H          ; 重新取待转换的数
        SWAP  A               ; 高 4 位交换到低 4 位上，准备转换高 4 位
        ACALL HASC            ; 再次调用子程序，转换高 4 位
        MOV   52H, A          ; 存转换结果
        END                   ; 结束
```

子程序：

```
        ORG   0D00H
HASC:   ANL   A, #0FH         ; 只保留低 4 位，高 4 位清零
```

```
           ADD    A, #01H              ;查表位置调整
           MOVC   A, @A+PC             ;查表取 ASCII 码送 A 中
           RET                         ;子程序返回
    TAB:   DB    30H, 31H, 32H, 33H, 34H, 35H, 36H, 37H
           DB    38H, 39H, 41H, 42H, 43H, 44H, 45H, 46H
```

子程序在此采用的是查表法,查表法只需把转换结果按序编成表连续存放在 ROM 中,用查表指令即可实现转换,查表法编程方便且程序量小。

十六进制数转换成 ASCII 码,也可以采用计算法,计算法需判断十六进制数是 0～9、还是 A～F,以确定转换时是+30H、还是+37H,读者可自行编程。

如果要求转换的不是某个单元的两位十六进制数,而是一组数据,数据块的长度在 R2 中,数据块首地址在 R0 中,转换结果存放的首地址在 R1 中,则子程序不变,只修改主程序即可。由于数据块长度已知,源操作数首地址、目的操作数首地址已知,主程序可编成循环程序,故对上述主程序修改如下:

```
           ORG    0C00H
           MOV    SP, #3FH             ;设堆栈指针
    LOOP:  MOV    A, @R0               ;取待转换的数送 A
           ACALL  HASC                 ;调用转换子程序
           MOV    @R1, A               ;存转换结果
           INC    R1                   ;修改目的地址
           MOV    A, @R0               ;重新取待转换的数
           SWAP   A                    ;高 4 位交换到低 4 位上,准备转换高 4 位
           ACALL  HASC                 ;再次调用子程序,转换高 4 位
           MOV    @R1, A               ;存转换结果
           INC    R0                   ;修改源操作数地址
           INC    R1                   ;修改目的操作数地址
           DJNZ   R2, LOOP             ;一组数据未转换完,继续
           END                         ;转换完,结束
```

(**解法 2**) 十六进制数转换成 ASCII 码的过程仍采用子程序。子程序名称和功能同(解法 1),与(解法 1)不同的是采用堆栈来传递参数。对应的主程序和子程序如下。

主程序:

```
           ORG    0C00H
           MOV    SP, #3FH             ;设堆栈指针
           PUSH   50H                  ;把 50H 单元内的数压入堆栈
           ACALL  HASC                 ;调用转换子程序
           POP    51H                  ;把已转换的低半字节的 ASCII 码弹入 51H 单元
```

第 4 章 汇编语言程序设计

```
         MOV    A, 50H           ; 重取数送 A
         SWAP   A                ; 准备处理高半字节的十六进制数
         PUSH   ACC              ; 参数进栈
         ACALL  HASC             ; 再次调用子程序
         POP    52H              ; 把已转换的高半字节的 ASCII 码弹入 52H 单元
         SJMP   $
子程序:
         ORG    0D00H
HASC:    DEC    SP               ; 修改 SP 指针到参数位置
         DEC    SP
         POP    ACC              ; 弹出参数到 A 中
         ANL    A, #0FH          ; 只保留低 4 位
         ADD    A, #07           ; 修正查表位置
         MOVC   A, @A+PC         ; 查表, 取表中的 ASCII 码送 A
         PUSH   ACC              ; 把结果压入堆栈
         INC    SP               ; 修改 SP 指针到断点位置
         INC    SP
         RET                     ; 子程序返回
TAB: DB 30H, 31H, 32H, 33H, 34H, 35H, 36H, 37H, 38H, 39H
     DB 41H, 42H, 43H, 44H, 45H, 46H
```

本例中堆栈的操作示意图见图 4-10。当主程序第一次执行 PUSH 50H 时, 即把内部 RAM 50H 中的内容压入内部 RAM 40H 单元内。执行 ACALL HASC 指令后, 则主程序的断点地址高低位 (PCH、PCL) 分别压入内部 RAM 41H、42H 单元。进入子程序后, 二次执行 DEC SP, 则把堆栈指针修正到 40H。此时执行 POP ACC 则把 40H 中的数据 (即 50H 单元内容) 弹入到 ACC 中。当查完表以后, 执行 PUSH ACC, 则已转换的 ASCII 码值压入堆栈的 40H 单元, 再二次执行 INC SP, 则 SP 变为 42H, 此时执行 RET 指令, 则恰好把原断点内容又送回 PC, SP 又指向 40H, 所以返回主程序后执行 POP 51H, 正好把 40H 的内容弹出到 51H。第二次调用过程类似, 不再赘述。

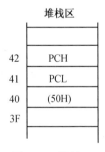

图 4-10 堆栈操作示意图

在这一节里, 只列举了 3 个简单应用子程序的例子。实际上, 可以把具有各种功能的程序均编成子程序, 例如, 任意数的平方, 数据块排队, 多字节的加、减、乘、除等。把子程序结构应用到编写大块的复杂程序中去, 就可以把一个复杂的程序分割成很多独立的、关联较少的功能模块, 通常称为模块化结构。这种方式不但结构清楚、节省内存, 而且也易于调试, 是程序设计中经常采用的编程方式。

4.3.5 运算类程序设计

89C51 单片机指令系统，只提供了单字节和无符号数的加、减、乘、除指令，而在实际程序设计中经常要用到有符号数及多字节数的加、减、乘、除运算，这里，只列举几个典型例子，来说明组织这类程序的设计方法。

为了使编写的程序具有通用性、实用性，下述运算程序均以子程序形式编写。

例 4-16 两个 8 位有符号数加法，和超过 8 位。

编程说明：在计算机中，有符号数一律用补码表示，两个有符号数的加法，实际上是两个数补码相加，由于和超过 8 位，因此，和就是一个 16 位符号数，其符号位在 16 位数的最高位。在进行这样的加法运算时，应先将 8 位数符号扩展成 16 位，然后再相加。

符号扩展的原则：若是 8 位正数，则高 8 位扩展为 00H；若是 8 位负数，则高 8 位扩展为 FFH。经过符号扩展之后，再按双字节相加，则可以得到正确的结果。

编程时，寄存器 R2 和 R3 做两个加数的高 8 位，并先令其为全零，即先假定两个加数为正数，然后判别符号位，根据符号位再决定是否将其高 8 位改为 FFH。

子程序入口：(R0)= 存放加数的首地址（两个加数连续存放）。
　　　　　　(R1)= 存放和的首地址。

工作寄存器：R2 做加数的高 8 位，R3 做另一个加数的高 8 位。

```
SBADD:  MOV   R2, #00H      ;高 8 位先设零
        MOV   R3, #00H
        MOV   A, @R0        ;取出第一个加数
        JNB   ACC.7, N1     ;若是正数，则转 N1
        MOV   R2, #0FFH     ;若是负数，高 8 位送全 1
N1:     INC   R0            ;修改 R0 指针
        MOV   B, @R0        ;取第二个加数到 B
        JNB   B.7, N2       ;若是正数，则转 N2
        MOV   R3, #0FFH     ;是负数，高 8 位送全 1
N2:     ADD   A, B          ;低 8 位相加
        MOV   @R1, A        ;存和的低 8 位
        INC   R1            ;修改 R1 指针
        MOV   A, R2         ;取一个加数的高 8 位送 A
        ADDC  A, R3         ;高 8 位相加
        MOV   @R1, A        ;存和的高 8 位
        RET
```

在调用该子程序时，只需把加数及和的地址置入 R0 和 R1，即可调用这个子程序。

例 4-17 两个 8 位带符号数的乘法程序。

编程说明:89C51的乘法指令是对两个无符号数求积,若是带符号数相乘,应做如下处理。

(1)保存被乘数和乘数的符号,并由此决定乘积的符号。决定积的符号时可使用位运算指令进行异或操作——通过位的与、或运算来完成。

(2)被乘数或乘数均取绝对值相乘,最后再根据积的符号,冠以正号或者负号。正数的绝对值是其原码本身,负数的绝对值是通过求补码来实现的。

(3)若积为负数,还应把整个乘积求补,变成负数的补码。

子程序入口:(R0)=被乘数,(R1)=乘数。

出口:(R3)=积的高8位,(R2)=积的低8位。

程序流程图如图4-11所示。

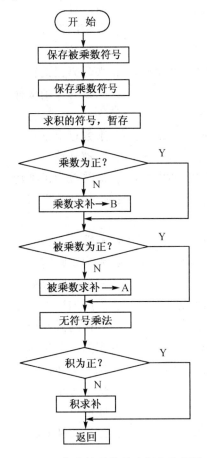

图4-11 8位有符号数乘法程序流程图

程序清单如下。

```
SBMUL:  MOV   A,R0         ;取被乘数
```

```
            RLC    A                ; 符号位送 CY
            MOV    00H, C           ; 存被乘数符号
            MOV    A, R1            ; 取乘数
            RLC    A                ; 符号位送 CY
            MOV    01H, C           ; 存乘数符号
            ANL    C, /00H          ; 01H ∧ 00H‾
            MOV    02H, C           ; 暂存到 02H 位
            MOV    C, 00H           ; 取被乘数符号
            ANL    C, /01H          ; 00H ∧ 01H‾
            ORL    C, 02H           ; 或运算
            MOV    02H, C           ; 存积的符号
            MOV    A, R1            ; 取乘数
            JNB    ACC.7, NCP1      ; 乘数为正则转
            CPL    A                ; 乘数为负则求补
            INC    A
    NCP1:   MOV    B, A             ; 乘数存于 B
            MOV    A, R0            ; 取被乘数
            JNB    ACC.7, NCP2      ; 被乘数为正则转
            CPL    A                ; 被乘数为负求补
            INC    A
    NCP2:   MUL    AB               ; 相乘
            JNB    02H, NCP3        ; 积为正则转
            CPL    A                ; 积为负则求补
            ADD    A, #01H          ; 需用加法来加 1
    NCP3:   MOV    R2, A            ; 存积的低 8 位
            MOV    A, B             ; 积的高 8 位送 A
            JNB    02H, NCP4        ; 积为正则转
            CPL    A                ; 高 8 位求反
            ADDC   A, #00H          ; 加进位
    NCP4:   MOV    R3, A            ; 存积的高 8 位
            RET
```

以上对符号数相乘的处理方法，也可以用于多字节带符号数的乘法运算及除法运算。

例 4-18　两个 8 位带符号数的除法程序。

编程说明:同单字节有符号数的乘法处理方法类似。也是将被除数、除数取绝对值进行相

除,根据被除数和除数的符号确定商的符号,若商为负数,还应把商求补,变成负数的补码。与乘法不同的是,除法还要处理余数,余数的符号应与被除数相同,当余数为负时,应对余数求补。

上例是通过位运算指令进行异或操作来确定积的符号,这里介绍另一种方法,即通过字节的与运算、异或运算来确定商的符号。

子程序入口:(R2)= 被除数,(R3)= 除数。
　　　出口:(R2)= 商,(R3)= 余数。

工作寄存器:R4 用于暂存被除数符号,R5 用于暂存除数的符号或商的符号。

程序流程图如图 4-12 所示。

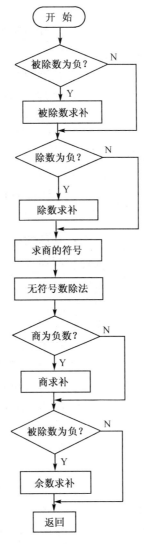

图 4-12　8 位有符号数除法程序流程图

程序清单如下：

```
SBDIV:  MOV   A, R2        ;求被除数符号
        ANL   A, #80H
        MOV   R4, A        ;存被除数符号
        JZ    NEG2         ;正数，则转
NEG1:   MOV   A, R2        ;被除数求补
        CPL   A
        INC   A
        MOV   R2, A
NEG2:   MOV   A, R3        ;求除数符号
        ANL   A, #80H
        MOV   R5, A        ;存除数符号
        JZ    SDIV         ;正数，则转
        MOV   A, R3        ;除数求补
        CPL   A
        INC   A
        MOV   R3, A
SDIV:   MOV   A, R4        ;求商的符号
        XRL   A, R5
        MOV   R5, A        ;存商的符号
        MOV   A, R2        ;求商
        MOV   B, R3
        DIV   AB
        MOV   R2, A        ;存商
        MOV   R3, B        ;存余数
        MOV   A, R5        ;取商的符号
        JZ    NEG4         ;商为正则转
NEG3:   MOV   A, R2        ;商为负求补
        CPL   A
        INC   A
        MOV   R2, A
NEG4:   MOV   A, R4        ;取被除数符号
        JZ    SRET         ;为正则转
        MOV   A, R3        ;余数求补
        CPL   A
```

```
            INC     A
            MOV     R3, A
SRET:       RET
```

例 4-19 两个 16 位无符号数乘法程序。

编程说明：由于 89C51 指令系统中只有单字节乘法指令，因此双字节相乘只能分解为 4 次单字节相乘。设被乘数为 ab，乘数为 cd，其中 a、b、c、d 都是 8 位数。它们的乘积运算式可列写如下：

```
                       a       b
                ×)     c       d
                ─────────────────
                      bdH     bdL
                adH   adL
                bcH   bcL
        +  acH  acL
        ─────────────────────────
         @(R0+3) @(R0+2) @(R0+1) @R0
```

其中，bdH、bdL 等为相应的两个 8 位数的乘积，占 16 位。以 H 为后缀的是积的高 8 位，以 L 为后缀的是积的低 8 位。很显然，两个 16 位数相乘要产生 8 个字节的部分积，需由 8 个单元来存放，然后再相加，其和即为所求之积。但这样做占用工作单元太多，一般是利用单字节乘法和加法指令，按上面所列竖式，采用边相乘边相加的方法来进行。

本程序的编程思路即上面算式的运算过程。32 位乘积存放在以 R0 内容为首地址的连续 4 个单元内。

子程序入口：(R7R6)= 被乘数（ab），(R5R4)= 乘数（cd），(R0)= 存放乘积的起始地址。

出口：(R0)= 乘积的高位字节地址指针。

工作寄存器：R2、R3 暂存部分积（R2 存高 8 位），R1 用于暂存中间结果的进位。

程序流程图如图 4-13 所示。

程序清单如下。

```
WMUL:       MOV     A, R6           ; 取被乘数低 8 位
            MOV     B, R4           ; 取乘数的低 8 位
            MUL     AB              ; 两个低 8 位相乘
            MOV     @R0, A          ; 存低位积 bdL
            MOV     R3, B           ; bdH 暂存 R3 中
            MOV     A, R7
            MOV     B, R4
            MUL     AB              ; 第 2 次相乘
            ADD     A, R3           ; bdH+adL
```

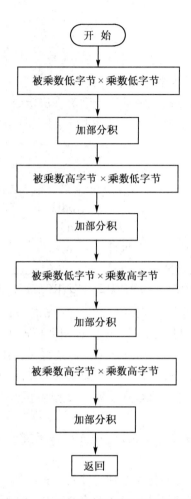

图 4-13 16 位无符号数乘法程序流程图

```
    MOV    R3, A          ;暂存 R3 中
    MOV    A, B
    ADDC   A, #00H        ;adH+CY
    MOV    R2, A          ;暂存 R2 中
    MOV    A, R6
    MOV    B, R5
    MUL    AB             ;第 3 次相乘
    ADD    A, R3          ;bdH+adL+bcL
    INC    R0             ;积指针加 1
    MOV    @R0, A         ;存积的第 15～8 位
```

```
            MOV    R1, #0           ; R1 清零
            MOV    A, R2
            ADDC   A, B             ; adH+bcL+CY
            MOV    R2, A            ; 暂存 R2 中
            JNC    NEXT             ; 无进位则转
            INC    R1               ; 有进位 R1 加 1
    NEXT:   MOV    A, R7
            MOV    B, R5
            MUL    AB               ; 第 4 次相乘
            ADD    A, R2            ; adH+bcH+acL
            INC    R0               ; 指针加 1
            MOV    @R0, A           ; 存积的第 23～16 位
            MOV    A, B
            ADDC   A, R1
            INC    R0
            MOV    @R0, A           ; 存积的第 31～24 位
            RET
```

本程序用到的算法很容易推广到更多字节的乘法运算中。

例 4-20 两个 16 位无符号数除法程序。

编程说明：89C51 单片机只有单字节无符号数除法指令，对于多字节除法，在单片机中一般都采用"移位相减"法。

移位相减法：设一个与被除数等长的余数单元（先清零），设一个计数器存放被除数的位数。将被除数与余数单元一起左移一位，然后将余数单元与除数相减，够减，商取 1，并将所得差作为余数送入余数单元；不够减，商取零；被除数与余数再一起左移一位，再一次将余数单元与除数相减……，重复到被除数各位均移入余数单元为止。

被除数每左移一位，低位就空出一位，故可用来存放商。因此，实际上是余数、被除数、商三者一起进行移位。

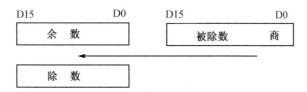

相除之后，对余数进行四舍五入处理。若余数的最高位为 1，则余数一定大于除数的一半，应该使商加 1。若余数最高位不为 1，是否要进 1，可这样来判断：使余数乘以 2，再与除数相比，若大于除数，说明余数大于除数的一半，则商应该进 1；反之，则不必进 1。余

数四舍五入处理后,不再保留。

另外,在进行除法运算之前,可先对除数和被除数进行判别,若除数为零,则商溢出;若除数不为零,而被除数为零,则商为零。

子程序的入口:(R7R6)= 被除数,(R5R4)= 除数。

出口:(R7R6)= 商,PSW.5 = 除数为 0 标志。

工作寄存器:R3、R2 作为余数寄存器,R1 作为移位计数器,R0 作为低 8 位的差值暂存寄存器。

程序流程图如图 4-14 所示。

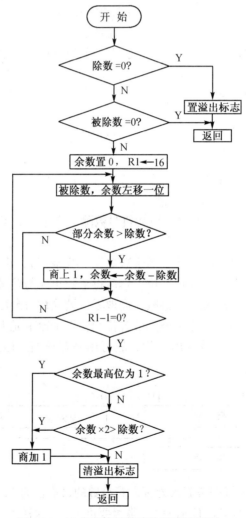

图 4-14 16 位无符号数除法程序流程图

程序如下。

```
WDIV:   MOV   A, R5
        JNZ   START        ;除数不为零则转
        MOV   A, R4
        JZ    OVER         ;除数为零则转
START:  MOV   A, R7
        JNZ   START1       ;被除数不为零则转
        MOV   A, R6
        JNZ   START1
        RET                ;被除数为零则结束
START1: CLR   A
        MOV   R2, A        ;余数寄存器清零
        MOV   R3, A
        MOV   R1, #16      ;R1 置入移位次数
DIV1:   CLR   C            ;CY 清零，准备左移
        MOV   A, R6        ;先从 R6 开始左移
        RLC   A            ;R6 循环左移一位
        MOV   R6, A        ;送回 R6
        MOV   A, R7        ;再处理 R7
        RLC   A            ;R7 循环左移一位
        MOV   R7, A        ;送回 R7
        MOV   A, R2        ;余数寄存器左移
        RLC   A            ;R2 左移一位
        MOV   R2, A        ;送回 R2
        MOV   A, R3        ;余数寄存器
        RLC   A            ;R3 左移一位
        MOV   R3, A        ;左移一位结束
        MOV   A, R2        ;开始余数减除数
        SUBB  A, R4        ;低 8 位先减
        MOV   R0, A        ;暂存相减结果
        MOV   A, R3        ;高 8 位相减
        SUBB  A, R5
        JC    NEXT         ;不够减则转移
        INC   R6           ;够减，商加 1
        MOV   R3, A        ;相减所得差送入余数单元
```

```
            MOV    A, R0
            MOV    R2, A
NEXT:       DJNZ   R1, DIV1      ;16 位未移完，则继续
            MOV    A, R3         ;除完，开始处理余数
            JB     ACC.7, ROUND  ;余数最高位为 1，转商加 1
            MOV    A, R2         ;最高位为零，余数乘以 2
            RLC    A             ;低 8 位先乘 2
            MOV    R2, A         ;送回 R2
            MOV    A, R3         ;取高 8 位
            RLC    A             ;高 8 位再乘 2
            SUBB   A, R5         ;余数乘 2 后，与除数相减
            JC     DONE          ;不够减，则转
            JNZ    ROUND         ;够减，则转商加 1
            MOV    A, R2         ;高 8 位相等，取低 8 位
            SUBB   A, R4         ;低 8 位相减
            JC     DONE          ;不够减，则转
ROUND:      MOV    A, R6         ;商加 1
            ADD    A, #01H       ;低 8 位先加 1
            MOV    R6, A         ;送回
            MOV    A, R7         ;取高 8 位
            ADDC   A, #00H       ;加 CY
            MOV    R7, A         ;送回
DONE:       CLR    F0            ;置除数不为零标志
            RET                  ;子程序返回
OVER:       SETB   F0            ;置除数为零标志
            RET                  ;子程序返回
```

例 4-21　16 位有符号数乘法程序。

编程说明：16 位有符号数相乘与 8 位有符号数相乘的算法基本相同。

（1）根据被乘数和乘数的符号计算乘积的符号；

（2）被乘数、乘数均取绝对值；

（3）根据 16 位无符号数乘法子程序的入口条件设置入口参数，然后调用 16 位无符号数乘法子程序；

（4）当积为负数时，应把整个乘积求补，变成负数的补码。

子程序入口：(R7R6)= 被乘数（带符号数），(R5R4)= 乘数（带符号数），(R0) = 存放乘积的起始地址。

出口:(R0) = 32 位乘积的高位字节地址指针。

工作寄存器:R2、R3 用于暂存部分积,R1 用于暂存中间结果的进位,内部 RAM 2FH 单元暂存积的符号。

```
SWMUL:  MOV   A, R7              ;取被乘数高位字节
        ANL   A, #80H            ;计算被乘数符号
        MOV   R2, A              ;符号暂存 R2
        MOV   A, R5              ;取乘数高位字节
        ANL   A, #80H            ;计算乘数符号
        XRL   A, R2              ;计算积的符号
        MOV   2FH, A             ;暂存积的符号到 2FH 单元
        MOV   A, R7              ;取被乘数
        JNB   ACC.7, SWMUL1      ;为正数,则转
        MOV   A, R6              ;为负数求补
        CPL   A
        ADD   A, #01H
        MOV   R6, A
        MOV   A, R7
        CPL   A
        ADDC  A, #00H
        MOV   R7, A
SWMUL1: MOV   A, R5              ;取乘数
        JNB   ACC.7, SWMUL2      ;为正数则转
        MOV   A, R4              ;为负数求补
        CPL   A
        ADD   A, #01H
        MOV   R4, A
        MOV   A, R5
        CPL   A
        ADDC  A, #00H
        MOV   R5, A
SWMUL2: LCALL WMUL               ;调 16 位无符号数乘法子程序
        MOV   A, 2FH             ;取积的符号
        JNB   ACC.7, MULEND      ;积为正,转结束
        DEC   R0                 ;积为负,修改指针,指向低字节
        DEC   R0                 ;准备对积求补
```

```
              DEC    R0
              DEC    R0
              MOV    R1, #03H
              MOV    A, @R0             ; 积的最低字节取反加 1
              CPL    A
              ADD    A, #01H
              MOV    @R0, A
     LP:      INC    R0
              MOV    A, @R0             ; 积的其他字节取反加进位
              CPL    A
              ADDC   A, #00H
              MOV    @R0, A
              DJNZ   R1, LP
     MULEND:  RET                       ; 子程序返回
```

例 4-22 16 位有符号数除法程序。

编程说明：16 位有符号数除法与 16 位有符号数乘法的算法类似。

（1）根据被除数和除数的符号计算商的符号；

（2）被除数、除数均取绝对值；

（3）根据 16 位无符号数除法子程序的入口条件设置入口参数，然后调用 16 位无符号数除法子程序；

（4）当商为负数时，应把商求补，变成负数的补码。

子程序入口：(R7R6)=被除数（带符号数），(R5R4)=除数（带符号数）。

　　　　出口：(R7R6)=商， PSW.5=除数为零标志。

工作寄存器：R3、R2 作为余数寄存器，R1 作为移位计数器，R0 作为差值暂存寄存器，内部 RAM 2FH 单元暂存商的符号。

```
     SWDIV:   MOV    A, R7              ; 取被除数高位字节
              ANL    A, #80H            ; 计算被除数符号
              MOV    R2, A              ; 符号暂存 R2
              MOV    A, R5              ; 取除数高位字节
              ANL    A, #80H            ; 计算除数符号
              XRL    A, R2              ; 计算商的符号
              MOV    2FH, A             ; 暂存商的符号到 2FH 单元
              MOV    A, R7              ; 取被除数
              JNB    ACC.7, SWDIV1      ; 为正数，则转
              ACALL  CPL16              ; 为负数，则求补
```

```
SWDIV1:  MOV    A, R5              ;取除数
         JNB    ACC.7, SWDIV2      ;为正数,则转
         MOV    A, R4              ;为负数求补
         CPL    A
         ADD    A, #01H
         MOV    R4, A
         MOV    A, R5
         CPL    A
         ADDC   A, #00H
         MOV    R5, A
SWDIV2:  LCALL  WDIV               ;调16位无符号数除法子程序
         MOV    A, 2FH             ;取商的符号
         JNB    ACC.7, DIVEND      ;商为正,转结束
         ACALL  CPL16              ;商为负,则求补
MULEND:  RET                       ;子程序返回
CPL16:   MOV    A, R6              ;16位数求补
         CPL    A
         ADD    A, #01H
         MOV    R6, A
         MOV    A, R7
         CPL    A
         ADDC   A, #00H
         MOV    R7, A
         RET
```

通过上述编程实例,介绍了汇编语言程序设计的各种情况。从中可以看出,程序设计主要涉及两个方面的问题:一是算法,或者说程序的流程图;二是工作单元的安排。在以上例子中,8个工作寄存器虽然已够用,但是有时也会出现不够用的情况,特别是可以用于间接寻址的寄存器只有R0和R1,很容易不够用,这时,可通过设置RS1、RS0,以选择不同的工作寄存器组,这一点在使用上应加以注意。

思考题与习题

4-1 试编写16位二进制无符号数相加的程序。设被加数存放在内部RAM 20H、21H单元,加数存放在内部RAM 22H、23H单元,所求的和存放在内部RAM 24H、25H中(低8位先存,和不超过16位)。

4-2 设有两个无符号数 X、Y 分别存放在内部 RAM 50H、51H 单元，试编程计算 $3X+20Y$，并把结果送入内部 RAM 52H、53H 单元（低 8 位先存）。

4-3 存放在内部 RAM 的 DATA 单元中的变量 X 是一个无符号整数，试编程计算下面函数的函数值并存放到内部 RAM 的 FUNC 单元中。

$$Y=\begin{cases} 2X & X<20 \\ 5X & 20 \leqslant X<50 \\ X & X \geqslant 50 \end{cases}$$

4-4 试编程求 16 位带符号二进制补码数的绝对值。设 16 位补码数存放在内部 RAM 的 num 和 num+1 单元中（低 8 位先存），求得的绝对值仍放在原单元中。

4-5 某单片机应用系统有 4×4 键盘，经键盘扫描程序得到被按键的键值（00H～0FH）存放在 R2 中，16 个键的键处理程序入口地址分别为 KEY0，KEY1，KEY2，…，KEY15。试编程实现，根据被按键的键值，转对应的键处理程序。

4-6 试编程将内部 RAM 40H～60H 单元中内容传送到外部 RAM 以 2000H 为首地址的存储区中。

4-7 在外部 RAM 首地址为 DATA 的存储器中，有 10 个字节的数据。试编程将每个字节的最高位无条件地置 1。

4-8 编写程序将外部 RAM 3000H 开始的 13 个单元中的数据隔一个传送到内部 RAM 30H 开始的区域。

4-9 编程将外部 RAM 地址为 1000H～1030H 的数据块，全部搬迁到内部 RAM 30H～60H 中，并将原数据区全部清零。

4-10 试编程把长度为 10H 的字符串从内部 RAM 首地址为 DAT1 的存储器中向外部 RAM 首地址为 DAT2 的存储器进行传送，一直进行到遇见字符 CR 或整个字符串传送完毕结束。

4-11 设有 100 个有符号数，连续存放在外部 RAM 以 3000H 为首地址的存储区中，试编程统计出其中大于零、等于零、小于零的个数，并把统计结果分别存入内部 RAM 的 one，two 和 three 3 个单元。

4-12 编程计算内部 RAM 50H～59H 10 个单元内容的平均值，并存放在 5AH 单元。（设 10 个数的和小于 FFH）

4-13 在内部 RAM 的 40H 单元开始存有 48 个无符号数，试编程找出最小值，并存入 MIN 单元。

4-14 试编程把内部 RAM 40H 为首地址的连续 20 个单元的内容按降序排列，并存放到外部 RAM 2000H 为首地址的存储区中。

4-15 试编一查表程序，从首地址为 2000H，长度为 100 的数据块中找出 ASCII 码 D，将其地址送到外部 RAM20A0H～20A1H 单元中。

4-16 编写程序，将存放在内部 RAM 起始地址为 30H 的 20 个十六进制数分别转换为相应的 ASCII 码，结果存入内部 RAM 起始地址为 50H 的连续单元中。

4-17 编写程序，将存放在内部 RAM 起始地址为 40H 的 N 个 ASCII 码分别转换为相应的十六进制数，结果存入内部 RAM 起始地址为 60H 的连续单元中。

4-18 设在外部 RAM 2000H～2004H 单元中，存放有 5 个压缩 BCD 码，试编程将它们转换成 ASCII 码，存放到以外部 RAM2005H 单元为首地址的存储区中。

4-19 在外部 RAM 2000H 为首地址的存储区中，存放着 20 个用 ASCII 码表示的 0～9 之间的数，试编程，将它们转换成 BCD 码，并以压缩 BCD 码的形式存放在外部 RAM 3000H～3009H 单元中。

4-20 已知内部 RAM 30H 和 40H 单元分别存放着一个数 a、b，试编写程序计算 $a^2 - b^2$，并将结果送入 30H 单元。设 a、b 均是小于 10 的数。

4-21 根据题 3-22 的线路图（图 3-10），设计灯亮移位程序，要求 8 个发光二极管每次亮一个，点亮时间为 40 ms。顺次一个一个地循环右移点亮，循环不止。

4-22 根据题 3-22 的线路图（图 3-10），设计灯亮程序，要求 8 个发光二极管间隔分两组，每组 4 个，二组交叉轮流发光，变换时间为 100 ms，反复循环不止。

第5章 定时/计数器

在控制系统中,常常要求有一些定时或延时控制,如定时输出、定时检测、定时扫描等;也往往要求有计数功能,能对外部事件进行计数。

要实现上述功能,一般可用下面3种方法。

(1) 软件定时:让CPU循环执行一段程序,以实现软件定时。但软件定时占用了CPU时间,降低了CPU的利用率,因此软件定时的时间不宜太长。

(2) 硬件定时:采用时基电路(如555定时芯片),外接必要的元器件(电阻和电容),即可构成硬件定时电路。这种定时电路在硬件连接好以后,定时值与定时范围不能由软件进行控制和修改,即不可编程。

(3) 可编程的定时器:这种定时器的定时值及定时范围可以很容易地用软件来确定和修改,因而功能强,使用灵活。如8253可编程芯片。

89C51单片机的硬件上集成有2个16位的可编程定时/计数器,即定时/计数器0和定时/计数器1,简称T0和T1,它们既可以实现定时,也可以对外部事件进行计数,T1还可以作为串行口的波特率发生器。

5.1 定时/计数器的结构和工作原理

5.1.1 定时/计数器的结构

定时/计数器的结构如图5-1所示,T0由TH0和TL0构成,T1由TH1和TL1构成。

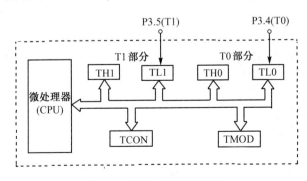

图5-1 定时/计数器的结构

TMOD 用于控制和确定各定时/计数器的功能和工作模式。TCON 用于控制定时/计数器 T0、T1 启动和停止计数，同时包含定时/计数器的状态。它们属于特殊功能寄存器，这些寄存器的内容靠软件设置。系统复位时，寄存器的所有位都被清零。

5.1.2 定时/计数器的工作原理

定时/计数器具有定时和计数两种功能。

1. 计数功能

所谓计数，是对外部事件进行计数。计数脉冲必须从规定的引脚 P3.4（T0）或 P3.5（T1）输入。当输入信号发生由 1 至 0 的负跳变时，计数器（TH0、TL0 或 TH1、TL1）的值增 1。每个机器周期的 S5P2 期间，对外部输入信号进行采样。如在第一个周期中采样值为 1，而在下一个周期中采样值为 0，则在紧跟着的再下一个周期的 S3P1 期间，计数值就增 1。由于确认一次下跳变要花 2 个机器周期，即 24 个振荡器周期，因此外部输入的计数脉冲的最高频率为振荡器频率的 1/24。对外部输入脉冲的占空比并没有什么限制，但为了确保输入脉冲的电平在变化之前至少被采样一次，则输入脉冲的高、低电平至少要保持一个机器周期。故对输入信号的基本要求如图 5-2 所示，图中 T_{CY} 为机器周期。

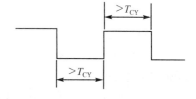

图 5-2 对输入信号的基本要求

2. 定时功能

T0、T1 的定时功能也是通过计数实现的。计数脉冲来自于内部电路，每个机器周期使计数器的值增 1。每个机器周期等于 12 个振荡器周期，故计数速率为振荡器频率的 1/12。计数值乘以单片机的机器周期就是定时时间。

定时/计数器的工作原理如图 5-3 所示，定时/计数器的核心部件是加 1 计数器，其输入的计数脉冲有两个来源：一个是由系统片内振荡器输出脉冲经 12 分频后送来；一个是 T0 或 T1 端输入的外部脉冲。当控制信号有效时，计数器从 0 或初值开始加 1 计数，每来一个脉冲，计数器加 1，当加到计数器为全 1 时，再输入一个脉冲，就使计数器发生溢出，溢出时，计数器回 0，并置位 TCON 中的 TF0 或 TF1，以表示定时时间已到或计数值已满，向 CPU 发出中断申请。

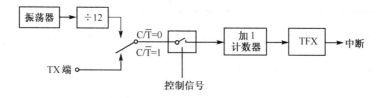

图 5-3 T0、T1 工作原理示意图

5.2 定时/计数器的控制

特殊功能寄存器 TMOD 和 TCON 分别是定时/计数器 0 和 1 的工作模式和控制寄存器，用于控制和确定各定时/计数器的功能及工作模式等。

5.2.1 工作模式寄存器 TMOD

TMOD 用于控制 T0 和 T1 的功能和 4 种工作模式。其中低 4 位用于控制 T0，高 4 位用于控制 T1。其格式如下：

(MSB)							(LSB)
GATE	C/$\overline{\text{T}}$	M1	M0	GATE	C/$\overline{\text{T}}$	M1	M0

GATE 位：门控位。

GATE=0 时，只要 TR0 或 TR1 置 1，就可以启动定时/计数器，而不管 $\overline{\text{INT0}}$ 或 $\overline{\text{INT1}}$ 的引脚是高电平还是低电平。

GATE=1 时，只有 $\overline{\text{INT0}}$ 或 $\overline{\text{INT1}}$ 引脚为高电平且 TR0 或 TR1 置 1 时，才能启动定时/计数器。

C/$\overline{\text{T}}$位：定时/计数功能选择位。

C/$\overline{\text{T}}$=0，选择定时功能；C/$\overline{\text{T}}$=1，选择计数功能。

M1、M0 位：工作模式选择位。2 位可形成 4 种编码，对应于 4 种工作模式，见表 5-1。

表 5-1 定时/计数器 4 种工作模式

M1	M0	工作模式	组成及特点
0	0	模式 0	TLX 中低 5 位与 TRX 中的 8 位构成 13 位计数器。计满溢出时，13 位计数器回零。X=0 或 1
0	1	模式 1	TLX 与 THX 构成 16 位计数器。计满溢出时，16 位计数器回零
1	0	模式 2	TLX 构成 8 位计数器，每当计满溢出时，THX 中的初值自动装载到 TLX 中
1	1	模式 3	对 T0，分成 2 个 8 位计数器；对 T1，停止计数

TMOD 寄存器的单元地址是 89H，不能位寻址，只能用字节传送指令设置其内容。

5.2.2 控制寄存器 TCON

TCON 用来控制 T0 和 T1 的启、停，并给出相应的状态，字节地址为 88H，位地址为 88H～8FH，其格式如下：

(MSB)							(LSB)
TF1	TR1	TF0	TR0	IE1	IT1	IE0	IT0

其中各位定义如下。

TF1：定时器 1 溢出标志位。

当定时/计数器 1 计满溢出时，由硬件置 1。使用查询方式时，此位为状态位供查询用，查询有效后需由软件清零；使用中断方式时，此位为中断申请标志位，进入中断服务后被硬件自动清零。

TR1：定时器 1 运行控制位。

该位靠软件置位或清零，置位时，启动定时/计数器工作，清零时，停止工作。

TF0：定时器 0 溢出标志位。其功能和操作情况同 TF1。

TR0：定时器 0 运行控制位。其功能和操作同 TR1。

TCON 的低 4 位与外部中断有关，将在中断系统的有关章节中做介绍。

5.3 定时/计数器的工作模式

T0 和 T1 除了可以选择定时或计数功能外，每个定时/计数器还有 4 种工作模式，其中前 3 种模式对两者都是一样的，而模式 3 对两者是不同的。下面以 T1 为例进行介绍。

5.3.1 模式 0

当 M1M0 为 00 时，则 T0 或 T1 便工作在模式 0。图 5-4 表示了 T1 在模式 0 下的结构图，对 T0 也适用，只要把图中相应的标识符后缀 1 改为 0 即可。

模式 0 为 13 位计数器，由 TL1 的低 5 位和 TH1 的 8 位构成，TL1 中的高 3 位弃之未用。由图 5-4 可见，当 C/$\overline{T}$=0 时，多路开关接通内部振荡器的 12 分频输出，此时 13 位计数器对机器周期进行计数，即所谓定时器功能。当 C/$\overline{T}$=1 时，多路开关接通计数引脚 T1，外部计数脉冲由 T1（P3.5）输入。当计数脉冲发生负跳变时，计数器加 1，这就是所谓计数器功能。

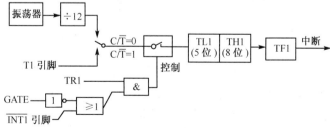

图 5-4　T1 工作模式 0 的结构（13 位计数器）

不管是哪种功能，当 TL1 的低 5 位计数溢出时，向 TH1 进位，而全部 13 位计数器溢出时，使计数器回零，并使溢出标志 TF1 置 1，向 CPU 发中断请求。

由图 5-4 也可以看出门控位 GATE 的作用。当 GATE=0 时，经反相后使或门输出为 1，此时仅由 TR1 控制与门的开启。当 TR1=1 时，与门输出为 1，控制开关闭合，启动计数器工作；当 TR1=0 时，控制开关断开，停止计数器工作。

当 GATE=1 时，则由 $\overline{INT1}$ 控制或门的输出，此时与门的开启由 $\overline{INT1}$ 和 TR1 共同控制。当 TR1=1 时，外部中断 $\overline{INT1}$ 直接控制定时/计数器的启动和停止，即 $\overline{INT1}$ 由 0 变为 1 电平时，启动计数，当 $\overline{INT1}$ 由 1 变为 0 电平时，停止计数。这种情况常用来测量在 $\overline{INT1}$ 端出现的正脉冲的宽度。

5.3.2 模式 1

当 M1M0 为 01 时，T1 工作于模式 1，模式 1 的电路结构和工作情况与模式 0 几乎完全相同，唯一的差别是：计数器的位数不同。模式 1 的计数器是 16 位，TL1 为低 8 位、TH1 为高 8 位，组合成一个 16 位的加 1 计数器。

5.3.3 模式 2

当 M1M0 为 10 时，T1 工作于模式 2。模式 2 是把加 1 计数器配置成一个可以自动重装载的 8 位计数器，如图 5-5 所示。TL1 做 8 位的加 1 计数器，TH1 作 8 位初值寄存器，TH1 的初值由软件设置。当装入初值和启动定时/计数器工作后，TL1 按 8 位加法计数器工作，TL1 计数溢出时，一方面由硬件使溢出标志 TF1 置 1，另一方面自动把 TH1 中的初值装入到 TL1 中，使 TL1 从初值开始重新加 1 计数。重装载后 TH1 的内容不变。

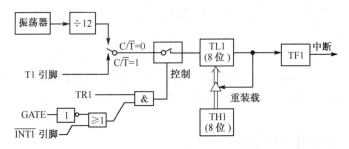

图 5-5　T1 工作模式 2 的结构（8 位自动装载模式）

模式 2 既有优点，又有缺点。优点是定时初值可自动恢复，而模式 0、模式 1 的初值不能自动恢复；缺点是计数范围小。因此，模式 2 适用于需要重复定时，而定时范围不大的应用场合，特别适合于把定时/计数器作为串行口波特率发生器使用。

5.3.4 模式 3

当 M1M0 为 11 时，定时/计数器工作于模式 3，但模式 3 仅适用于 T0，T1 无模式 3。

1. T0 模式 3

在模式 3 下，T0 被分成 2 个独立的 8 位计数器 TL0 和 TH0，如图 5-6 所示。

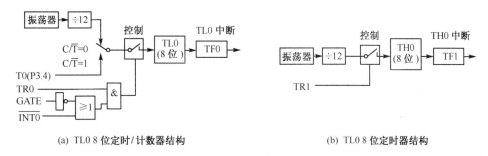

(a) TL0 8 位定时/计数器结构　　　　　　(b) TL0 8 位定时器结构

图 5-6　T0 工作模式 3 的结构（2 个 8 位计数器）

TL0 使用 T0 原有的控制寄存器资源：$C/\overline{T}$、GATE、TR0、$\overline{INT0}$ 和 TF0，组成一个 8 位的定时/计数器，如图 5-6（a）所示，它的工作情况与模式 0 和模式 1 类似，既可以做定时器使用，也可以做计数器使用。

TH0 借用 T1 的运行控制位 TR1 和溢出标志位 TF1，组成另一个 8 位定时器，如图 5-6（b）所示，TH0 的启、停受 TR1 控制，TH0 的溢出将置位 TF1，这时的 TH0 占用了 T1 的中断；TH0 只对机器周期计数，故只能做定时器使用。

2. T0 模式 3 情况下的 T1

当 T0 工作于模式 3 时，如果仍需要 T1 工作，此时 T1 仍可工作于模式 0、模式 1、模式 2，即可做定时器使用，也可做计数器使用，如图 5-7 所示。

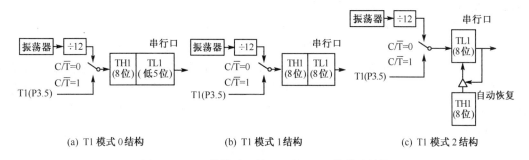

(a) T1 模式 0 结构　　　　　(b) T1 模式 1 结构　　　　　(c) T1 模式 2 结构

图 5-7　T0 工作模式 3 情况下的 T1 工作模式结构

由于 T1 的 TF1、TR1 被 T0 的 TH0 占用，故 T1 只能工作在不需要中断控制的场合，另外，T1 计数器溢出时，只能将输出信号送至串行口，即用作串行口波特率发生器。

T1 的运行控制位 TR1 被 TH0 借用，如何控制 T1 的启动和停止呢？在设置 T0 为模式 3

之前，对 T1 设置工作模式，并启动 T1 运行；当将 T1 设置为模式 3 时，将使它停止计数并保持原有的计数值。

在单片机的串行通信中，一般是将 T1 作为串行口波特率发生器，且工作于模式 2，这时将 T0 设置成模式 3，可以额外增加一个 8 位定时器。

5.4 定时/计数器的应用

5.4.1 定时/计数器使用方法

1. 定时/计数器使用步骤

89C51 单片机的定时/计数器是可编程的，因此，在使用定时/计数器时，一般应按下列步骤进行。

（1）合理选择定时/计数器的工作模式。

根据所要求的定时时间长短、定时的重复性，合理选择定时/计数器的工作模式，确定实现方法。一般来讲，定时时间长，应选择模式 1；定时时间短且需要重复定时、自动恢复定时初值，应选择模式 2；给串行通信提供波特率，选择 T1 模式 2。

（2）计算定时/计数器的计数初值。

（3）编制定时/计数器的应用程序。

应用程序包括以下两部分。

① 定时/计数器的初始化程序，包括确定定时器的工作模式，设置 TMOD；写入定时初值到 TH0、TL0 或 TH1、TL1；设置 IE，开放定时器中断；将 TR0 或 TR1 置位，启动定时/计数器工作。

② 满足控制要求的应用程序，编程时应注意是否需要连续反复使用原定时时间，如果需要且不是工作在方式 2，则应在程序中重装定时初值。

2. 计算定时/计数器初值

在初始化程序中，需要写入定时/计数器的初值，这时要做一些计算。

由于计数器是从 0 或初值开始加 1 计数，计满溢出时置位 TF，因此不能直接写入所需的计数值，而是要从计数最大值中减去计数值才是应置入的初值。设计数器的最大值为 M（在不同的工作模式中，M 可以为 2^{13}、2^{16} 或 2^8），则置入的初值 X 可做如下计算。

计数功能时：

$$X = M - \text{计数值}$$

定时功能时：

$$(M-X) \times T_{CY} = \text{定时时间}$$

所以

$$X = M - 定时时间/T_{\text{CY}}$$

其中，T_{CY} 为计数周期，即单片机的机器周期。

当机器周期为 1 μs 时，工作在模式 0，最大定时值为 $2^{13} \times 1$ μs = 8.192 ms；若工作在模式 1，则最大定时值为 $2^{16} \times 1$ μs = 65.536 ms。

5.4.2 定时/计数器模式 0 的应用

模式 0 是一种 13 位计数器的工作模式，由 THX 和 TLX 组成的 16 位计数器中 TLX 的高 3 位没有被使用。

例 5-1 试利用 T0 产生周期为 1 ms、宽度为一个机器周期的负脉冲串，并由 P1.0 输出，设系统晶振为 12 MHz。

解 系统晶振为 12 MHz，则机器周期为 1 μs，要求 T0 定时时间为 1 ms，设定时初值为 X。

则：$(2^{13} - X) \times 10^{-6} = 1 \times 10^{-3}$

故 $X = 7192 = 1110000011000$B。其中高 8 位应赋给 TH0，低 5 位应赋给 TL0，所以 TH0 的初值为 0E0H，TL0 的初值为 18H。若采用查询方式，则编程如下：

```
            MOV   TMOD, #00H          ;设置 T0 工作在模式 0
            MOV   TH0, #0E0H          ;设置定时初值
            MOV   TL0, #18H
            SETB  TR0                 ;启动 T0 工作
T0INT1:     JB    TF0, T0INT2         ;查 TF0 位为 1，定时时间到，则转
            AJMP  T0INT1              ;TF 位不为 1，定时时间未到
T0INT2:     CLR   TF0                 ;查询方式由软件清 TF0 位
            CLR   P1.0                ;输出负脉冲串
            SETB  P1.0                ;
            MOV   TH0, #0E0H          ;用软件重新装载 TH0 和 TL0
            MOV   TL0, #18H           ;以保证定时时间相同
            SJMP  T0INT1
```

5.4.3 定时/计数器模式 1 的应用

模式 1 与模式 0 基本相同，只是模式 1 改用了 16 位计数器。当要求定时周期较长，13 位计数器不够用时，可改用 16 位计数器。

例 5-2 利用 T0 模式 1，产生一个 50 Hz 的方波，由 P1.0 输出，设系统晶振为 12 MHz。

解 方波的频率为 50 Hz，则方波的周期为 1/50 = 20 ms，由于输出的是方波，即高低电平时间相同，因此，设置 T0 定时时间为 10 ms，10 ms 定时到，将 P1.0 取反输出，以满足

控制要求。10 ms 对应的初值 X 可由下式算得：

$$(2^{16}-X)\times 10^{-6}=10\times 10^{-3}$$

即 $\quad\quad\quad\quad\quad\quad X=55536=\text{0D8F0H}$

若采用查询方式，则编程如下：

```
        MOV   TMOD, #01H        ;设置 T0 工作在模式 1
        SETB  TR0               ;启动 T0 工作
LOOP:   MOV   TH0, #0D8H        ;送入定时初值
        MOV   TL0, #0F0H
        JNB   TF0, $            ;查 TF0 位为 0，定时时间未到，等待
        CLR   TF0               ;TF0 位为 0，定时时间到，软件清 TF0 位
        CPL   P1.0              ;P1.0 取反输出
        SJMP  LOOP              ;转循环
```

5.4.4 定时/计数器模式 2 的应用

模式 2 是初值自动重装载模式。在这种模式下，计数初值只需设置一次，以后不再需要用软件重新设置。

例 5-3 某 89C51 单片机应用系统对单相电度表进行用电检测和管理，电度表每运转一圈产生一个脉冲，假设电度表每转 200 圈为 1 度电，试利用 T1 工作在模式 2，对输入的脉冲进行计数，每计 200 个脉冲进行用电量的加 1 操作，假设用电量存放在片内 RAM50H 单元。

解 计算计数的初值：

$$2^8-200=56D=38H$$

采用查询方式，编程如下：

```
        MOV   TMOD, #60H        ;设置 T1 工作在模式 2，计数功能
        MOV   TH1, #38H         ;保存计数初值
        MOV   TL1, #38H         ;设置计数初值
        SETB  TR1               ;启动计数
LP:     JBC   TF1, LOOP         ;查询是否计数溢出
        AJMP  LP
LOOP:   INC   50H               ;用电量加 1
        AJMP  LP                ;循环
```

5.4.5 定时/计数器门控位 GATE 的应用

一般情况下，设置门控位 GATE = 0，使定时/计数器的运行只受 TRX 位的控制。当

GATE=1 时，定时/计数器的运行将同时受 TRX 位和 $\overline{\text{INTx}}$ 引脚电平的控制。在 TRX = 1 时，若 $\overline{\text{INTx}}$ = 1，则启动计数，若 $\overline{\text{INTx}}$ = 0 时，则停止计数。这一特点可极为方便地用于测试外部输入脉冲的宽度。

例 5-4 照相机快门打开信号接在 $\overline{\text{INT0}}$（P3.2）引脚，使用 T0 并利用门控位 GATE 测照相机快门打开时间。

解 此题实际上就是要求测出外部输入正脉冲的宽度。T0 做定时器使用，TMOD 的门控位 GATE 为 1 且运行控制位 TR0 为 1 时，T0 的启动和关闭就要受 $\overline{\text{INT0}}$ 控制，为此在初始化程序中设置 T0 工作在模式 1，置 GATE = 1，TR0 = 1；一旦 $\overline{\text{INT0}}$（P3.2）引脚出现高电平，T0 开始对机器周期 T 计数，直到 $\overline{\text{INT0}}$ 出现低电平，T0 停止计数；然后读出 T0 的计数值并保存，此计数值乘以机器周期就可以得到快门打开时间。测试过程如图 5-8 所示。

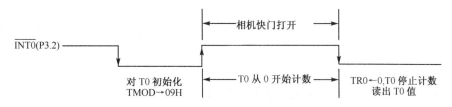

图 5-8　测相机快门打开时间原理图

下面是 T0 对相机快门打开时间计数的程序，计数结果存放在 30H 和 31H 两个单元中。

```
    MOV    TMOD, #09H      ;设 T0 工作在模式 1, 定时功能, GATE=1
    MOV    TL0, #00H       ;设置计数初值为 0
    MOV    TH0, #00H
    MOV    R0, #30H        ;地址指针送 R0
    JB     P3.2, $         ;INT0 为高电平, 等待
    SETB   TR0             ;INT0 变低时, TR0 置 1, 准备启动 T0
    JNB    P3.2, $         ;INT0 为低电平, 等待
    JB     P3.2, $         ;INT0 为高电平, T0 工作, 并等待 INT0 变低
    CLR    TR0             ;INT0 变低, T0 停止工作
    MOV    @R0, TL0        ;读取计数值并保存
    INC    R0              ;修改地址
    MOV    @R0, TH0        ;读取计数值高 8 位并保存
```

设 f_{osc} = 12 MHz，则这种方案的最大被测脉冲宽度为 65536 μs，由于靠软件启动和停止计数有一定的测量误差，其最大可能的误差应由有关指令的时序确定。

5.4.6　运行中读定时/计数器

例 5-4 中，在读取定时器的计数值之前，已停止计数。但是在某些情况下，不希望在读

计数值时打断计数的过程。虽然 89C51 单片机中，随时可以读取计数寄存器 THX 和 TLX，但在读取时需要特别加以注意。如不注意，则读取的计数值就很有可能出错，因为不可能在同一时刻读取 THX 和 TLX 的内容。比如，先读（TLX），然后读（THX），由于定时器在不断运行，读（THX）前，若恰好产生 TLX 溢出向 THX 进位的情形，则读得的（TLX）值就完全不对了。同样，先读（THX），再读（TLX）也可能出错。

  一种可解决错读问题的方法是：先读（THX），后读（TLX），再读（THX），若 2 次读得的（THX）没有发生变化，则可确定读得的内容是正确的。若前后 2 次读得的（THX）有变化，则再重复读得的内容就应该是正确的了，下面是有关的程序，读取的（TH0）和（TL0）放置在 R1 和 R0 内：

```
RDTIME: MOV    A, TH0           ;读（TH0）
        MOV    R0, TL0          ;读（TL0）
        CJNE   A, TH0, RDTIME   ;比较 2 次读的（TH0），必要时重复上述过程
        MOV    R1, A
        RET
```

  以上所举定时器例题均采用查询方式，使 CPU 在执行其他操作时要不断查询定时器，影响了 CPU 的工作效率，没有体现出定时器能独立运行的优越性，因而最好是采用中断方式工作，在第 7 章将介绍定时器的中断工作方式。

思考题与习题

  5-1 89C51 单片机的内部设有几个定时/计数器？它们是由哪些特殊功能寄存器组成？

  5-2 89C51 单片机的定时/计数器在什么情况下是定时器？在什么情况下是计数器？两者脉冲来源是否一样？

  5-3 简述定时/计数器 4 种工作模式的特点，如何选择和设定？

  5-4 当定时/计数器用作定时器时，其定时时间与哪些因素有关？作计数器时，对外部计数频率有何限制？对外部输入信号电平有何限制？

  5-5 如何判断 T0、T1 定时/计数溢出？

  5-6 89C51 单片机的 T0 和 T1 在模式 3 时有何不同？

  5-7 当 T0 工作于模式 3，由于 TR1 位已被 T0 占用，如何控制 T1 的开启和关闭？

  5-8 试问当（TMOD）= 27H 时，是怎样定义 T0 和 T1 的？

  5-9 系统复位后执行下述指令，试问 T0 的定时时间为多长？

```
        MOV    TH0, #06H
        MOV    TL0, #00H
        SETB   TR0
        …
```

  5-10 按下列要求设置 TMOD。

(1) T0 为计数器、模式 1、运行与 $\overline{INT0}$ 有关，T1 为定时器、模式 2、运行与 $\overline{INT1}$ 无关；

(2) T0 为定时器、模式 0、运行与 $\overline{INT0}$ 有关，T1 为计数器、模式 2、运行与 $\overline{INT1}$ 有关；

(3) T0 为计数器、模式 2、运行与 $\overline{INT0}$ 无关，T1 为计数器、模式 1、运行与 $\overline{INT1}$ 有关；

(4) T0 为定时器、模式 3、运行与 $\overline{INT0}$ 无关，T1 为定时器、模式 2、运行与 $\overline{INT1}$ 无关。

5-11 按下列要求计算定时初值，并置入相应的 TH0/TL0、TH1/TL1 中。

(1) f_{osc} = 12 MHz、T0 模式 1，定时 50 ms；

(2) f_{osc} = 6 MHz、T1 模式 2，定时 300 μs；

(3) f_{osc} = 4 MHz、T0 模式 3，TH0 定时 600 μs，TL0 定时 450 μs。

5-12 已知 89C51 单片机的晶振频率为 6 MHz，请编程实现从 P1.1 引脚输出 1000 Hz 方波。

5-13 已知 89C51 单片机的晶振频率为 6 MHz，请编程实现利用定时器 T1 和 P1.2 输出矩形波，矩形波高电平宽为 50 μs，低电平宽为 350 μs，如题 5-13 图所示。

5-14 设 89C51 单片机的系统晶振频率为 6 MHz，试用 T1 作计数器，编程实现每计 1000 个脉冲，使 T0 开始 2 ms 定时，定时到后，T1 又开始计数，这样循环操作。

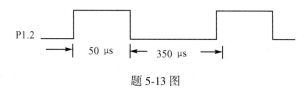

题 5-13 图

第 6 章 串行接口

串行通信是 CPU 与外界交换信息的一种基本通信方式,本章将介绍串行通信的一般知识和 89C51 单片机串行接口的结构、原理及应用。

6.1 串行通信的基础知识

计算机与外界的信息交换称为通信。通信的基本方式可分为并行通信和串行通信两种。

并行通信是指数据的各位同时进行传送。其优点是传送速度快,缺点是数据有多少位,就需要多少根传输线,适合于近距离传输。

串行通信是指数据的各位按顺序一位一位传送。其优点是只需一对传输线(如电话线),占用硬件资源少,从而降低了传输成本,特别适用于远距离通信,缺点是传送速度较慢。

6.1.1 串行通信的两种基本方式

串行通信分为异步通信和同步通信两种基本方式。

1. 异步通信方式

异步通信时,数据是以字符为单位进行传送的。一个字符又称为一帧信息,每个字符由 4 个部分组成:起始位、数据位、奇偶校验位和停止位。这样一组信息就称为一帧数据或简称一帧,一帧信息由起始位开始,停止位结束。异步通信的字符格式如图 6-1 所示。

图 6-1 异步通信的字符格式

起始位为 0 信号,占用 1 位,用来表示一帧信息的开始;其后就是数据位,它可以是 5 位、6 位、7 位或 8 位,传送时低位在先、高位在后;再后面的是奇偶校检位(可编程位),只占 1 位;最后是停止位,它用逻辑 1 来表示一帧信息的结束,可以是 1 位、1 位半或 2 位。

异步通信的特点是数据在线路上的传送不连续,传送时,字符间隔不固定,各个字符可以是连续传送,也可以是间断传送,这完全取决于通信协议或约定。间断传送时,在停止位后,线路上自动保持为 1。

在异步通信时,通信双方必须事先约定。

(1) 字符格式。双方要事先约定字符的编码形式、奇偶校验形式及起始位和停止位的规定。例如用 ASCII 码通信，有效数据为 7 位，加 1 个奇偶校验位、1 个起始位和 1 个停止位共 10 位。当然停止位也可以大于 1 位。

（2）波特率。波特率就是传送速率，即每秒传送的二进制位数，单位为波特或 bit/s。

波特率与字符的传送速率之间的关系为：波特率等于一个字符的二进制编码位数乘字符/秒，要求发送端与接收端的波特率必须一致。

异步串行通信的波特率一般为 50～9 600 bit/s，高低不等。常用于计算机到 CRT 终端和字符打印机之间的通信、直通电报、无线电通信的数据发送及工业现场的数据远传等。

2. 同步通信方式

异步通信由于要在每个数据前后附加起始位、停止位，每发送一个字符约有 20% 的附加数据，占用了传输时间，降低了传送效率。同步通信则去掉每个数据的起始位和停止位，把要发送的数据按顺序连接成一个数据块，其中每个数据也由 5～8 位组成。在数据块的开头附加 1～2 个同步字符，在数据块的末尾加差错校验字符。同步通信的数据格式如图 6-2 所示，在数据块内部，数据与数据之间没有间隙。

同	步	字	符	数据 1	数据 2	…	数据 N	校验字符 1	校验字符 2	同	步	字	符

图 6-2 同步通信的数据格式

同步通信时，先发送同步字符，数据发送紧随其后。接收方检测到同步字符后，即开始接收数据，按约定的长度拼成一个个数据字节，直到整个数据接收完毕，经校验无传送错误则结束一帧信息的传送。若发送的数据块之间有间隔，则发送同步字符填充。

同步通信进行数据传输时，发送和接收双方要保持完全的同步，因此要求发送和接收设备必须使用同一时钟。在近距离通信时可以采用在传输线中增加一根时钟信号线来解决；远距离通信时，可以通过解调器从数据流中提取同步信号，用锁相技术使接收方得到和发送方时钟频率完全相同的时钟信号。

如上所述，异步通信技术较为简单，应用范围广；同步通信传输速率高，适用于高速率、大容量的数据通信，但硬件复杂。

6.1.2　串行通信的数据传送方式

串行通信的数据传送方式有以下 3 种。

（1）单工方式。如图 6-3（a）所示，单工方式的数据传送是单向的，一方（A 端）固定为发送端，另一方（B 端）固定为接收端。单工方式只需要一条数据线。

（2）半双工方式。如图 6-3（b）所示，半双工方式的数据传送是双向的，数据既可以从 A 端发送到 B 端，又可以由 B 端发送到 A 端，不过在同一时间只能做一个方向的传送。半双工方式需要一条数据线。

（3）全双工方式。如图 6-3（c）所示，全双工方式的数据传送是双向的，A、B 两端既可同时发送，又可同时接收。全双工方式需要两条数据线。

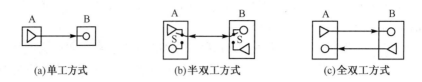

图 6-3　串行通信数据传送的 3 种方式

6.1.3　串并转换和串行接口

CPU 通常是并行的输入/输出数据，但和某些外部设备或其他计算机交换信息时可采用串行通信方式。这就要求把从 CPU 来的并行数据转换为串行数据送给 I/O 设备，或者把 I/O 设备送来的串行数据转换为并行数据送给 CPU。为了实现这样的串并转换，应使用专门的串行接口电路再加以适当的软件配合来完成。

现在市场上有各种各样的串行接口芯片，并且大多是可编程的多功能芯片，统称为通用异步接收/发送器——UART，或者是通用同步接收/发送器——USART。

UART 的基本组成是接收器、发送器和控制器。它的主要功能有以下几点。

（1）把并行数据转换为串行数据或者把串行数据转换为并行数据，这主要由发送器或接收器来完成。

（2）完成格式信息的插入和滤除及错误校验。格式信息是指异步通信中的起始位、奇偶位和停止位等，这部分工作由控制器完成。

6.2　89C51 单片机的串行接口

对于单片机来说，为了进行串行通信，同样也需要有相应的串行接口电路。只不过这个接口电路不是单独的芯片，而是集成在单片机芯片的内部，成为单片机芯片的一个组成部分。89C51 单片机有一个全双工的串行口，这个口既可以用于网络通信，也可以实现串行异步通信，还可以作为同步移位寄存器使用。

6.2.1　89C51 单片机串行口的结构

89C51 单片机串行口主要由发送数据缓冲器、发送控制器、输出控制门、接收控制器、输入移位寄存器、接收数据缓冲器等组成，如图 6-4 所示。发送缓冲器只能写入，不能读出，接收缓冲器只能读出，不能写入，故两者使用同一个符号（SBUF），占用同一个地址（99H）。通过使用不同的读、写缓冲器的指令来决定是对哪一个缓冲器进行操作。例：执行 MOV　SBUF, A 指令，是将数据写入发送缓冲器，执行 MOV　A, SBUF 指令，是从接收缓冲器中读取数据。串行口还有两个专用寄存器 SCON、PCON, SCON 用来存放串行口的控制和状态信息, PCON 用于改变串行通信的波特率, 波特率发生器可由定时器 T1 构成。89C51 单片机串行口正是通过对上述专用寄存器的设置、检测与读取来管理串行通信。

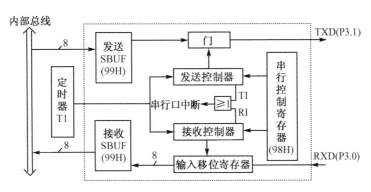

图 6-4 串行口结构框图

使用串行接口以后，串行收、发的工作主要由串行接口来完成。在发送时，由 CPU 执行一条写指令把数据写入发送缓冲器，则启动串行口一位一位地向外发送。与此同时接收端也可以一位一位地接收数据，直到把一组数据接收完，送入接收缓冲器，然后通知 CPU，CPU 执行一条读指令把接收缓冲器的内容读入。可见，在整个串行收、发过程中，CPU 操作的时间很少，使得 CPU 还可以从事其他各种操作，从而大大提高了 CPU 的效率。

6.2.2 89C51 单片机串行口的控制

串行口的工作主要受串行口控制寄存器 SCON 的控制，另外也和电源控制寄存器 PCON 有关。

1. 串行口控制寄存器 SCON

串行口控制寄存器 SCON 用于设定串行口的工作模式、接收/发送控制及设置状态标志，字节地址 98H，可位寻址，其格式为：

D7	D6	D5	D4	D3	D2	D1	D0
SM0	SM1	SM2	REN	TB8	RB8	TI	RI

SM0、SM1：串行口工作模式选择位，可选择 4 种工作模式，如表 6-1 所示。

表 6-1 串行口的工作模式

SM0	SM1	工作模式	功能说明	波 特 率
0	0	模式 0	同步移位寄存器方式	$f_{osc}/12$
0	1	模式 1	10 位异步接收发送	可变（由定时器控制）

续表

SM0	SM1	工作模式	功能说明	波 特 率
1	0	模式 2	11 位异步接收发送	$f_{osc}/32$ 或 $f_{osc}/64$
1	1	模式 3	11 位异步接收发送	可变（由定时器控制）

SM2：多机通信控制位。主要用于模式 2 和模式 3。若 SM2 = 1，则允许多机通信。

在主—从式多机通信中，SM2 用于从机的接收控制，当 SM2 = 1 时，从机可接收地址帧，若接收到的第 9 位数据（RB8）为 0 时（数据帧），不启动接收中断标志 RI（RI = 0），并且将接收到的前 8 位数据丢弃；只有当 RB8 为 1 时（地址帧），才将接收到的前 8 位数据送入 SBUF 中，并置位 RI，以产生中断申请。当 SM2 = 0 时，从机可接收所有信息，即接收到一帧数据后，不论第 9 位数据是 0 还是 1，都置 RI = 1，接收到的数据装入 SBUF 中。

在模式 1 时，若 SM2 = 1，则只有接收到有效停止位时，RI 才置 1，以便接收下一帧数据；在模式 0 时，SM2 必须是 0。

REN：允许接收控制位。只有当 REN = 1 时，允许接收数据；若 REN = 0 时，则禁止接收。该位相当于串行接收的开关，由软件置 1 或清零。

TB8：在模式 2 和模式 3 中，TB8 是发送数据的第 9 位，根据发送数据的需要由软件置位或复位。它可作为奇偶校验位（单机通信），也可在多机通信中作为发送地址帧或数据帧的标志位。多机通信时，一般约定：发送地址帧时，设置 TB8 = 1；发送数据帧时，设置 TB8 = 0。在模式 0 或模式 1 中，该位未用。

RB8：在模式 2 或模式 3 中，RB8 为接收数据的第 9 位，它既可以是约定的奇偶校验位，也可以是约定的地址/数据标志位，可根据 RB8 被置位的情况对接收数据进行某种判断。例如多机通信时，若 RB8 = 1，说明收到的数据为地址帧；RB8 = 0，收到的数据为数据帧。在模式 1 时，若 SM2 = 0（不是多机通信情况），则 RB8 是已接收到的停止位。模式 0 中该位未用。

TI：发送中断标志，在一帧数据发送结束时由硬件置位。在模式 0 中，串行发送完 8 位数据时，或其他模式串行发送到停止位的开始时由硬件置位。TI = 1 表示"发送缓冲器已空"，通知 CPU 可以发送下一帧数据。TI 位可作为查询，也可作为中断申请标志位，TI 不会自动复位，必须由软件清零。

RI：接收中断标志，在接收到一帧有效数据后由硬件置位。在模式 0 中，接收完 8 位数据后，或其他方式中接收到停止位时由硬件置位。RI = 1 表示一帧数据接收完毕，并已装入接收缓冲器中，即表示"接收缓冲器已满"，通知 CPU 可取走数据。该位可作为查询，也可作为中断申请标志位，同样 RI 不会自动复位，必须由软件清零，以准备接收下一帧数据。

2. 电源控制寄存器 PCON

PCON 是为了在 CHMOS 的 89C51 单片机上实现电源控制而设置的，字节地址为 87H，不可位寻址，PCON 的内容如下：

D7	D6	D5	D4	D3	D2	D1	D0
SMOD	—	—	—	GF1	GF0	PD	IDL

其中，PCON 的低 4 位是 CHMOS 器件的掉电方式控制位，这里不做介绍（详见 2.7 节）。

在 HMOS 的单片机中，PCON 寄存器中只有最高位 SMOD 与串行口的工作有关，其他位都是虚设的。

SMOD 称为波特率倍增位。在模式 1、模式 2、模式 3 时，若 SMOD=1，则波特率提高一倍；若 SMOD=0，则波特率不加倍。复位时，PCON=00H。

6.2.3 波特率设计

在串行通信中，收发双方对发送或接收的数据速率要有一定的约定，通过软件对 89C51 单片机的串行口编程可设置 4 种工作模式。其中，模式 0 和模式 2 的波特率是固定的，而模式 1 和模式 3 的波特率是可变的，由定时器 T1 或 T2 的溢出率决定。

串行口的 4 种工作模式对应着 3 种波特率。由于输入的移位时钟来源不同，所以各种模式的波特率计算公式也不同。

1. 模式 0 的波特率

在模式 0 时，每个机器周期产生一个移位时钟，发送或接收一位数据。所以，波特率固定为振荡频率的 1/12，且不受 SMOD 的影响。即

$$模式 0 的波特率 = \frac{f_{osc}}{12}$$

2. 模式 2 的波特率

模式 2 波特率的产生与模式 0 不同，模式 2 的波特率由系统的振荡频率 f_{osc} 和 PCON 的最高位 SMOD 确定，当 SMOD=0 时，波特率为 $f_{osc}/64$；若 SMOD=1，则波特率为 $f_{osc}/32$，即

$$模式 2 的波特率 = \frac{2^{SMOD}}{64} \cdot f_{osc}$$

3. 模式 1 和模式 3 的波特率

模式 1 和模式 3 的移位时钟脉冲由定时器 T1 的溢出率决定，故波特率由定时器 T1 的溢出率与 SMOD 值共同决定，即

$$模式 1 和模式 3 的波特率 = \frac{2^{SMOD}}{32} \cdot T1 的溢出率$$

当 T1 做波特率发生器使用时，最典型的用法是使 T1 工作在模式 2（初值自动加载），定时功能，若计数初值为 X，则每过"$256-X$"个机器周期，定时器 T1 就会产生一次溢出。

为了避免因溢出而引起中断，此时应禁止中断。这时，溢出周期为

$$\frac{12}{f_{osc}}(256-X)$$

溢出率为溢出周期的倒数，所以

$$波特率 = \frac{2^{SMOD}}{32} \cdot \frac{f_{osc}}{12(256-X)}$$

此时，定时器T1工作在模式2时的初值为

$$X = 256 - \frac{f_{osc}(SMOD+1)}{384 \cdot 波特率}$$

例 6-1 已知89C51单片机系统晶振频率为11.059 2 MHz，选用定时器T1工作模式2做波特率发生器，波特率为2 400 bit/s，求初值 X。

解 设波特率选择位 SMOD=0，则有

$$X = 256 - \frac{11.059\ 2 \times 10^6 \times (0+1)}{384 \times 2\ 400} = 244 = F4H$$

所以，(TH1)=(TL1)=F4H。

系统晶振频率选为11.059 2 MHz是为了使初值为整数，从而产生精确的波特率。

如果串行通信选用很低的波特率，可将定时器T1置于模式0或模式1，即13位或16位定时方式。在这种情况下，T1溢出时，需重装初值，从而会使波特率产生一定的误差。此时，可用改变初值的办法加以调整。

表 6-2 列出了各种常用的波特率及其初值。

表 6-2 常用波特率与其他参数的关系

波特率/（bit/s）	f_{osc}/MHz	SMOD	定时器		
			C/T	模式	初值
模式0：1 M	12	×	×	×	×
模式2：375 k	12	1	×	×	×
模式1、模式3：62.5 k	12	1	0	2	FFH
19.2 k	11.059	1	0	2	FDH
9.6 k	11.059	0	0	2	FDH
4.8 k	11.059	0	0	2	FAH
2.4 k	11.059	0	0	2	F4H
1.2 k	11.059	0	0	2	E8H
137.5	11.986	0	0	2	1DH
110	6	0	0	2	72H
110	12	0	0	1	FEEBH

6.3 串行口工作模式

89C51 单片机通过软件编程可使串行口有 4 种工作模式,由 SCON 中的 SM0、SM1 两位进行定义。

6.3.1 模式 0

模式 0 是同步移位寄存器输入/输出方式,用于扩展 I/O 口。8 位串行数据的输入或输出都是通过 RXD 端,而 TXD 端用于送出同步移位脉冲,作为外接器件的同步移位信号。波特率固定为 $f_{osc}/12$。

模式 0 以 8 位为一帧数据,没有起始位和停止位,低位在前、高位在后,其帧格式为:

…	D0	D1	D2	D3	D4	D5	D6	D7	…

模式 0 的发送是在 TI=0 的情况下,由一条写发送缓冲器的指令开始。例如

```
MOV SBUF, A
```

CPU 执行完该指令,串行口即将 8 位数据从 RXD 端送出(低位在前),同时在 TXD 端发出同步移位脉冲。8 位数据发送完毕后,由硬件置位 TI=1,可通过查询 TI 位来确定是否发送完一组数据,TI=1 表示发送缓冲器已空;TI=1 也可作为中断请求信号,申请串行口发送中断。当要发送下一组数据时,需用软件使 TI 清零,然后才可发送下一组数据。

模式 0 的接收是在 RI=0 和 REN=1 的条件下,启动串行口接收。接收数据由 RXD 端输入(低位在前),TXD 端仍发出同步移位脉冲。接收到 8 位数据以后,由硬件使 RI=1。可通过查询 RI 位来确定是否接收到一组数据,RI=1 表示接收数据已装入接收缓冲器,可以由 CPU 用指令读取;RI=1 也可作为中断请求信号,申请串行口接收中断。当 CPU 读取数据后,需用软件使 RI 清零,以准备接收下一组数据。

在模式 0 中,SCON 寄存器中的 SM2、RB8、TB8 都不起作用,一般设它们为零即可。

6.3.2 模式 1

串行口定义为模式 1 时,是串行异步通信方式。TXD 为数据发送端,RXD 为数据接收端。波特率可变,由定时器 T1 的溢出率及 SMOD 位决定。一帧数据由 10 位组成,包括 1 位起始位、8 位数据位、1 位停止位,其帧格式为:

起始	D0	D1	D2	D3	D4	D5	D6	D7	停止

模式 1 的发送也是在 TI=0 时由一条写发送缓冲器 SBUF 的指令开始的。启动发送后,串行口自动地插入一位起始位(逻辑 0),接着是 8 位数据(低位在前),然后又插入一位停

止位（逻辑 1），在发送移位脉冲作用下，依次由 TXD 端发出。一帧信息发完之后，自动维持 TXD 端的信号为 1。在 8 位数据发完之后，也就是在插入停止位时，使 TI 置 1，用以通知 CPU 可以发送下一帧数据。

模式 1 发送时的定时信号，也就是发送移位脉冲，是由定时器 1 送来的溢出信号经过 16 或 32 分频（取决于 SMOD 的值是 0 还是 1）而取得的。因此，模式 1 的波特率受定时器控制，可以随着定时器初值的不同而变化。

模式 1 的接收是在 REN 置 1 的前提下，串行口采样引脚 RXD（P3.0）。在无信号时，RXD 端的状态为 1，当采样到 1 至 0 的跳变时，确认是起始位"0"，就开始接收一帧数据。在接收移位脉冲的控制下，把收到的数据一位一位地送入输入移位寄存器，直到 9 位数据全部收齐（包括一位停止位）。当 RI = 0 且停止位为 1 或者 SM2 = 0 时，8 位数据送入接收缓冲器 SBUF，停止位进入 RB8，同时使 RI 置 1；否则，8 位数据不装入 SBUF，放弃接收的结果。所以，模式 1 接收时，应先用软件清除 RI 或 SM2 标志。

在接收操作时，定时信号有两种：一种是接收移位脉冲，它的频率和发送波特率相同，也是由定时器 1 的溢出信号经过 16 或 32 分频而得到的；另一种是接收字符的检测脉冲，它的频率是接收移位脉冲的 16 倍，即在接收一位数据的期间，有 16 个检测脉冲，并以其中的第 7、第 8、第 9 这 3 个脉冲作为真正的对接收信号的采样脉冲。对这 3 次采样结果采取三中取二的原则来决定所检测到的值。采取这种措施的目的在于抑制干扰。由于采样信号总是在接收位的中间位置，这样既可以避开信号两端的边沿失真，也可以防止由于收发时钟频率不完全一致而带来的接收错误。

6.3.3 模式 2

模式 2 也是串行异步通信方式。TXD 为数据发送端，RXD 为数据接收端。一帧数据由 11 位组成，包括 1 位起始位、8 位数据位、1 位可编程位、1 位停止位，其帧格式为：

模式 2 的波特率是固定的，且有两种：一种是 $f_{osc}/32$，另一种是 $f_{osc}/64$。

模式 2 的发送包括 9 位有效数据，在启动发送之前，要把发送的第 9 位数值装入 SCON 寄存器中的 TB8 位，这第 9 位数据起什么作用串行口不做规定，完全由用户来安排。用户需根据通信协议用软件设置 TB8（如做奇偶校验位或地址/数据标志位）。

准备好 TB8 的值以后，在 TI = 0 的条件下，就可以执行一条写发送缓冲器 SBUF 的指令来启动发送。串行口能自动把 TB8 取出，并装入到第 9 位数据的位置，逐一发送出去。发送完毕，使 TI 置 1。这些过程与模式 1 基本相同。

模式 2 的接收与模式 1 基本相似。不同之处是要接收 9 位有效数据。在模式 1 时是把停止位当做第 9 位数据来处理，而在模式 2（或模式 3）中存在着真正的第 9 位数据。因此，接收数据真正有效的条件为：

(1) RI=0；

(2) SM2=0 或收到的第 9 位数据为 1。

第一个条件是提供"接收缓冲器已空"的信息，即 CPU 已把 SBUF 中上次收到的数据读走，允许再次写入；第二个条件则提供了根据 SM2 的状态和所接收到的第 9 位状态来决定接收数据是否有效。若第 9 位是一般的奇偶校验位（单机通信时），应令 SM2=0，以保证可靠的接收；若第 9 位作为地址/数据标志位（多机通信时），应令 SM2=1，则当第 9 位为 1 时，接收的信息为地址帧，串行口将接收该组信息。

若上述两个条件成立，接收的前 8 位数据进入 SBUF 以准备让 CPU 读取，接收的第 9 位数据进入 RB8，同时置位 RI。若以上条件不成立，则这次接收无效，放弃接收结果，即 8 位数据不装入 SBUF，也不置位 RI。

6.3.4 模式 3

模式 3 同样是串行异步通信方式，其一帧数据格式，接收、发送过程与模式 2 完全相同，所不同的仅在于波特率。模式 2 的波特率只有固定的两种，而模式 3 的波特率由定时器 T1 的溢出率及 SMOD 决定，这一点与模式 1 相同。

6.4 串行口应用举例

89C51 单片机的串行口基本上是异步通信接口，利用串行口控制寄存器 SCON 中的有关控制位，还可以实现多机通信。本节将介绍 89C51 单片机的串行口在做 I/O 口扩展及一般异步通信和多机通信中的应用。

6.4.1 用串行口扩展 I/O 口

串行口的模式 0 不属于通信，它的主要用途是可以和外接的移位寄存器结合来进行并行 I/O 口的扩展。这种方法不占用片外 RAM 地址，而且还能简化单片机系统的硬件结构，缺点是操作速度较慢。当串行口别无他用时，就可利用串行口模式 0 来扩展并行 I/O 口。此处将给出实用电路和简单的控制指令。

1. 扩展并行输出口

89C51 单片机的串行口在模式 0 时外接一个串入/并出的移位寄存器，就可以扩展一个 8 位并行输出口。所用的移位寄存器应该带有输出允许控制端，这样可以避免在数据串行输入时，并行输出端出现不稳定的输出。

图 6-5（a）是使用串入/并出移位寄存器 CD4094（也可用 74LS164）扩展并行输出口的接口电路。移位寄存器的 STB 为输出允许控制端，STB=1 时，打开输出控制门，实现并行输出。

串行口模式 0 的数据输出可以采用中断方式，也可以采用查询方式，但无论采用哪种方式都要借助于 TI 标志。采用中断方式时，是靠 TI 置位后产生中断申请，在中断服务程序中发送下一组数据；采用查询方式时，需查询 TI 的值，只要 TI 为 0 就继续查询，直到 TI 为 1 后结束查询，然后进入下一组数据的发送。

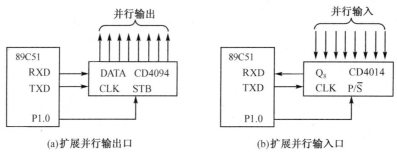

图 6-5 利用串行口扩展并行 I/O 口

无论采用什么方式，在使用串行口之前，都要先对 SCON 寄存器初始化，进行工作模式的设置。

在模式 0 时，SCON 寄存器的初始化只需把 00H 送入 SCON 即可。

例 6-2 用 89C51 串行口外接 CD4094 扩展 8 位并行输出口，8 位输出端的各位都接一个发光二极管。要求编程实现：发光二极管从左到右以一定延迟轮流点亮，并不断循环。假设发光二极管为共阴极型，则电路连接如图 6-6 所示。

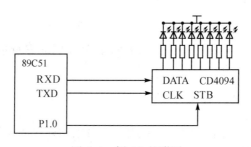

图 6-6 例 6-2 的附图

解 数据的串行发送采用查询方式，显示的延迟由延时程序 DELAY 实现。编程如下：

```
        ORG 0200H
BFS0:   MOV SCON , #00H      ;串行口模式 0 的初始化
        CLR ES               ;禁止串行中断
        MOV A , #80H         ;拟先点亮最左边一位发光二极管
LOOP:   CLR P1.0             ;关闭并行输出
        MOV SBUF , A         ;输出数据送 SBUF，启动串行输出
        JNB TI , $           ;查询 TI，若 TI=0，未发送完，等待
        SETB P1.0            ;TI=1，发送完毕，启动并行输出
```

```
              ACALL  DELAY              ;调延时程序
              CLR    TI                 ;清 TI
              RR     A                  ;右移一位,准备显示下一位
              SJMP   LOOP               ;转移,继续发送
              RET
```

上述程序对数据的发送是采用查询等待的方式,如有必要,可改用中断方式。

2. 扩展并行输入口

在模式 0 时外接一个并入/串出的移位寄存器,就可以扩展一个 8 位并行输入口。如图 6-5(b)所示是使用并入/串出移位寄存器 CD4014(也可用 74LS165)扩展并行输入口的接口电路。移位寄存器必须带有预置/移位的控制端,CD4014 的 P/S̄为预置/移位控制端,当 P/S̄=1 时,8 位数据并行置入移位寄存器;P/S̄=0 时,移位寄存器中的数据串行移位输出。

串行口模式 0 的数据输入同样可采用中断方式,也可采用查询方式,这两种方式均需借助于 RI 标志。靠 RI 置位后引起中断或对 RI 查询来决定何时读取接收的数据。

例 6-3 用 89C51 串行口外接 CD4014 扩展 8 位并行输入口,输入数据由 8 个开关提供,另有一个开关 S 提供联络信号,电路连接如图 6-7 所示。当 S=0 时,要求输入数据,并连续输入 8 组数据,读入的数据转存到内部 RAM 40H 开始的单元中。试编程实现。

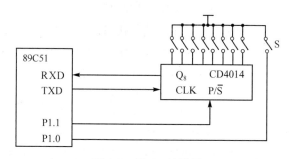

图 6-7 例 6-3 的附图

解 用串行口模式 0 接收数据,初始化时应使 REN 为 1,采用查询方式输入数据。

```
              ORG    0300H
       BJS0:  JB     P1.0 , LOOP2       ;开关 S 未闭合,转子程序返回
              MOV    R6 , #08H          ;S 闭合,读入次数送 R6
              MOV    R1 , #40H          ;存放数据的首地址送 R1
              CLR    ES                 ;禁止串行中断
              MOV    SCON , #10H        ;设工作模式 0,RI 清零,并启动接收
       LOOP:  SETB   P1.1               ;P/S̄=1,并行置入开关数据
              CLR    P1.1               ;P/S̄=0,开始串行移位
       LOOP1: JNB    RI , LOOP1         ;查询 RI,若 RI=0,未接收完,等待
```

```
        CLR   RI              ;接收完,清 RI,准备接收下一个数据
        MOV   A,SBUF           ;读取数据到累加器
        MOV   @R1,A            ;送内部 RAM 区
        INC   R1               ;修改地址,指向下一个地址单元
        DJNZ  R6,LOOP          ;计数器 R6 减 1,不为零,转接收数据
LOOP2:  RET                    ;接收完,子程序返回
```

6.4.2 单片机双机通信技术

双机通信也称为点对点的异步通信。利用单片机的串行口,可以实现单片机与单片机、单片机与通用微机间点对点的串行通信。在进行双机通信时,是通过双方的串行口进行的,其串行接口的硬件连接方式有多种,应根据实际需要进行选择。

1. 串行接口的硬件连接

1) TTL 电平信号直接传输

当通信双方传输距离近时(小于 5 m),可以采用单片机自身的 TTL 电平直接传输信息,这时双方的串行口可以直接连接,如图 6-8 所示。

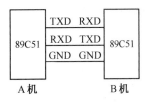

图 6-8 TTL 电平传输的连接方式

2) RS-232C 电平信号传输

当通信双方距离较近时(小于 15 m),可采用 RS-232C 电平信号传输。RS-232C 通信接口是一种标准的串行接口,其通信标准在国际上得到了广泛的应用。在电气特性上 RS-232C 采用负逻辑,要求高、低两信号间有较大的幅度,标准规定如下。

逻辑"1": $-5 \sim -15$ V。

逻辑"0": $+5 \sim +15$ V。

而单片机的信号电平是与 TTL 电平兼容的,逻辑 1 为大于+2.4 V,逻辑 0 为 0.4 V 以下。很显然,RS-232 信号电平与 TTL 电平不匹配,为了实现两者的连接,必须进行电平转换。一般多采用专用芯片 MC1488 和 MC1489。MC1488 是长线传输驱动器,能完成 TTL 电平到 RS-232 电平的转换,MC1489 是长线传输接收器,能完成 RS-232 电平到 TTL 电平的转换。还可以采用新型的专用芯片 MAX232,MAX232 为单一+5 V 供电,内置自升压电平转换电路,一个芯片能同时完成发送转换和接收转换的双重功能。其引脚及连接如图 6-9 所示,说明如下。

(1) C1+、C1-、C2+、C2-:外接电容端。

(2) R1IN、R2IN:两路 RS-232C 电平信号输入端,可接传输线。

(3) R1OUT、R2OUT:两路转换后的 TTL 电平输出端,可送单片机的 RXD 端。

(4) T1IN、T2IN:两路 TTL 电平输入端,可接单片机的 TXD 端。

(5) T1OUT、T2OUT:两路转换后的 RS-232C 电平信号输出端,可接传输线。

(6) V+、V-:分别经电容接电源和地。

两个单片机之间采用 RS-232C 电平信号进行双机通信时，其硬件连接方法如图 6-10 所示，电平转换芯片采用 MAX232。其连接一般采用双绞线，传输距离一般不超过 15 m，传输速率小于 20 kbit/s。

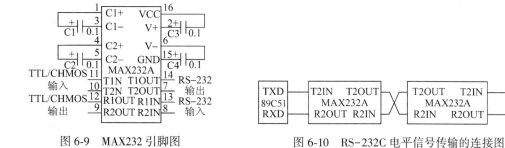

图 6-9　MAX232 引脚图　　　　图 6-10　RS-232C 电平信号传输的连接图

3）RS-422A、RS-485 电平信号传输

当通信双方距离较远时（大于 15 m 以上），可采用 RS-422 或 RS-485C 串行标准进行数据传输。RS-422A 和 RS-485C 标准都是采用双线差分信号传输，能更有效地抑制远距离传输中的信号干扰。它们比 RS-232 标准有更快的传输速率和更远的传输距离，总线驱动能力和抗干扰能力更强，且有的电平转换芯片带三态控制，可以方便地实现总线缓冲隔离。这两个串行标准在传输距离为 100 m 时，速率可达 1 Mbit/s 以上；传输距离为 1 000 m 时，速率可达 100 kbit/s 以上。加中继器后传输距离更远。

目前 RS-422A 与 TTL 的电平转换最常用的芯片是传输线驱动器 SN75174、MC3487、MAX1480 和传输线接收器 SN75175、MC3486、MAX1480 等。为了增加通信距离，减小通道及电源干扰，可以在通信线路上采用光电隔离技术。利用 RS-422A 标准进行双机通信，一种实用的接口电路如图 6-11 所示。

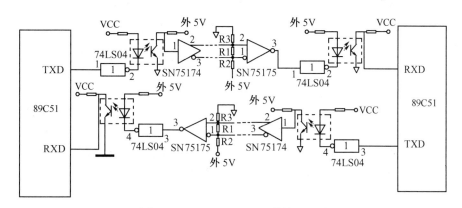

图 6-11　RS-422A 双机通信接口电路

在图 6-11 中，发送方的数据由串行口 TXD 端输出，通过 74LS04 反相驱动后，经光电

耦合器至平衡差分长线驱动器 SN75174 的输入端，SN75174 将输入的 TTL 信号变换成符合 RS-422A 标准的差动信号输出，经传输线（双绞线）将信号传送到接收端。接收方通过平衡差分长线接收器 SN75175 将 RS-422A 接口信号转换成 TTL 电平信号，通过反相驱动后，经光电耦合到达接收方串行口的接收端 RXD。

图 6-11 中每个通道的接收端都有 3 个电阻 R1、R2、R3，其中 R1 为传输线的匹配电阻，取值范围在 100 Ω ～ 1 kΩ 之间，其他两个电阻是为了解决第一个数据的误码而设置的匹配电阻。

还有一点值得注意，光电耦合器必须使用两组独立的电源，方能起到隔离、抗干扰的作用。

2. 双机通信软件设计

为确保通信成功，通信双方必须在软件上有一系列的约定，通常称为软件协议。本例规定双机通信的软件协议如下：

（1）甲、乙双方均采用串行口模式 3。

（2）采用定时器 T1 工作在模式 2 做波特率发生器，波特率为 2 400 bit/s，当系统晶振为 6 MHz 时，计数初值为 F3H，SMOD = 1。

（3）发送方是把片内 RAM 50H ～ 5FH 单元中的数据块从串行口输出，接收方则把接收的数据块存入片外 RAM 2000H ～ 200FH 单元中。

（4）甲、乙双方使用偶校验，发送方通过对 TB8 置 1 或置 0 来保证发送偶数个"1"，接收方接收到有效数据（8 位数据加 RB8）后，要判断是否为偶数个"1"，若为偶数 1，表明接收正确，置 F0 标志为 0。否则，接收出错，置 F0 标志为 1，然后返回。

（5）甲、乙双方均可发送和接收，并且双方均采用查询方式接收和发送数据。

1）编写发送子程序

在使用串行口之前，应对串行口进行初始化编程，主要是设置定时器 T1 的工作模式、装载初值，以满足波特率的要求，确定串行口的工作模式及控制设置。

```
Sout:   MOV    TMOD, #20H    ;设置定时器 T1 为模式 2
        MOV    TL1, #0F3H    ;送入初值
        MOV    TH1, #0F3H
        SETB   TR1           ;启动定时器 T1
        MOV    SCON, #0D0H   ;设置串行口为模式 3，允许接收
        MOV    PCON, #80H    ;设 SMOD=1
        MOV    R0, #50H      ;发送数据首地址送 R0
        MOV    R7, #10H      ;数据块长度送 R7
TRS:    MOV    A, @R0        ;取数据送 A
        MOV    C, P          ;奇偶标志 P 送 C
        MOV    TB8, C        ;根据 P 标志设置 TB8（偶校验）
        MOV    SBUF, A       ;数据送 SBUF，启动发送
```

```
        WAIT:   JBC     TI, CONT        ;查 TI=1，一帧发送完，则转，同时清 TI
                SJMP    WAIT            ;TI=0 未发送完，等待
        CONT:   INC     R0              ;修改数据地址
                DJNZ    R7, TRS         ;一组数据未发送完，继续
                RET                     ;发送完，子程序返回
```

2) 编写接收子程序

```
        Sin:    MOV     TMOD, #20H      ;设置定时器 T1 为模式 2
                MOV     TL1, #0F3H      ;送入初值
                MOV     TH1, #0F3H
                SETB    TR1             ;启动定时器 T1
                MOV     SCON, #0D0H     ;设置串行口为模式 3，允许接收
                MOV     PCON, #80H      ;设 SMOD=1
                MOV     DPTR, #2000H    ;接收数据首地址送 DPTR
                MOV     R7, #10H        ;数据块长度送 R7
        WAIT:   JBC     RI, READ        ;查 RI=1 一帧接收完，则转，同时清 RI
                SJMP    WAIT            ;RI=0 未接收完，等待
        READ:   MOV     A, SBUF         ;读入一帧数据
                JNB     P, PZ           ;奇偶位 P 为 0 则转
                JNB     RB8, ERR        ;P=1，若 RB8=0，则出错，转出错处理
                SJMP    YES             ;P=1，且 RB8=1，则正确，转正确处理
        PZ:     JB      RB8, ERR        ;P=0，若 RB8=1，则出错，转出错处理
        YES:    MOVX    @DPTR, A        ;P=0，且 RB8=0，则正确，存放数据
                INC     DPTR            ;修改存放数据的地址
                DJNZ    R7, WAIT        ;一组数据未接收完，继续
                CLR     PSW.5           ;接收完，置接收正确标志
                RET                     ;子程序返回
        ERR:    SETB    PSW.5           ;置出错标志
                RET                     ;子程序返回
```

上述程序是在模式 3 下进行收发，双方约定偶校验，若约定奇校验，发送和接收程序稍加修改即可。

下面介绍在模式 1 下进行双机通信，用累加校验和进行校验的编程方法。

此例规定通信协议和握手信号如下。

(1) 甲、乙双方均采用串行口模式 1。

(2) 采用定时器 T1 工作在模式 2 做波特率发生器，波特率为 2 400 bit/s，当系统晶振为 6 MHz 时，计数初值为 F3H，SMOD=1。

(3) 发送方是把片内 RAM 50H～6FH 单元中的数据块从串行口输出，接收方则把接收的数据块存入片外 RAM 2000H～201FH 单元中。

(4) 甲、乙双方使用累加校验和进行校验。即发送方每发送一个数据求一次"累加和"，一组数据发完后，将所求的"累加和"作为"校验和"发送给接收方。接收方每接收到一个数据也求一次"累加和"，所有数据接收完，将所求的"累加和"与接收到的"校验和"相比较，如两者相等，说明接收正确；否则，接收出错。

(5) 甲机发送数据，乙机接收数据。甲机发送时，先发送一个呼叫信号"A1"，乙机收到后回答一个"B1"的应答信号，表示同意接收。甲机只有收到应答信号"B1"后才开始发送数据。乙机接收数据，若接收正确，向甲机回发"00H"；否则回发"0FFH"，请求重发。甲机收到"00H"的回答后结束发送，否则重新发送数据。

程序流程图如图 6-12 所示。

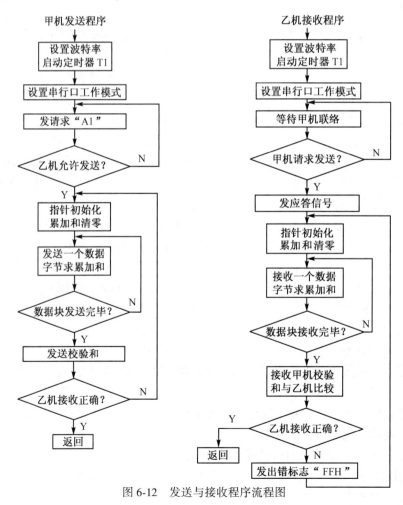

图 6-12　发送与接收程序流程图

甲机发送程序清单如下。

```
            ORG   1000H
A1S:    MOV   TMOD, #20H      ;设置定时器 T1 为模式 2
        MOV   TL1, #0F3H      ;送入初值
        MOV   TH1, #0F3H
        SETB  TR1             ;启动定时器 T1
        MOV   SCON, #50H      ;设置串行口为模式 1,允许接收
        MOV   PCON, #80H      ;设 SMOD=1
AT1:    MOV   SBUF, #0A1H     ;发呼叫信号"A1"
AS1:    JBC   TI, AR1         ;判断是否发送完
        SJMP  AS1             ;未完等待
AR1:    JBC   RI, AR2         ;发送完,接收乙机回答
        SJMP  AR1
AR2:    MOV   A, SBUF         ;读取乙机回答信号到 A 中
        XRL   A, #0B1H        ;检测回答信号是否为"B1"
        JNZ   AT1             ;不是,转继续呼叫
AT2:    MOV   R0, #50H        ;是"B1",发送数据首地址送 R0
        MOV   R7, #20H        ;数据块长度送 R7
        MOV   A, #00H         ;累加和单元清零
AT3:    MOV   SBUF, @R0       ;发送一个数据
        ADD   A, @R0          ;求累加和
        INC   R0              ;地址指针加 1
AS2:    JBC   TI, AT4         ;判断一帧是否发送完
        SJMP  AS2             ;未完等待
AT4:    DJNZ  R7, AT3         ;数据块未发送完,转发送
        MOV   SBUF, A         ;数据块发送完,发送校验和
AS3:    JBC   TI, AR3
        SJMP  AS3
AR3:    JBC   RI, AR4         ;等待、接收乙机的回答
        SJMP  AR3
AR4:    MOV   A, SBUF         ;读取乙机回答信号到 A 中
        JNZ   AT2             ;结果非 0,乙机接收出错,转重新发送
        RET                   ;结果为 0,乙机接收正确,子程序返回
```

乙机接收程序清单:

```
            ORG   2000H
```

```
B1R: MOV   TMOD, #20H      ; 设置定时器 T1 为模式 2
     MOV   TL1, #0F3H      ; 送入初值
     MOV   TH1, #0F3H
     SETB  TR1             ; 启动定时器 T1
     MOV   SCON, #50H      ; 设置串行口为模式 1，允许接收
     MOV   PCON, #80H      ; 设 SMOD=1
BR1: JBC RI, BR2           ; 等待接收甲机的呼叫信号
     SJMP BR1
BR2: MOV A, SBUF           ; 读取呼叫信号到 A 中
     XRL A, #0A1H          ; 检测呼叫信号是否为 "A1"
     JNZ BR1               ; 不是，转等待接收呼叫信号状态
BT1: MOV SBUF, #0B1H       ; 是，向甲机发送同意接收信号 "B1"
BS1: JBC TI, BR3           ; 等待应答信号发送完
     SJMP BS1
BR3: MOV DPTR, #2000H      ; 接收数据首地址送 DPTR
     MOV R7, #20H          ; 数据块长度送 R7
     MOV R6, #00H          ; 累加和寄存器清零
BR4: JBC RI, BR5           ; 等待接收一帧数据
     SJMP BR4
BR5: MOV A, SBUF           ; 读取一帧数据到 A 中
     MOVX @DPTR, A         ; 将接收到的数据存入外部 RAM
     INC DPTR              ; 修改地址指针
     ADD A, R6             ; 求累加和
     MOV R6, A             ; 保存累加和
     DJNZ R7, BR4          ; 判断数据块是否接收完，未完，转接收
BS2: JBC RI, BR6           ; 数据块接收完毕，等待接收校验和
     SJMP BS2
BR6: MOV A, SBUF           ; 读取校验和到 A 中
     XRL A, R6             ; 校验和与累加和做异或运算
     JZ BR7                ; 结果为零，两者相等，则转
     MOV SBUF, #0FFH       ; 两者不等，向甲机发送出错标志
BS3: JBC TI, BR3           ; 转重新接收
     SJMP BS3
BR7: MOV SBUF, #00H        ; 向甲机发送接收正确标志
     RET                   ; 子程序返回
```

以上程序的编写都是采用查询方式,并编写成子程序。也可以采用中断方式进行发送、接收,关于中断方式的发送、接收程序详见7.8节。

6.4.3 单片机多机通信技术

在实际应用中,经常需要多个单片机之间协调工作,即多机通信。利用89C51单片机的串行口可实现多机通信,串行口用于多机通信时必须使用模式2或模式3。

1. 多机通信接口设计

由89C51单片机构成的多机系统,常采用总线型主从式结构,如图6-13所示。

所谓主从式是指在多个单片机组成的系统中,只有一个是主机,其余是从机,主机发送的信息可被各从机接收,而各从机发送的信息只能由主机接收,从机与从机之间不能互相直接通信。根据主机与各从机之间距离的远近、抗干扰性等要求,可选择 TTL 电平传输、RS-232C、RS-422A、RS-485 传输,当然采用不同的通信标准时,还需进行相应的电平转换,有时还要对信号进行光电隔离。在实际的多机应用系统中,常采用 RS-422A 或 RS-485 串行标准进行数据传输。

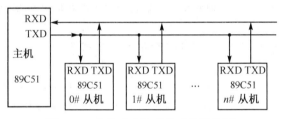

图 6-13 主从式多机通信系统结构图

2. 多机通信原理

多机通信的实现,主要靠主、从机正确地设置与判断多机通信控制位 SM2 和发送、接收的第9位数据 (TB8 或 RB8)。当主机给从机发送信息时,要根据发送信息的性质来设置 TB8,发送地址信号时,设置 TB8=1;发送数据或命令时,设置 TB8=0。当从机的 SM2 为1时,该从机只接收地址帧 (RB8 位为1),对数据帧 (RB8 位为0) 将不予理睬。而当 SM2 为0时,该从机接收所有发来的信息。多机通信过程概述如下。

(1) 令所有从机的 SM2 位置1,使它们处于只接收地址帧的状态 (从机复位);

(2) 主机发送一帧地址信息,其中包括8位地址,第9位 (TB8) 为1,以表示发送的是地址;

(3) 从机接收到地址帧后,各自中断 CPU,把接收到的地址与其本机地址做比较;

(4) 地址相符的从机清除其 SM2 标志,准备接收主机发来的数据/命令;地址不符的从机仍维持 SM2=1 不变,对主机发来的数据帧不予理睬,直到主机发来新的地址帧;

(5) 主机发送数据或控制信息 (第9位为0) 给被寻址的从机;

(6) 被寻址的从机,因 SM2=0,可以接收主机发送过来的所有数据,当从机接收数据

结束时,置位 SM2,返回接收地址帧状态(复位状态);

(7)当主机需改为与其他从机通信时,可再发出地址帧来呼叫其他从机。

3. 多机通信软件设计

多机通信软件见第 7 章中断系统的应用。

思考题与习题

6-1 并行通信和串行通信各有什么特点?它们分别适用于什么场合?

6-2 什么是串行异步通信?它有哪些特点?串行异步通信的数据帧格式是怎样的?

6-3 串行通行有哪几种数据传送形式,试举例说明。

6-4 何谓波特率?某异步通信,串行口每秒传送 250 个字符,每个字符由 11 位组成,其波特率应为多少?

6-5 89C51 单片机串行口有几种工作模式?如何选择?简述其特点,并说明这几种工作模式各用于什么场合?

6-6 89C51 单片机 4 种工作模式的波特率如何确定?

6-7 为什么定时器 T1 用做串行口波特率发生器时,常采用工作模式 2?若已知系统晶振频率、通信选用的波特率,如何计算其初值?

6-8 简述如何利用 89C51 单片机的串行口进行并行 I/O 口扩展。

6-9 简述单片机多机通信的原理。

6-10 设计一个 89C51 单片机的双机通信系统,并编写程序将甲机片外 RAM 2200H～2250H 的数据块通过串行口传送到乙机的片外 RAM1400H～1450H 单元中。要求串行口工作在模式 2,系统晶振为 6 MHz,传送时进行奇校验;若出错,置 F0 标志为 1。

第7章 中断系统

中断技术是计算机中一个很重要的技术,它既与硬件有关,也与软件有关,正是因为有了"中断"才使计算机的工作更加灵活、效率更高。

7.1 中断概述

7.1.1 中断的概念

所谓中断,是指 CPU 正在处理某件事情的时候,外部发生了某一事件,请求 CPU 迅速去处理。CPU 暂时中断当前的工作,转入处理所发生的事件,处理完以后,再回来继续执行被中止了的工作,这个过程称为中断。实现这种功能的部件称为中断系统,产生中断的请求源称为中断源,原来正在运行的程序称为主程序,主程序被断开的位置称为断点。计算机采用中断技术,能够极大地提高工作效率和处理问题的灵活性。

执行中断服务程序类似于程序设计中的调用子程序,但两者又有区别,主要区别如表 7-1 所示。

表 7-1 中断服务程序与调用子程序的区别

中断服务程序	调用子程序
随机产生的	程序中事先安排好的
保护断点	保护断点
为外设服务和处理各种事件	为主程序服务

7.1.2 中断技术的优点

计算机采用中断技术,能够极大地提高 CPU 的工作效率和处理问题的灵活性,具有以下优点。

1. 实现分时操作

有了中断功能就能解决快速 CPU 和慢速外设之间的矛盾,可使 CPU、外设同时工作。CPU 在启动外设工作后,继续执行主程序,同时外设也在工作,每当外设做完一件事,就发出中断请求,请求 CPU 中断它正在执行的程序,转去执行中断服务程序,中断处理完之后,CPU 恢复执行主程序,外设也继续工作。这样 CPU 可以命令多个外设同时工作,从而大大提高了 CPU 的利用率。

2. 具有实时处理功能

在实时控制中，现场的各个参数、信息，是随时间和现场情况不断变化的。有了中断功能，外界的这些变化量就可以根据要求，随时向 CPU 发出中断请求，要求 CPU 及时处理，CPU 就可以马上响应，加以处理，这样的及时处理在查询方式下是做不到的。

3. 具有故障处理功能

计算机在运行过程中，出现一些事先无法预料的故障是难免的，如电源突跳、存储出错、运算溢出等。有了中断功能，计算机就能自行处理，而不必停机处理。

7.1.3 中断系统的功能

中断系统一般具有如下功能。

1. 实现中断及返回

当某一个中断源发出中断申请时，CPU 能决定是否响应这个中断请求（当 CPU 正在执行更急、更重要的工作时，可以暂时不响应中断），若允许响应这个中断请求，CPU 必须将正在执行的指令执行完毕后，再把断点处的 PC 值（下一条将要执行的指令地址）推入堆栈保存下来，这称为保护断点，这是计算机自动执行的。同时用户自己编程时，也要把有关的寄存器内容和标志位的状态推入堆栈，这称为保护现场。完成保护断点和保护现场的工作后即可执行中断服务程序，执行完毕，需要恢复现场，并加返回指令 RETI，这个过程由用户编程。RETI 指令的功能是恢复 PC 值（即恢复断点），使 CPU 返回断点，继续执行主程序，这个过程见图 7-1。

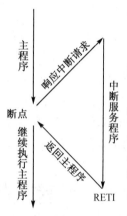

图 7-1 中断流程图

2. 实现优先权排队

通常，系统中有多个中断源，有时会出现两个或多个中断源同时提出中断请求，这就要求计算机既能区分各个中断源的请求，又能确定首先为哪一个中断源服务。为了解决这一问题，通常给各个中断源规定了优先级别，称为优先权。当两个或者两个以上的中断源同时提出中断请求时，计算机首先为优先权最高的中断源服务，再响应级别较低的中断源。计算机按中断源级别高低逐次响应的过程称为优先级排队。这个过程可以通过硬件电路来实现，也可以通过程序查询来实现。

3. 实现中断嵌套

当 CPU 响应某一中断请求，进行中断处理时，若有优先权级别更高的中断源发出中断请求，则 CPU 能中断正在执行的中断服务程序，并保

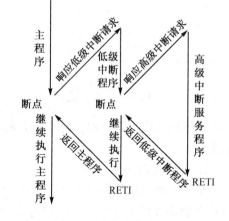

图 7-2 中断嵌套流程图

留这个程序的断点，响应高级中断，在高级中断处理完以后，再继续进行被中断的中断服务程序，这个过程称中断嵌套，其示意图见图 7-2。如果发出新的中断申请的中断源的优先权级别与正在处理的中断源同级或更低时，则 CPU 就先不响应这个中断申请，直至正在处理的中断服务程序执行完以后才去处理新的中断申请。

7.2 89C51 单片机的中断系统

中断过程是在硬件的基础上再配以相应的软件实现的。不同的计算机其硬件结构和软件指令是不完全相同的，因此中断系统一般也是不相同的。

89C51 单片机的中断系统主要由几个与中断有关的特殊功能寄存器、中断入口、顺序查询逻辑电路等组成。89C51 单片机的中断系统结构框图如图 7-3 所示。

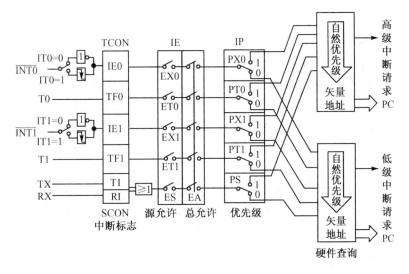

图 7-3　89C51 单片机的中断系统

由图 7-3 可见，89C51 单片机的中断系统主要由 5 个中断请求源、4 个与中断有关的特殊功能寄存器、中断入口地址（亦称矢量地址）、硬件查询电路等组成。5 个中断源有两个中断优先级，每个中断源可以编程为高优先级或低优先级中断，可以实现二级中断服务程序嵌套。

7.2.1 中断源

89C51 单片机的 5 个中断源可分为 2 个外部中断源、2 个定时/计数器中断及 1 个串行口中断。

1. 外部中断源

外部中断 0：即 $\overline{INT0}$，其中断请求信号由引脚 P3.2 输入。

外部中断 1：即 $\overline{INT1}$，其中断请求信号由引脚 P3.3 输入。

外部中断请求有两种信号方式，即电平触发方式和脉冲触发方式。

在电平触发方式下，CPU 在每个机器周期的 S5P2 时刻都要检测 $\overline{INT0}$（P3.2）和 $\overline{INT1}$（P3.3）引脚的输入电平，若检测到低电平，则认为是有中断申请信号，即低电平有效。

在脉冲触发方式下，CPU 也是在每个机器周期的 S5P2 时刻检测 $\overline{INT0}$（P3.2）和 $\overline{INT1}$（P3.3）引脚的输入电平，并需连续检测两次，若前一次检测为高电平，后一次检测为低电平，即检测到一个下降沿，则认为是有效的中断请求信号，此种触发方式也称为边沿触发方式。

为了保证检测的可靠性，低电平或高电平的宽度至少要保持一个机器周期，即 12 个振荡周期以上。

2. 定时/计数器中断

2 个定时/计数器中断为 T0 溢出中断和 T1 溢出中断。

定时/计数器中断是为满足定时或计数的需要而设置的，在单片机芯片内部有两个定时/计数器 T0 和 T1，以计数的方法来实现定时或计数的功能，当发生计数溢出时，将置位一个溢出标志位，以表明定时时间到或计数值已满，此时就可产生一个定时/计数器溢出中断请求。

3. 串行口中断

串行口中断分为发送中断与接收中断两种，串行口中断是为串行数据传送的需要而设置的。每当串行口发送或接收完一组串行数据时，就产生一个串行口中断请求。

定时/计数器中断与串行口中断均属于内部中断。

7.2.2 中断请求标志

89C51 单片机对每一个中断请求都对应有一个中断请求标志位，它们分别用特殊功能寄存器 TCON 和 SCON 中相应的位中表示。

1. 定时器控制寄存器 TCON 的中断标志

TCON 是定时/计数器 T0 和 T1 的控制寄存器，同时也用来存放两个定时/计数器的溢出中断请求标志和两个外部中断请求标志。该寄存器的地址为 88H，位地址 8FH～88FH。TCON 寄存器与中断有关的位如下所示。

位地址	8F	8E	8D	8C	8B	8A	89	88
位符号	TF1	—	TF0	—	IE1	IT1	IE0	IT0

其中，各位的含义如下。

IE0（或 IE1）——外部中断 0（或外部中断 1）请求标志位。

当 CPU 采样到 $\overline{INT0}$（或 $\overline{INT1}$）端出现有效的中断请求时，IE0（或 IE1）由硬件置 1，表示外部事件请求中断。在中断响应完成后转向中断服务时，由硬件自动清零。

IT0（或 IT1）——外部中断 0（或外部中断 1）请求信号方式控制位。

该位由用户设置。当设置 IT0（或 IT1）= 1 时，选择脉冲触发方式，下降沿有效；当设置 IT0（或 IT1）= 0 时，选择电平触发方式，低电平有效。

TF0（或 TF1）——T0（或 T1）定时计数溢出标志位。

当定时/计数器 T0（或 T1）发生计数溢出时，此位由硬件置 1，表示 T0（或 T1）向 CPU 请求中断。当 CPU 转向中断服务时，此位由硬件自动清零。

2. 串行口控制寄存器 SCON 的中断标志

SCON 是串行口控制寄存器，其最低两位用来作串行口中断请求标志。该寄存器的地址是 98H，位地址为 9FH～98H。SCON 寄存器与中断有关的位如下所示。

位地址	9F	9E	9D	9C	9B	9A	99	98
位符号	/	/	/	/	/	/	TI	RI

其中，最低两位的含义如下。

RI——串行口接收中断请求标志位。当单片机接收到一帧串行数据后，由硬件置 1，表示向 CPU 请求中断。值得注意的是当 CPU 转向中断服务程序后，该位必须用软件清零。

TI——串行口发送中断请求标志位。当单片机发送完一帧串行数据后，由硬件置 1，表示向 CPU 请求中断。在转向中断服务程序后，该位必须用软件清零。

7.2.3 中断允许控制寄存器 IE

单片机对中断源的开放或关闭（屏蔽）是由中断允许寄存器 IE 控制的。IE 寄存器的地址是 A8H，位地址为 AFH～A8H。寄存器的内容及位地址如下。

位地址	AF	AE	AD	AC	AB	AA	99	A8
位符号	EA	/	/	ES	ET1	EX1	ET0	EX0

其中，各位的含义如下。

EA——中断允许总控制位。EA = 0，表示 CPU 禁止所有中断，即所有的中断请求被屏蔽；EA = 1，表示 CPU 开放中断，但每个中断源的中断请求是允许还是禁止，要由各自的中断允许位控制。

EX0——$\overline{\text{INT0}}$中断允许控制位。EX0=0，禁止$\overline{\text{INT0}}$中断；EX0=1，允许$\overline{\text{INT0}}$中断。

EX1——$\overline{\text{INT1}}$中断允许控制位。EX1=0，禁止$\overline{\text{INT1}}$中断；EX1=1，允许$\overline{\text{INT1}}$中断。

ET0——T0 中断允许控制位。ET0=0，禁止 T0 中断；ET0=1，允许 T0 中断。

ET1——T1 中断允许控制位。ET1=0，禁止 T1 中断；ET1=1，允许 T1 中断。

ES——串行口中断允许控制位。ES=0，禁止串行口中断；ES=1，允许串行口中断。

中断允许寄存器中各位的状态，可根据要求用指令置位或清零。

7.2.4 中断优先级控制寄存器 IP

89C51 单片机的中断优先级控制比较简单，因为系统只定义了高、低两个优先级。各中断源的优先级由优先级控制寄存器 IP 进行设定。

IP 寄存器地址 B8H，位地址为 BFH～B8H。寄存器的内容及位地址表示如下。

位地址	BF	BE	BD	BC	BB	BA	B9	B8
位符号	/	/	/	PS	PT1	PX1	PT0	PX0

PX0——外部中断 0 优先级设定位；

PT0——定时器 T0 中断优先级设定位；

PX1——外部中断 1 优先级设定位；

PT1——定时器 T1 中断优先级设定位；

PS——串行口中断优先级设定位。

以上某一控制位若被清零，则该中断源被定义为低优先级；若被置 1，则该中断源被定义为高优先级。中断优先级控制寄存器 IP 的各个控制位，都可以通过编程来置位或清零。单片机复位后，IP 中各位均被清零。

中断优先级是为中断嵌套服务的，89C51 单片机中断优先级的控制原则有以下几点。

（1）低优先级中断请求不能打断高优先级的中断服务，但高优先级中断请求可以打断低优先级的中断服务，从而实现中断嵌套。

（2）一个中断一旦得到响应，与它同级的中断请求不能中断它。

（3）如果同级的多个中断请求同时出现，则按 CPU 查询次序确定哪个中断请求被响应。其查询次序为：外部中断 0→定时/计数器中断 0→外部中断 1→定时/计数器中断 1→串行口中断。

7.3 中断处理过程

中断处理过程可分为 3 个阶段，即中断响应、中断处理和中断返回。所有计算机的中断处理都有这样 3 个阶段，但不同的计算机由于中断系统的硬件结构不完全相同，因而中断响应的方式有所不同，下面以 89C51 单片机为例来介绍中断处理过程。

7.3.1 中断响应

中断响应是在满足 CPU 的中断响应条件之后，CPU 对中断源中断请求的回答。在这个阶段，CPU 要完成中断服务程序以前的所有准备工作，这些准备工作是：保护断点和把程序转向中断服务程序的入口地址。

计算机在运行时，并不是任何时刻都会去响应中断请求，而是在中断响应条件满足之后才会响应。

1. CPU 的中断响应条件

（1）首先要由中断源发出中断申请；
（2）中断总允许位 EA=1，即 CPU 允许所有中断源申请中断；
（3）申请中断的中断源的中断允许位为 1，即此中断源可以向 CPU 申请中断。

以上是 CPU 响应中断的基本条件。若满足上述条件，CPU 一般会响应中断，但如果有下列任何一种情况存在，则中断响应会受到阻断。

（1）CPU 正在执行一个同级或高一级的中断服务程序；
（2）当前的机器周期不是正在执行的指令的最后一个周期，即正在执行的指令还未完成前，任何中断请求都得不到响应；
（3）正在执行的指令是返回指令或者对专用寄存器 IE、IP 进行读/写的指令，此时，在执行 RETI 或者读写 IE 或 IP 之后，不会马上响应中断请求，至少在执行一条其他指令之后才会响应。

若存在上述任何一种情况，中断查询结果就被取消，否则，在紧接着的下一个机器周期，就会响应中断。

在每个机器周期的 S5P2 期间，CPU 对各中断源采样，并设置相应的中断标志位。CPU 在下一个机器周期 S6 期间按优先级顺序查询各中断标志，如查询到某个中断标志为 1，将在再下一个机器周期 S1 期间按优先级进行中断处理。中断查询在每个机器周期中反复执行，如果中断响应的基本条件已满足，但由于上述三条之一而未被及时响应，待上述封锁条件被撤销之后，中断标志却也已消失了，则这次中断申请就不会再被响应。

2. 中断响应过程

如果中断响应条件满足，且不存在中断阻断的情况，则 CPU 将响应中断。此时，中断系统通过硬件生成长调用指令（LCALL），此指令将自动把断点地址压入堆栈保护起来（但不保护状态字寄存器 PSW 及其他寄存器内容），然后将对应的中断入口地址装入程序计数器 PC，使程序转向该中断入口地址，执行中断服务程序。在 89C51 单片机中各中断源与之对应的入口地址分配如下：

中断源	入口地址
外部中断 0	0003H
定时器 T0 中断	000BH
外部中断 1	0013H
定时器 T1 中断	001BH
串行口中断	0023H

使用时，通常在这些入口地址处存放一条绝对跳转指令，使程序跳转到用户安排的中断服务程序起始地址上去。

7.3.2 中断处理

中断服务程序从入口地址开始执行，直至遇到指令"RETI"为止，这个过程称为中断处理（又称中断服务）。此过程一般包括两部分内容，一是保护现场，二是处理中断源的请求。

因为一般主程序和中断服务程序都可能会用到累加器、PSW 寄存器及其他一些寄存器。CPU 在进入中断服务程序后，用到上述寄存器时，就会破坏它原来存在寄存器中的内容，一旦中断返回，将会造成主程序混乱，因而在进入中断服务程序后，一般要先保护现场，然后再执行中断处理程序，在返回主程序以前，再恢复现场。

另外，在编写中断服务程序时还需注意以下几点。

（1）因为各入口地址之间，只相隔 8 个字节，一般的中断服务程序是容纳不下的，因而最常用的方法是在中断入口地址单元处存放一条无条件转移指令，这样可使中断服务程序灵活地安排在 64 KB 程序存储器的任何空间。

（2）若要在执行当前中断程序时禁止更高优先级中断源中断，要先用软件关闭 CPU 中断，或禁止更高级中断源的中断，而在中断返回前再开放中断。

（3）在保护现场和恢复现场时，为了不使现场数据受到破坏或者造成混乱，一般规定在保护现场和恢复现场时，CPU 不响应新的中断请求。这就要求在编写中断服务程序时，注意在保护现场之前要关中断，在恢复现场之后开中断。

7.3.3 中断返回

中断返回是指中断处理完成后，计算机返回到原来断开的位置（断点），继续执行原来的程序。中断返回由专门的中断返回指令 RETI 来实现，该指令的功能是把断点地址取出，送回到程序计数器 PC 中去。另外，它还通知中断系统已完成中断处理，将清除优先级状态触发器。特别要注意不能用"RET"指令代替"RETI"指令。

综上所述，可以把中断处理过程用图 7-4 的流程图进行概括。

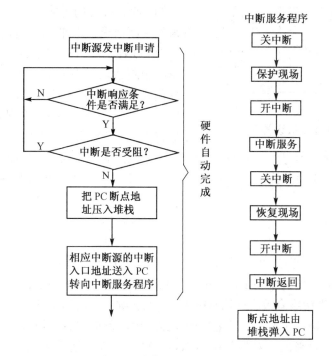

图 7-4 中断处理过程流程图

图 7-4 中，保护现场之后的开中断是为了允许有更高级中断打断此中断服务程序。

7.3.4 中断请求的撤除

CPU 响应某中断请求后，TCON 或 SCON 中的中断请求标志应及时清除，否则会引起另一次中断。

对于定时器溢出中断，CPU 在响应中断后，就用硬件清除了有关的中断请求标志 TF0 或 TF1，即中断请求是自动撤除的，无须采取其他措施。

对于边沿触发的外部中断，CPU 在响应中断后，也是用硬件自动清除有关的中断请求标志 IE0 或 IE1，即中断请求也是自动撤除的，无须采取其他措施。

对于串行口中断，CPU 响应中断后，没有用硬件清除 TI、RI，故这些中断不能自动撤除，用户必须在中断服务程序中用软件来清除。

对于电平触发的外部中断，CPU 响应中断后，虽然也是由硬件自动清除中断申请标志 IE0 或 IE1，但并不能彻底解决中断请求的撤除问题。因为尽管中断标志清除了，但是 $\overline{\text{INT1}}$ 或 $\overline{\text{INT0}}$ 引脚上的低电平信号可能会保持较长的时间，在下一个机器周期采样时，又会使 IE0 或 IE1 重新置 1，造成重复响应该中断的情况。为此应该在外部中断请求信号接到 $\overline{\text{INT1}}$ 或 $\overline{\text{INT0}}$ 引脚的连接电路上采取措施，及时撤除中断请求信号。

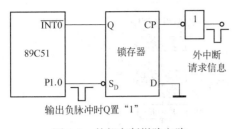

图 7-5 外部中断撤除电路

图 7-5 是可行的方案之一。用 D 触发器锁存外来的中断请求低电平，并通过 D 触发器的输出端 Q 送到 $\overline{INT0}$（或 $\overline{INT1}$），所以增加的 D 触发器不影响中断请求；为了撤除中断请求，利用 D 触发器的直接置位端 S_D 实现，将 S_D 端接单片机的 P1.0。只要 P1.0 输出一个负脉冲就可以使 D 触发器置 1，从而撤除低电平的中断请求信号。

当有外部中断请求信号时，经反相加到触发器 CP 端，作为 CP 脉冲。由于 D 端接地，Q 端输出低电平，发出中断请求。当 CPU 响应中断后，应在中断服务程序中安排如下两条指令：

```
CLR    P1.0
SETB   P1.0
```

第一条指令使 P1.0 输出为 0，加到置位端 S_D，使 D 触发器置位，Q 端输出高电平，从而撤除中断请求。第二条指令使 P1.0 输出为 1，撤除置位状态，恢复为正常工作状态，否则，D 触发器的 S_D 端始终有效，Q 端始终为 1，无法响应以后的中断请求。

通过上述分析可知，对外部中断电平触发方式中断请求的撤除是通过软硬件相结合的方法实现的。因此，一般来说，对外部中断 $\overline{INT1}$、$\overline{INT0}$，应尽量采用边沿触发方式，以简化硬件电路和软件程序。

7.3.5 中断响应时间

所谓中断响应时间，是从查询中断请求标志位开始到转向中断入口地址所需的机器周期数。

89C51 单片机的最短响应时间为 3 个机器周期。其中中断请求标志位查询占一个机器周期，而这个机器周期又恰好是执行指令的最后一个机器周期，在这个机器周期结束后，中断即被响应，产生 LCALL 指令。而执行这条长调用指令需要两个机器周期，这样中断响应共经历了 3 个机器周期。

若中断响应被前面所述的 3 个情况所封锁，将需要更长的响应时间。若中断标志查询时，刚好开始执行 RET、RETI 或访问 IE、IP 的指令，则需要把当前指令执行完再继续执行一条指令后，才能进行中断响应。执行 RET、RETI 或访问 IE、IP 指令最长需要两个机器周期。而如果继续执行的那条指令恰好是 MUL（乘）或 DIV（除）指令，则又需要 4 个机器周期，再加上执行长调用 LCALL 所需要的两个机器周期，从而形成了 8 个机器周期的最长响应时间。

一般情况下，外中断响应时间都是大于 3 个机器周期而小于 8 个机器周期。当然，如果出现同级或高级中断正在响应或服务中需等待的时候，那么响应时间就无法计算了。

7.4 中断系统的应用

本节将通过几个简明易懂的实例，说明中断系统的应用问题。通过这些例子使读者能深刻了解中断服务程序的设计思想、设计时应注意的问题及中断控制的问题等。

中断控制实质上就是用软件对 4 个与中断有关的特殊功能寄存器 TCON、SCON、IE 和 IP 进行管理和控制。人们只要对这些寄存器相应位的状态进行预置，CPU 就会按照人们的意志对中断源进行管理和控制。在 89C51 单片机中，需要人为地进行管理和控制的有以下几点：

(1) CPU 的开中断与关中断；
(2) 各中断源中断请求的允许和禁止（屏蔽）；
(3) 各中断源优先级别的设定；
(4) 外部中断请求的触发方式。

中断管理程序和中断控制程序一般不独立编写，而是在主程序中编写。例如 CPU 开中断，可用指令：SETB EA 或 ORL IE, #80H 来实现。关中断，可用指令：CLR EA 或 ANL IE, #7FH 来实现。

中断服务程序是具有特定功能的独立程序段。它为中断源的特定要求服务，以中断返回指令结束。在中断响应过程中，断点的保护主要由硬件电路来实现。对用户来说，在编写中断服务程序时，首先要考虑保护现场和恢复现场。在多级中断系统中，中断可以嵌套，为了不至于在保护现场或恢复现场时，由于 CPU 响应其他更高级中断请求，而破坏现场。一般要求在保护现场或恢复现场时，CPU 不响应外界的中断请求，即关中断。因此在编写程序时，应在保护现场和恢复现场之前，使 CPU 关中断，在保护现场或恢复现场之后，根据需要使 CPU 开中断。中断服务程序的一般格式为：

```
CHI:    CLR     EA
        PUSH    ACC
        PUSH    PSW
        …
        SETB    EA
        …
        CLR     EA
        …
        POP     PSW
        POP     ACC
        SETB    EA
        RETI
```

下面通过具体实例说明中断控制和中断服务程序的设计。

例 7-1 利用定时器 T0 定时，在 P1.0 端输出一方波，方波周期为 20 ms，已知晶振频率为 12 MHz。

解 在定时器应用中已用查询方法做过类似的题目。现在采用中断的方法实现这一要求，T0 的中断服务程序入口地址为 000BH。

主程序如下：

```
        ORG     0000H
        LJMP    0200H
         ⋮
```

T0 的中断服务程序

```
        ORG     000BH
        AJMP    70H
         ⋮
        ORG     70H
        MOV     TL0, #0F0H          ;重赋初值
        MOV     TH0, #0D8H
        CPL     P1.0                ;输出取反
        RETI
         ⋮
        ORG     0200H
        MOV     TMOD, #01H          ;设置 T0 为模式 1
        MOV     TL0, #0F0H          ;赋初值
        MOV     TH0, #0D8H
        MOV     IE, #82H            ;CPU 开中断，T0 开中断
        SETB    TR0                 ;启动 T0
HERE:   SJMP    HERE                ;循环等待定时到
         ⋮
```

在本例的中断服务程序中没有关中断，也没有保护现场，因为只有一个中断源，且主程序中没有需要保护的内容。

在本程序中没有用 CLR TF0 指令，因为进入中断服务程序后，硬件可自动清零。采用中断方式后 CPU 可以做更多的事，例如本题中的 SJMP 指令，要反复运行 10 ms，在这期间可以用来执行许多其他操作。

例 7-2 利用 T1 定时中断，在 P1.0 端输出一方波，方波周期为 2 min，已知晶振频率为 12 MHz。

解 方波周期为 2 min，则高、低电平时间各为 1 min，T1 工作在模式 1 时最大定时时

间为 65.536 ms，为了达到 1 min 的定时，可采用硬件定时和软件计数器相结合的方法，故采用定时器 T1 定时 10 ms，用 60H 单元做 10 ms 计数单元，计数 100 为 1 s，61H 单元为 1 s 计数单元，计数 60 为 1 min，4FH 位为 1 min 计时到标志。

编程如下：

```
            ORG    0000H              ;上电、复位入口地址
            LJMP   0200H              ;转向主程序
            ⋮
            ORG    001BH              ;T1 中断入口地址
            AJMP   0100H              ;转向中断服务程序
            ⋮
            ORG    0100H              ;T1 中断服务程序实际入口
            MOV    TH1, #0D8H         ;重赋初值
            MOV    TL1, #0F0H
            DJNZ   60H, TT1           ;(60H)≠0，未到1s，转中断返回
            MOV    60H, #100          ;到1s，重送10 ms 计数初值
            DJNZ   61H, TT1           ;判断1 min 定时到否？转中断返回
            MOV    61H, #60           ;到1 min，重送1 min 计数初值
            SETB   4FH                ;到1 min，置标志位 4FH=1
    TT1:    RETI                      ;中断返回
            ORG    0200H              ;主程序
            MOV    TMOD, #10H         ;设置 T1 为方式 1，定时
            MOV    TH1, #0D8H         ;赋初值
            MOV    TL1, #0F0H
            MOV    IE, #88H           ;CPU 开中断，T1 开中断
            SETB   TR1                ;启动 T1 工作
            MOV    SP, #30H           ;设置堆栈指针
            MOV    60H, #100          ;赋 10 ms 计数初值
            MOV    61H, #60           ;赋 1 s 计数初值
            CLR    4FH                ;清 1 min 到标志位
    TT:     JNB    4FH, TT            ;4FH 位为 0，未到 1 min，等待
            CLR    4FH                ;到 1 min，清标志，预备下次定时
            CPL    P1.0               ;输出取反
            AJMP   TT                 ;反复循环
            END
```

例 7-3 出租车计价器的计程方法是：车轮每运转一圈产生一个负脉冲，从外中断$\overline{INT0}$

(P3.2) 引脚输入,行使里程为轮胎周长×运转圈数。假设轮胎周长为 2 m,试编程实时计算出租车行使里程(单位:米),数据存放到 32H、31H、30H 单元中。

解 编程如下:

```
            ORG     0000H           ;上电、复位入口地址
            LJMP    START           ;转向主程序初始化
            ORG     0003H           ;INT0中断入口地址
            LJMP    INT             ;转向INT0中断服务程序
            ORG     0030H           ;主程序初始化
    START:  MOV     SP, #60H        ;置堆栈指针
            SETB    IT0             ;置INT0边沿触发方式
            MOV     IP, #01H        ;置INT0为高优先级
            MOV     IE, #81H        ;CPU开中断、INT0开中断
            MOV     30H, #00H       ;里程计数器单元清零
            MOV     31H, #00H
            MOV     32H, #00H
            LJMP    MAIN            ;转主程序执行,并等待中断
            ORG     0100H           ;中断程序,中断一次,里程加 2 m
    INT:    PUSH    ACC             ;保护现场
            PUSH    PSW
            MOV     A, 30H          ;读里程计数器低 8 位
            ADD     A, #02          ;低 8 位计数器加 2 m(运转一圈)
            MOV     30H, A          ;回存
            CLR     A               ;A 清零
            ADDC    A, 31H          ;中 8 位计数器加进位
            MOV     31H, A          ;回存
            CLR     A               ;A 清零
            ADDC    A, 32H          ;高 8 位计数器加进位
            MOV     32H, A          ;回存
            POP     PSW             ;恢复现场
            POP     ACC
            RETI
```

主程序在此省略。

例 7-4 现有 5 个外中断源 EX1、EX20、EX21、EX22、EX23,高电平时表示请求中断,要求执行相应的中断服务程序,试编制有关程序。

解 89C51 有 5 个中断源,可供用户使用的外部中断只有 2 个:INT0、INT1,因此就要

设法扩展外中断源，图 7-6 是利用中断和查询方法扩展外中断源的硬件连接电路。

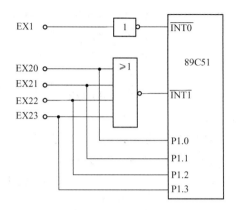

图 7-6　多外部中断源的硬件连接

其中 EX1 因其重要而单独占用一个中断源$\overline{INT0}$，且置为高优先级，其余 4 个中断源 EX20、EX21、EX22、EX23 通过或非门合用一个外部中断$\overline{INT1}$。4 个中断源中只要有一个请求中断，就会通过$\overline{INT1}$向 CPU 申请中断，但不知是 4 个中断源中的哪一个，因此这 4 个中断源又分别连接到 P1.0～P1.3，在$\overline{INT1}$中断服务程序中查询 P1.0～P1.3，即可判别 EX20～EX23 中是哪一个请求中断，从而执行相应的服务程序。图 7-7 是实现这一功能的程序流程图，由图可知，查询次序为 EX20～EX23。

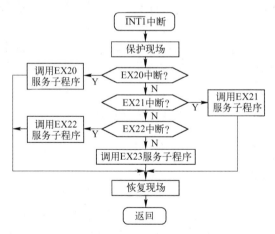

图 7-7　$\overline{INT1}$中断服务程序流程图

$\overline{INT1}$中断服务程序如下：

```
    ORG    0013H          ;INT1中断入口地址
    LJMP   PINT0          ;转INT1中断服务程序
    ⋮
```

```
              ORG    0200H           ;INT1中断服务程序首地址
      PINT0:  CLR    EA              ;CPU 关中断
              PUSH   ACC             ;保护现场
              PUSH   DPH
              PUSH   DPL
              SETB   EA              ;CPU 开中断
              JB     P1.0,LWK20      ;P1.0=1,EX20 请求中断
              JB     P1.1,LWK21      ;P1.1=1,EX21 请求中断
              JB     P1.2,LWK22      ;P1.2=1,EX22 请求中断
              SJMP   LWK23           ;P1.3=1,EX23 请求中断
      LRET:   CLR    EA              ;CPU 关中断
              POP    DPL             ;恢复现场
              POP    DPH
              POP    ACC
              SETB   EA              ;CPU 开中断
              RETI                   ;中断返回
      LWK20:  LCALL  WORK20          ;P1.0=1,调用 EX20 服务子程序
              SJMP   LRET            ;转中断返回
      LWK21:  LCALL  WORK21          ;P1.1=1,调用 EX21 服务子程序
              SJMP   LRET            ;转中断返回
      LWK22:  LCALL  WORK22          ;P1.2=1,调用 EX22 服务子程序
              SJMP   LRET            ;转中断返回
      LWK23:  LCALL  WORK23          ;P1.3=1,调用 EX23 服务子程序
              SJMP   LRET            ;转中断返回
              END
```

服务子程序在此省略。

在编写上述中断服务程序时，应注意以下 3 点。

① 在 $\overline{INT1}$ 中断服务程序开始时保护现场，由于在 $\overline{INT1}$ 中断期间有可能被更高级中断 $\overline{INT0}$ 中断，如果正好是 $\overline{INT1}$ 中断保护现场和恢复现场期间，现场数据会受到破坏或造成混乱。为了防止出现这一问题，在 $\overline{INT1}$ 中断保护现场和恢复现场期间，CPU 禁止中断，待保护现场和恢复现场结束，CPU 再开中断。

② 在 $\overline{INT1}$ 中断服务程序中，只有判 P1.0、P1.1 和 P1.2，而没有判 P1.3，因为 EX20～EX23 只要有一个请求中断，$\overline{INT1}$ 就进入中断，排除 EX20～EX22 后，必定是 EX23 请求中断。

③ 在执行各自的中断功能服务子程序后，必须返回至 $\overline{INT1}$ 恢复现场、中断返回处，否则出错。

例 7-5 已知某89C51单片机采用 6 MHz 晶振,现要求 P1.0 输出一个 5 kHz 的方波,同时对外部输入的脉冲信号进行计数,每当计满 200 时,使内部数据存储单元 60H 内容增 1,当增到 100 时停止计数,并使 P1.2 输出高电平,定时器 T1 做串行口的波特率发生器。

解 此题既需要定时器产生定时,又需要计数器对外部信号进行计数,而定时器 T1 被规定为串行口的波特率发生器,为了不增加其他硬件开销,可把定时器 T0 设置为工作模式 3,在模式 3 下,TH0 总是作为 8 位定时器用,而 TL0 可以作为 8 位计数器使用,利用 T0 (P3.4)引脚作为外部脉冲计数输入,用 TL0 计数,把 TL0 置初值 38H(256-200=38H);用 TH0 作为 8 位定时器,由 P1.0 输出 5 kHz 方波,即每隔 100 μs 使 P1.0 的电平变化一次,定时初值为 CEH(256-100/2=206)。

主程序如下:

```
        MOV     TL0, #38H       ;赋计数初值
        MOV     TH0, #0CEH      ;赋定时初值
        MOV     TL1, #BAND      ;根据波特率要求设定常数 BAND
        MOV     TH1, #BAND
        MOV     TMOD, #27H      ;T1 为模式 2 定时,T0 为模式 3 计数
        MOV     TCON, #50H      ;启动 T0、T1 工作
        MOV     IE, #9AH        ;开放 CPU 中断,开放串口、T0、T1 中断
        MOV     60H, #00        ;60H 单元清零
HERE:   SJMP    HERE            ;循环等待
```

TL0 计数溢出中断服务程序(由 000BH 转来)

```
        MOV     TL0, #38H       ;重赋初值
        INC     60H
        MOV     A, 60H
        CJNE    A, #100, LP
        SETB    P1.2
        CLR     ET0
        CLR     TR0
LP:     RETI
```

TH0 溢出中断服务程序(由 001BH 转来)

```
        MOV     TH0, #0CEH      ;重赋初值
        CPL     P1.0            ;P1.0 输出取反
        RETI
```

串行口中断服务程序在此省略。

由以上程序可知,定时器工作在中断方式时,仅仅在初始化和计满溢出产生中断时,才

占用CPU工作时间,一旦启动之后,定时器的定时、计数过程全部是独立运行的,因此采用中断后可使CPU有较高的工作效率。

例7-6 已知甲、乙两台89C51单片机所使用的晶振均为11.059 2 MHz。现要求两机之间进行串行通信,甲机发送,乙机接收。传输波特率定为9 600 bit/s。甲机以78H、77H中的内容为发送数据的起始地址,以76H、75H中的内容为发送数据的末地址。甲机首先发送数据的起始地址和末地址,然后再开始发送数据。乙机以接收到的第1~2字节作为存放接收数据的起始地址,第3~4字节作为存放接收数据的末地址,第5字节为起始数据。

解 设定时器1按模式1工作,串行口也按模式1工作。

编写程序如下。

甲机发送:

```
        ORG   2000H
TAN:    MOV   TMOD, #10H      ;定时器1设置为模式1
        MOV   TL1, #0FDH      ;定时器1赋初值
        MOV   TH1, #0FDH
        SETB  EA              ;CPU开中断
        SETB  ET1             ;定时器1开中断
        CLR   ES              ;串行口关中断
        SETB  PT1             ;定时器1置高中断优先级
        CLR   PS              ;串行口置低中断优先级
        SETB  TR1             ;启动定时器1工作
        CLR   TI              ;清发送中断标志
        MOV   SCON, #40H      ;串行口置工作模式1
        MOV   SBUF, 78H       ;输出高位地址
        JNB   TI, $           ;等待地址发送
        CLR   TI              ;TI清"零"
        MOV   SBUF, 77H       ;输出低位地址
        JNB   TI, $           ;等待地址发送
        CLR   TI              ;TI清"零"
        MOV   SBUF, 76H       ;输出末位地址高位字节
        JNB   TI, $           ;等待地址发送
        CLP   TI              ;TI清"零"
        MOV   SBUF, 75H       ;输出末位地址低位字节
        SETB  ES              ;串行口开中断
        SJMP  $               ;等待发送
         ⋮
```

定时器 1 中断服务程序（由 001BH 转来）

```
TIN:    CLR     TR1                 ;关定时器 1
        MOV     TL1, #0FDH          ;T1 重置初值
        MOV     TH1, #0FDH
        SETB    TR1                 ;启动 T1 工作
        RETI                        ;中断返回
        ⋮
```

串行口中断服务程序（由 0023H 转来）

```
ESS:    PUSH    DPL                 ;把 DPTR 压入堆栈保护
        PUSH    DPH
        PUSH    ACC                 ;把 A 压入堆栈保护
        MOV     DPH, 78H            ;发送数据地址→DPTR
        MOV     DPL, 77H
        MOVX    A, @DPTR            ;发送数据→A
        CLR     TI                  ;TI 清"零"
        MOV     SBUF, A             ;输出数据
        MOV     A, DPH
        CJNE    A, 76H, EN1         ;数据未送完转至 EN1
        MOV     A, DPL
        CJNE    A, 75H, EN1
        CLR     ES                  ;串行口关中断
        CLR     ET1                 ;定时器 1 关中断
        CLR     TR1                 ;关定时器 1
ESC:    POP     ACC                 ;恢复现场
        POP     DPH
        POP     DPL
        RETI
EN1:    INC     77H                 ;低位地址加 1
        MOV     A, 77H
        JNZ     EN2                 ;低位地址非零转移
        INC     78H                 ;高位地址加 1
EN2:    SJMP    ESC                 ;无条件转移
```

乙机接收：

```
        ORG     2000H
```

```
REV:        MOV     TMOD, #10H      ;定时器 1 设置为模式 1
            MOV     TL1, #0FDH      ;定时器 1 赋初值
            MOV     TH1, #0FDH
            SETB    EA              ;CPU 开中断
            SETB    ET1             ;定时器 1 开中断
            SETB    ES              ;串行口开中断
            SETB    PT1             ;定时器 1 置最高中断优先级
            CLR     PS              ;串行口置低中断优先级
            SETB    TR1             ;启动定时器 1 工作
            MOV     SCON, #50H      ;串行口置工作模式 1 接收
            CLR     B.0             ;设置接收地址标志
            MOV     70H, #78H       ;设置起始地址
            SJMP    $               ;等待接收
            ⋮
    定时器 1 中断服务程序（由 001BH 转来）
REV1:       CLR     TR1             ;关定时器 1
            MOV     TL1, #0FDH      ;定时器 1 重置初值
            MOV     TH1, #0FDH
            SETB    TR1             ;启动定时器 1 工作
            RETI
            ⋮
    串行口中断服务程序（由 0023H 转来）
ESS:        PUSH    DPL             ;DPTR 压栈保护
            PUSH    DPH
            PUSH    ACC             ;A 压栈保护
            MOV     A, R0           ;R0 压栈保护
            PUSH    ACC
            JB      B.0, DA0        ;非地址转移
            MOV     R0, 70H
            MOV     A, SBUF         ;接收地址信息
            MOV     @R0, A
            DEC     70H             ;修改接收地址
            CLR     RI              ;RI 清"零"
            MOV     A, #74H
            CJNE    A, 70H, DA2     ;地址未接收完转移
```

```
          SETB   B.0                    ;设置接收数据标志
DA2:      POP    ACC                    ;将 A 弹出堆栈送 R0
          MOV    R0, A
          POP    ACC
          POP    DPH                    ;恢复现场
          POP    DPL
          RETI
DA0:      MOV    DPH, 78H               ;接收的起始地址送 DPTR
          MOV    DPL, 77H
          MOV    A, SBUF                ;接收数据信息
          MOVX   @DPTR, A
          CLR    RI                     ;RI 清"零"
          INC    77H                    ;地址低位加 1
          MOV    A, 77H                 ;地址低位非零转移
          JNZ    DA3
          INC    78H                    ;地址高位加 1
DA3:      MOV    A, 76H
          CJNE   A, 78H, DA2            ;数据未接收完转至 DA2
          MOV    A, 75H
          CJNE   A, 77H, DA2
          CLR    ES                     ;串行口关中断
          CLR    ET1                    ;定时器 1 关中断
          CLR    TR1                    ;关定时器 1
          SETB   PSW.5                  ;设置传送结束标志
          AJMP   DA2
          END
```

  本例中，乙机必须先启动运行做好接收数据的准备，甲机启动运行后即开始发送地址，此时串行口是关中断的，当地址发完后，再开中断。发送数据是在中断服务程序中完成的。甲机每发送一个数据至乙机，都使乙机 RI 置"1"。因为乙机串行口是开中断的，所以它立刻响应中断，转至中断服务程序处理传来的地址和数据。在甲、乙机等待发送的时候还可以使 CPU 执行其他一些功能。

  在这个例子中甲机只管发送，它不管乙机是否已接收到数据或接收正确与否。这样通信是不太可靠的。所以实际上，当需要在两台以上机器间传输数据时，常采用多机通信的方法。

例 7-7 多机通信软件设计。

解 多机通信软件设计过程如下。

（1）软件协议。

通信需要符合一定的规范。对于不同的应用场合，人们制定了各种通信协议。为叙述方便，本例只简单地规定几条协议。

① 系统中允许有 255 台从机，其地址分别为 00H ~ FEH。

② 地址 FFH 是对所有从机都起作用的一条控制命令，命令各从机恢复 SM = 1 状态。

③ 主机和从机的联络过程为：主机首先发送地址帧，被寻址从机向主机回送本机地址，主机在判断地址相符后给被寻址的从机发送控制命令，被寻址的从机根据其命令向主机回送自己的状态，若主机判断状态正常，主机即开始发送或接收数据，发送或接收的第一个字节为数据块长度。若从机状态不正常，主机重新联络。

④ 设主机发送的控制命令代码如下。

00H：要求从机接收数据块。

01H：要求从机发送数据块。

其他：非法命令。

⑤ 从机状态字格式为：

D7	D6	D5	D4	D3	D2	D1	D0
ERR	0	0	0	0	0	TRDY	RRDY

其中　若 ERR = 1，从机接收到非法命令；

若 TRDY = 1，从机发送准备就绪；

若 RRDY = 1，从机接收准备就绪。

（2）主机查询、从机中断方式的多机通信软件设计。

在实际应用中，经常采用主机查询、从机中断的通信方式。下面给出的多机通信程序是按如下思路编制的。

主机程序部分以子程序的方式给出，要进行串行通信，可直接调用这个子程序；从机部分以串行口中断服务程序的方式给出，若从机未做好接收或发送的准备，就从中断程序中返回，在主程序中做好准备。主机在这种情况下不能简单地等待从机准备就绪，而要重新与从机联络，使从机再次执行串行口中断服务程序。

① 主机串行通信子程序。

主机查询方式程序流程图见图 7-8，主机串行通信子程序如下。

入口参数：（R0）——主机发送的数据块首地址；

（R1）——主机接收的数据块首地址；

（R2）——被寻址的从机地址；

（R3）——主机发出的命令；

（R4）——数据块长度。

第 7 章 中断系统

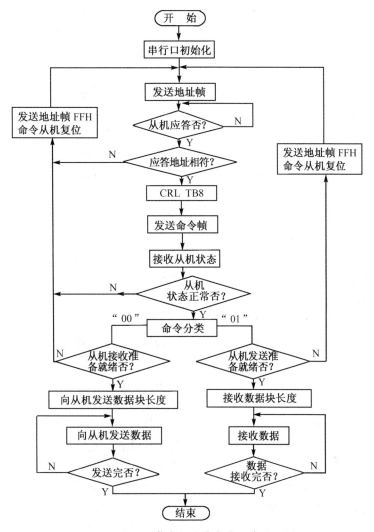

图 7-8 多机通信主机查询方式程序流程图

程序清单如下：

```
MSIO:   MOV   TMOD, #20H    ;初始化 T1 为定时功能，模式 2
        MOV   TL1, #0F3H    ;送入初值
        MOV   TH1, #0F3H
        SETB  TR1           ;启动定时器 T1
        MOV   PCON, #80H    ;设置 SMOD=1
        MOV   SCON, #0D8H   ;设置串行口模式 3，允许接收，TB8=1
MSIO1:  MOV   SBUF, R2      ;发送从机地址
```

```
        JNB    TI, $                ;等待发送结束
        CLR    TI                   ;发送完,清 TI,为下一次发送做准备
WAIT1:  JBC    RI, MSIO2            ;等待从机应答
        SJMP   WAIT1
MSIO2:  MOV    A, SBUF              ;取出从机应答地址
        XRL    A, R2                ;核对地址
        JZ     MSIO4                ;地址相符,则转 MSIO4
MSIO3:  SETB   TB8                  ;地址不符,重新联络
        MOV    SBUF, #0FFH          ;给从机发复位命令(TB8 置 1)
        JNB    TI, $                ;等待发送结束
        CLR    TI                   ;清 TI
        SJMP   MSIO1                ;转重发地址
MSIO4:  CLR    TB8                  ;地址符合,TB8 置零,准备发送数据/命令
        MOV    SBUF, R3             ;给从机发送命令
        JNB    TI, $
        CLR    TI
WAIT2:  JBC    RI, MSIO5            ;等待接收从机应答
        SJMP   WAIT2
MSIO5:  MOV    A, SBUF              ;取出应答信息
        JNB    ACC.7, MSIO6         ;核对命令接收是否出错,正确则转
        SJMP   MSIO3                ;从机接收命令出错,转重新联络
MSIO6:  CJNE   R3, #00H, MSIO7      ;若要求从机发送,则转 MSIO7
        JNB    ACC.0, MSIO3         ;要求从机接收,从机未准备好,重新联络
  STX:  MOV    SBUF, R4             ;从机准备好,向从机发送数据块长度
WAIT3:  JBC    TI, STX1             ;发送结束,则转
        SJMP   WAIT3                ;未发送完,等待
STX1:   MOV    SBUF, @R0            ;向从机发送数据
        JNB    TI, $
        CLR    TI
        INC    R0                   ;修改地址,指向下一个地址单元
        DJNZ   R4, STX1             ;数据未发送完,继续发送
        RET                         ;数据发送完毕,返回主程序
MSIO7:  JNB    ACC.1, MSIO3         ;若从机发送未准备好,转重新联络
  SRT:  JNB    RI, $                ;等待接收从机发来的数据块长度
        CLR    RI                   ;清 TI 位,为下一次接收做准备
```

	MOV	A, SBUF	;取出收到的数据
	MOV	R4, A	;数据块长度送计数器 R4
	MOV	@R1, A	;数据块长度存入数据存储区
	INC	R1	;修改地址
SRX1:	JNB	RI, $	;等待接收从机发来的数据
	CLR	RI	
	MOV	@R1, SBUF	;接收的数据存入数据存储区
	INC	R1	;修改地址,指向下一个地址单元
	DJNZ	R4, SRX1	;数据未接收完,继续接收
	RET		;数据接收完毕,返回主程序

在调用以上子程序之前,应先准备好 R0、R1、R2、R3 和 R4 中的参数。

② 从机中断方式通信程序。

从机的串行通信采用中断控制启动方式,在串行通信启动后仍采用查询方式来接收或发送数据块。初始化程序安排在主程序中,中断服务程序中使用第 1 组工作寄存器。本程序中用标志位 PSW.1 做发送准备就绪标志,PSW.5 做接收准备就绪标志,由主程序置位。

程序中还规定所发送的数据存放在片内 RAM 区中,首地址为 40H 单元,第一个数据为数据块的长度;接收的数据存放在片内 RAM 区中,首地址为 60H 单元,接收的第一个数据为数据块的长度。SLAVE 为本机地址。从机中断方式程序流程图见图 7-9。

程序清单如下:

	ORG	0000H	
	AJMP	START	;主程序上电、复位入口
	ORG	0023H	
	LJMP	SSIO	;串行口中断服务程序入口
	ORG	0050H	
START:	MOV	TMOD, #20H	;设置定时器 T1 为模式 2
	MOV	TL1, #0F3H	;送入初值
	MOV	TH1, #0F3H	
	SETB	TR1	;启动定时器 T1
	MOV	SCON, #0F0H	;串行口为模式 3,允许接收,SM2=1
	MOV	PCON, #80H	;设 SMOD=1
	MOV	08H, #40H	;发送数据的首地址→R0
	MOV	09H, #60H	;接收数据的首地址→R1
	SETB	EA	;CPU 开中断
	SETB	ES	;允许串行口中断
	LJMP	MAIN	;转主程序(未给出),等待串行口中断

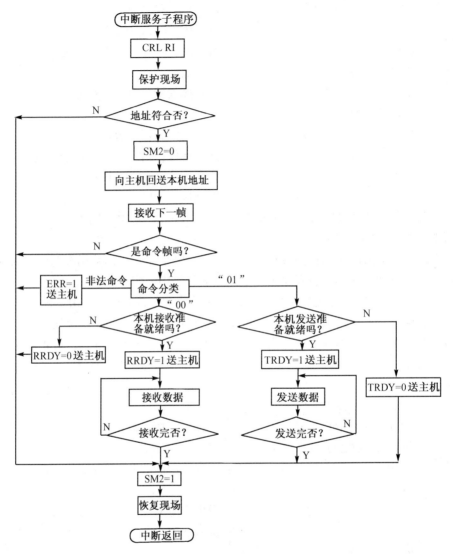

图 7-9 多机通信从机中断方式程序流程图

```
        ...
SSIO:   CLR     RI              ;清中断申请 RI,为下一次接收做准备
        PUSH    ACC             ;保护现场
        PUSH    PSW
        SETB    RS0             ;选第 1 组工作寄存器
        CLR     RS1
        MOV     A, SBUF         ;读取主机发来的地址
```

```
            XRL     A, #SLAVE           ;核对是否为本机地址
            JZ      SSIO1               ;地址符合，跳转
RETURN:     SETB    SM2                 ;恢复 SM2=1
            POP     PSW                 ;恢复现场
            POP     ACC
            RETI                        ;中断返回
SSIO1:      CLR     SM2                 ;令 SM2=0，准备接收数据/命令帧
            CLR     TI                  ;清 TI，为发送做准备
            MOV     SBUF, #SLAVE        ;向主机发回本机地址供核对
            JNB     TI, $               ;等待发送结束
            CLR     TI                  ;清 TI
            JNB     RI, $               ;等待主机发送数据/命令帧
            CLR     RI                  ;清 RI
            JNB     RB8, SSIO2          ;是数据/命令帧，则跳转
            SJMP    RETURN              ;RB8=1 是复位信号，转返回
SSIO2:      MOV     A, SBUF             ;取出命令
            CJNE    A, #02H, NEXT       ;检查命令是否合法
NEXT:       JC      SSIO3               ;(A)<02H，是合法命令，跳转
            MOV     SBUF, #80H          ;是非法命令，向主机发出 ERR=1 的状态字
            JNB     TI, $               ;等待发送结束
            CLR     TI                  ;清 TI
            SJMP    RETURN              ;转返回
SSIO3:      JZ      CMOD                ;是接收命令，转接收
CMD1:       JB      PSW.1, SSIO4        ;是发送命令，若发送准备就绪，转发送
            MOV     SBUF, #00H          ;未准备好，向主机发出 TRDY=0 的状态字
            JNB     TI, $               ;等待发送结束
            CLR     TI                  ;清 TI
            SJMP    RETURN              ;转返回
SSIO4:      MOV     SBUF, #02H          ;向主机发出发送准备就绪信号
            JNB     TI, $               ;等待发送结束
            CLR     TI                  ;清 TI
            CLR     PSW.1
            MOV     R4, @R0             ;数据块长度→R4
            INC     R4                  ;数据块长度加 1
LOOP1:      MOV     SBUF, @R0           ;发送数据（第一个字节是数据块长度）
```

	JNB	TI, $	;等待发送结束
	CLR	TI	;清 TI
	INC	R0	;修改地址，指向下一个地址单元
	MOV	R4, LOOP1	;数据未发送完，继续
	LJMP	RETURN	;数据发送完转返回
CMOD:	JB	PSW.5, SSIO5	;若 PSW.5=1（接收准备就绪），转接收
	MOV	SBUF, #00H	;未准备好，向主机发出 RRDY=0 的状态字
	JNB	TI, $	;等待发送结束
	CLR	TI	;清 TI
	SJMP	RETURN	;转返回
SSIO5:	MOV	SBUF, #01H	;向主机发出接收准备就绪信号
	JNB	TI, $	;等待发送结束
	CLR	TI	;清 TI
	CLR	PSW.5	
	JNB	RI, $	;等待接收数据块长度
	CLR	RI	;清 RI
	MOV	A, SBUF	;读取数据块长度
	MOV	@R1, A	;数据块长度送内存
	INC	R1	;地址指针加 1，指向下一单元
	MOV	R4, A	;数据块长度送 R4
LOOP2:	JNB	RI, $	;等待接收数据
	CLR	RI	;清 RI
	MOV	@R1, SBUF	;读取接收的数据送内存
	INC	R1	;修改地址，指向下一个地址单元
	MOV	R4, LOOP2	;数据未接收完，继续
	LJMP	RETURN	;数据接收完转返回

思考题与习题

7-1 89C51 单片机有几个中断源？各中断标志是如何产生的？又是如何清零的？CPU 响应中断时，中断入口地址各是多少？

7-2 89C51 的中断系统有几个中断优先级？中断优先级是如何控制的？

7-3 89C51 有几个中断标志位？它们有什么相同之处，又有什么不同的地方？

7-4 试编程实现，将 $\overline{INT1}$ 设为高优先级中断，且为电平触发方式，T0 溢出中断设为低优先级中断，串行口中断为高优先级中断，其余中断源设为禁止状态。

7-5 如何将定时器中断扩展为外部中断源？

7-6 保护断点和保护现场有什么差别？

7-7 什么是开中断？什么是关中断？

7-8 试用中断技术设计一个秒闪电路，其功能是发光二极管 LED 每秒闪亮 400 ms。主机频率为 6 MHz。

7-9 试设计一个 89C51 单片机的双机通信系统，并编写程序将 A 机片内 RAM 40H～5FH 的数据块通过串行口传送到 B 机的片内 RAM 60H～7FH 中去。要求传送时进行偶校验；若出错，则置 F0 标志为 1。

第 8 章 89C51 单片机的系统扩展

如前所述,单片机的芯片内集成了 CPU、ROM、RAM、定时/计数器和并行 I/O 接口,已经具备了很强的功能,一片单片机基本上就是一台计算机。但是,单片机内部的 ROM、RAM 的容量、定时器、I/O 接口和中断源等资源往往有限,在实际应用中通常不够用,因此需要对单片机的资源进行扩展。

首先需要扩展的是程序存储器和数据存储器。单片机内部虽然有一定数量的存储器,但常常不能满足实际需要,因此要求从外部进行扩展。

其次需要扩展的是输入/输出接口。单片机的主要用途是控制,因此它必须与外部设备打交道,也就是说它需要与外部的输入/输出设备连接。单片机内部虽然设置了 4 个并行 I/O 口,用来与外围设备连接,但当外围设备较多时,I/O 口就显得不够用,在大多数情况下,89C51 单片机都需要扩展输入/输出接口。

本章将重点介绍 89C51 单片机如何扩展程序存储器和数据存储器,如何扩展输入/输出接口,并介绍一些常用接口芯片的结构特点及与单片机的接口方法。

8.1 程序存储器的扩展

89C51 单片机的程序存储器空间和数据存储器空间是相互独立的。程序存储器寻址空间是 64 KB(0000H~FFFFH),其中 89C51 片内含有 4 KB Flash ROM,当片内 Flash ROM 不够用时,需要扩展程序存储器。

8.1.1 程序存储器的分类

程序存储器也称只读存储器(Read Only Memory,ROM)。所谓只读存储器是指 ROM 中的信息,一旦写入以后,就不能随意更改,特别是不能在程序运行过程中再写入新的内容,只能在程序执行过程中读出其中的内容。

根据编程方式的不同,ROM 常分为以下 5 种。

1. 掩膜编程的 ROM

掩膜编程的 ROM,它的编程是由半导体制造厂家完成的。它是厂家在进行生产过程的最后一道掩膜工艺时,根据用户提出的存储内容决定 MOS 管的连接方式,然后把存储内容制作在芯片上,因而制造完毕后用户不能更改所存入的信息。

掩膜型 ROM 适合于大批量生产。它结构简单、集成度高,但掩膜的成本也很高,从经济角度看，只有在大批量生产定型的 ROM 产品时，掩膜 ROM 才合算。

掩膜型 ROM 可用来存储一些标准程序，如监控程序、汇编程序、BASIC 语言的解释程序等；也可以用来存储数学用表（正弦函数表、平方根表等）、代码转换表、逻辑函数表等。

2. 现场编程 ROM（PROM）

现场编程 ROM 也称可编程只读存储器（Programmable Read Only Memory，PROM），其含义是 PROM 的编程可以在工作现场一次完成。PROM 在出厂时并未存储任何信息，用户要用专门的 PROM 编程器，根据自己的需要把信息写入 PROM，才可以在计算机控制系统中使用。但是，PROM 的存储内容一旦写入，也就不能再行更改，即用户只能写入一次。

3. EPROM

EPROM 是可多次改写、可现场编程的只读存储器（Erasable Programmable Read Only Memory，EPROM）。用户既可以对 EPROM 自行写入信息，也可以将信息全部擦除，并且需用紫外线来擦除已存信息。

在 EPROM 的外壳上方的中央有一个圆形的"窗口"，紫外线可以从这个窗口照进器件的内部以实现擦除的功能。EPROM 在需要擦除已写入的信息时，需要从系统上拆除下来，放进 EPROM 擦除器中擦除，也可直接用紫外灯光擦除，擦除时间约 20 min。由于阳光中有紫外光的成分，为了避免 EPROM 的内容在阳光下逐渐自动擦除，应用一种不透明的标签贴在 EPROM 的窗口上，以避免丢失信息。

对 EPROM 编程是采用电信号编程，可由用户使用专门的 EPROM 编程器自行写入。在单片机系统运行过程中，其内容不能随机写入，只能读出。

4. EEPROM

EEPROM 是一种用电信号编程、电信号擦除的只读存储器。EEPROM 在擦除时不必将它从系统上拆除下来，而直接在电系统中就可以擦除或写入；EEPROM 既能在应用系统中进行在线改写，也能在断电情况下保存其内的数据，兼有程序存储器和数据存储器的特点，一般用来存储系统的一些参数，这些参数根据需要可随时修改。

EEPROM 写入数据的速度较慢，写入次数也是有限的，为几百次到几万次不等。

EEPROM 比 EPROM 性能优越，但价格较高。

5. Flash ROM

Flash ROM 是从 EEPROM 类型中分支出来的，是一种可以电擦除、电写入、非易失性的闪速存储器，可以通过在线下载改写程序，它的主要特点是在不加电的情况下能长期保持存储的信息，使用方便，价格低廉，可多次擦除，近年来应用广泛。

8.1.2 典型程序存储器芯片介绍

89C51 单片机系统扩展中使用最多的程序存储器芯片是 Intel 公司的 EPROM 系列芯片 2716（2K×8）、2732（4K×8）、2764（8K×8）、27128（16K×8）、27256（32K×8）、27512

以及 EEPROM 系列芯片 2817A 和 2864A 等。

1. 2716 EPROM 存储器

2716 是 2K×8 位紫外线擦除电可编程只读存储器，单一 +5 V 电源供电，运行时最大功耗为 252 mW，维持功耗为 132 mW，读出时间最大为 450 ns，2716 为 24 脚双列直插式封装，其引脚及功能如图 8-1 所示，其 5 种工作方式如表 8-1 所示。

A0～A10	地址线
O0～O7	数据线
$\overline{CE}$	片选线
$\overline{OE}$	数据输出选通线
VPP	编程电源
VCC	主电源

（a）引脚功能

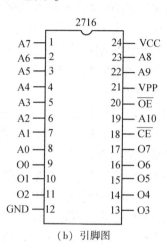

（b）引脚图

图 8-1 2716 引脚及其功能

表 8-1 2716 工作方式选择

方式 \ 引脚	$\overline{CE}$ (18)	$\overline{OE}$ (20)	VPP (21)	VCC (24)	输出 (9～11，13～17)
读	L	L	5 V	5 V	DOUT
维持	H	任意	5 V	5 V	高阻
编程	正脉冲	H	21 V	5 V	DIN
编程检验	L	L	21 V	5 V	DOUT
编程禁止	L	H	21 V	5 V	高阻

注：L 表示 TTL 低电平，H 表示 TTL 高电平，DOUT 表示数据输出，DIN 表示数据输入。

2. 2732 EPROM 存储器

2732 是 4K×8 位紫外线擦除电可编程只读存储器，单一 +5 V 电源供电，最大工作电流为 100 mA，维持电流为 35 mA，读出时间最大为 250 ns。2732 为 24 脚双列直插式封装，其引脚及功能如图 8-2 所示，其 5 种工作方式如表 8-2 所示。

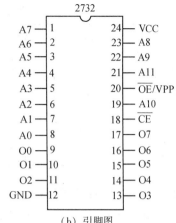

A0～A11	地址线
O0～O7	数据线
$\overline{OE}$/VPP	输出允许/编程电源
$\overline{CE}$	片选线

(a) 引脚功能　　　　　　　　　　　　(b) 引脚图

图 8-2　2732 引脚及其功能

表 8-2　2732 工作方式选择

方式 \ 引脚	$\overline{CE}$ (18)	$\overline{OE}$/VPP (20)	VCC (24)	输出 (9～11, 13～17)
读	L	L	5 V	DOUT
维持	H	任意	5 V	高阻
编程	L	21 V	5 V	DIN
编程检验	L	L	5 V	DOUT
编程禁止	H	21 V	5 V	高阻

3. 2764A EPROM 存储器

2764A 是 8K×8 位紫外线擦除电可编程只读存储器，单一+5 V 电源供电，最大工作电流为 75 mA，维持电流为 35 mA，读出时间最大为 250 ns，2764A 为 28 脚双列直插式封装，其引脚及功能如图 8-3 所示，其 5 种工作方式如表 8-3 所示。

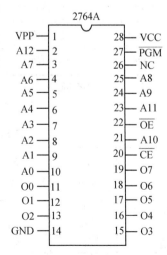

A0～A12	地址线
O0～O7	数据线
$\overline{OE}$	数据输出选通线
$\overline{CE}$	片选线
$\overline{PGM}$	编程脉冲输入
VPP	编程电源

(a) 引脚功能　　　　　　　　　　　　(b) 引脚图

图 8-3　2764A 引脚及其功能

表 8-3 2764A 工作方式选择

方式\引脚	$\overline{CE}$ (20)	$\overline{OE}$ (22)	$\overline{PGM}$ (27)	VPP (1)	VCC (28)	输出 (11～13, 15～19)
读	L	L	H	5 V	5 V	DOUT
维持	H	任意	任意	5 V	5 V	高阻
编程	L	H	L	12.5 V	6 V	DIN
编程检验	L	L	H	12.5 V	6 V	DOUT
编程禁止	H	任意	任意	12.5 V	6 V	高阻

4. 27128A EPROM 存储器

27128A 是 16K×8 位紫外线擦除电可编程只读存储器，单一+5 V 电源供电，工作电流为 100 mA，维持电流为 40 mA，读出时间最大为 250 ns，27128A 为 28 脚双列直插式封装，其引脚及功能如图 8-4 所示，其 5 种工作方式如表 8-4 所示。

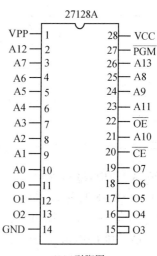

A0～A13	地址线
O0～O7	数据线
$\overline{OE}$	数据输出选通线
$\overline{CE}$	片选线
$\overline{PGM}$	编程脉冲输入
VPP	编程电源

(a) 引脚功能 　　　　　　　　(b) 引脚图

图 8-4 27128A 引脚及其功能

表 8-4 27128A 工作方式选择

方式\引脚	$\overline{CE}$ (20)	$\overline{OE}$ (22)	$\overline{PGM}$ (27)	VPP (1)	VCC (28)	输出 (11～13, 15～19)
读	L	L	H	5 V	5 V	DOUT
维持	H	任意	任意	5 V	5 V	高阻
编程	L	H	L	12.5 V	6 V	DIN
编程检验	L	L	H	12.5 V	6 V	DOUT
编程禁止	H	任意	任意	12.5 V	6 V	高阻

5. 27256 EPROM 存储器

27256 是 32K×8 位紫外线擦除电可编程只读存储器，单一+5 V 电源供电，工作电流为 100 mA，维持电流为 40 mA，读出时间最大为 250 ns。27256 为 28 脚双列直插式封装，其引脚及其功能如图 8-5 所示，其 5 种工作方式如表 8-5 所示。

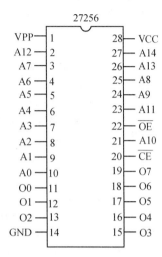

A0～A14	地址线
O0～O7	数据线
$\overline{OE}$	数据输出选通线
$\overline{CE}$	片选线
VPP	编程电源

(a) 引脚功能　　　　　　　　　　(b) 引脚图

图 8-5　27256 引脚及其功能

表 8-5　27256 工作方式选择

方式 \ 引脚	$\overline{CE}$ (20)	$\overline{OE}$ (22)	VPP (1)	VCC (28)	输出 (11～13, 15～19)
读	L	L	5 V	5 V	DOUT
维持	H	任意	5 V	5 V	高阻
编程	L	H	12.5 V	6 V	DIN
编程检验	L	L	12.5 V	6 V	DOUT
编程禁止	H	H	12.5 V	6 V	高阻

6. 2817A 并行 EEPROM 存储器

2817A 是新一代电擦除电可编程只读存储器，片内的每个单元可经受 10 000 次的擦除/写入循环。每次写入的数据可保存 10 年以上。2817A 存储容量为 2K×8 位，采用单一+5 V 电源供电，工作电流为 150 mA，维持电流为 55 mA，读出时间最大为 250 ns。由于其片内设有编程所需的高压脉冲产生电路，因此不必外加编程电源和编程脉冲即可工作。2817A 为 28 脚双列直插式封装，其引脚及功能如图 8-6 所示，2817A 的 3 种工作方式如表 8-6 所示。

引脚	功能
A0～A10	地址线
I/O0～I/O7	数据线（双向）
$\overline{CE}$	片选线
$\overline{OE}$	输出使能
$\overline{WE}$	写入使能
RDY/$\overline{BUSY}$	器件忙闲状态指示
NC	空脚

(a) 引脚功能

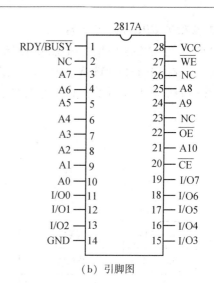

(b) 引脚图

图 8-6　2817A 引脚及其功能

表 8-6　2817A 工作方式选择（VCC=+5 V）

方式\引脚	$\overline{CE}$ (20)	$\overline{OE}$ (22)	$\overline{WE}$ (27)	RDY/$\overline{BUSY}$ (1)	输入/输出 (11～13, 15～19)
读	L	L	H	高阻	DOUT
维持	H	任意	任意	高阻	高阻
字节写入	L	H	L	L	DIN
字节擦除	字节写入之前自动清除				

注：表中 RDY/$\overline{BUSY}$ 线是漏极开路输出。

2817A 采用了 HMOS-E 工艺，因而提高了片内的集成度，使之具有地址锁存器、数据锁存器和写定时电路，故无须外加硬件逻辑即可直接与 89C51 单片机及其他 Intel 公司生产的微处理器总线相连，大大简化了系统设计。

2817A 的读操作与普通 EPROM 的读操作相同，所不同的只是可以在线进行字节的写入操作。2817A 在写入一个字节的指令码或数据之前，自动地对所要写入的单元进行擦除，而不必进行专门的字节/芯片擦除操作。可见，使用 2817A EEPROM 就如同使用静态 RAM 一样方便。

当向 2817A 发出字节写入命令后，2817A 便锁存地址、数据及控制信号，从而启动一次写操作。

2817A 的写入时间大约为 16 ms，在此期间，2817A 的 RDY/$\overline{BUSY}$ 脚呈低电平，表示 2817A 正在进行写操作，此时它的数据总线呈高阻状态，因而允许 CPU 在此期间执行其他任务。一旦一次字节写入操作完毕，2817A 便将 RDY/$\overline{BUSY}$ 线置高电平，通知 CPU，CPU

又可以对 2817A 进行新的读/写操作。

7. 2864A 并行 EEPROM 存储器

2864A 是 8K×8 位电擦除电可编程只读存储器，采用单一+5 V 电源供电，最大工作电流为 160 mA，最大维持电流为 60 mA，典型读出时间最大为 250 ns。由于芯片内部设有"页缓冲器"，因而允许对其快速写入。2864A 内部可提供编程所需的全部定时，编程结束可给出查询标志。2864A 的引脚与 SRAM6264A 完全兼容，为 28 脚双列直插式封装，其引脚及功能如图 8-7 所示，2864A 的 4 种工作方式如表 8-7 所示。

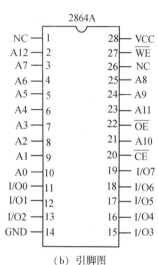

引脚	功能
A0～A12	地址线
I/O0～I/O7	数据线（双向）
$\overline{CE}$	片选线
$\overline{OE}$	输出使能
$\overline{WE}$	写入使能
NC	空脚

（a）引脚功能　　　　　　　　　　　（b）引脚图

图 8-7　2864A 引脚及其功能

表 8-7　2864A 工作方式选择

方式 \ 引脚	$\overline{CE}$ (20)	$\overline{OE}$ (22)	$\overline{WE}$ (27)	输入/输出 (11～13, 15～19)
读	L	L	H	DOUT
维持	H	×	×	高阻
写	L	H	负脉冲	DIN
$\overline{DATA}$ 查询	L	L	H	$\overline{DOUT}$

注：$\overline{DATA}$ 查询为数据查询方式。

8.1.3　典型程序存储器的扩展方法

1. 程序存储器扩展方法

用 EPROM 作为单片机外部程序存储器是目前最常用的程序存储器扩展方法。

程序存储器扩展时，一般扩展容量都大于 256 B，因此，除了由 P0 口提供低 8 位地址线外,还需要由 P2 口提供若干条地址线。EPROM 所需的地址线数决定于其容量的大小,当 EPROM 为 2 KB 时地址线为 11 根,4 KB 时为 12 根,8 KB 时为 13 根,16 KB 时为 14 根,32 KB 时为 15 根,64 KB 时为 16 根。

图 8-8 为 EPROM 程序存储器基本扩展电路,图中未画无关电路。

如果系统中只扩展一片 EPROM 时,不需要控制片选信号,EPROM 的片选端 $\overline{CE}$ 接地即可。如图 8-8(a)所示,AN 为最高地址位,如果扩展 2 KB 时,AN = A10;如果扩展 4 KB 时,AN = A11;如果扩展 8 KB 时,AN = A12。

如果系统扩展两片 EPROM 时,可以用 P2 口的剩余口线直接接到 EPROM(1)的片选端 $\overline{CE}$,经过反相器后再接到另一个 EPROM(2)的片选端 $\overline{CE}$ 上。如图 8-8(b)所示。

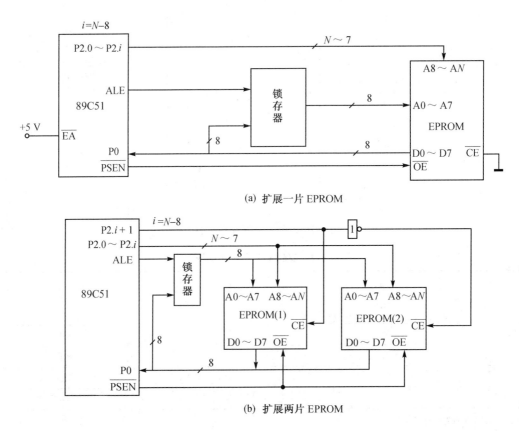

图 8-8 EPROM 程序存储器基本扩展电路

2. 地址锁存器

在基本扩展电路中,用到地址锁存器。这是因为 P0 口是数据总线和低 8 位地址总线分时复用口,P0 口输出的低 8 位地址必须用地址锁存器进行锁存。常用的地址锁存器有 74LS373、8282 和 74LS273 等,其引脚图如图 8-9 所示。

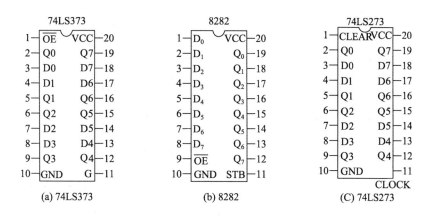

图 8-9 地址锁存器的引脚图

74LS273 是带清除端的 8D 锁存器,只有清除端 CLEAR 为高电平时,才有锁存功能,锁存控制端为 11 脚 CLK,且为上升沿锁存。

74LS373 和 8282 都是带有三态门的 8D 锁存器。其原理结构图如图 8-10 所示。

当三态门的使能信号线 $\overline{OE}$ 为低电平时,三态门处于导通状态,允许 Q 端输出;当 $\overline{OE}$ 端为高电平时,输出三态门断开,输出端对外电路呈高阻状态。因此 74LS373 用作地址锁存器时,首先应使三态门的使能信号端 $\overline{OE}$ 为低电平,这时,当 G 输入端为高电平时,锁存器输出端(1Q~8Q)状态和输入端(1D~8D)状态相同;当 G 端从高电平返回低电平(下降沿)时,输入端的数据锁存入 1Q~8Q 中。

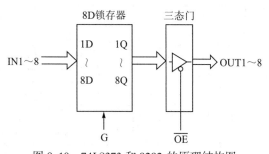

图 8-10 74LS373 和 8282 的原理结构图

使用 74LS373、8282 或 74LS273 作地址锁存器与单片机 P0 口的连接方法如图 8-11 所示。

由图 8-11 可以看出,3 种锁存器引脚互不兼容,74LS373 和 8282 的锁存控制端 G 和 STB 可直接与单片机的锁存控制信号端 ALE 相连,在 ALE 下降沿进行地址锁存。而 74LS273 的 CLK 是上升沿锁存,为了满足单片机地址锁存的时序,ALE 端输出的锁存控制信号必须加反相器才能与 CLK 相连。

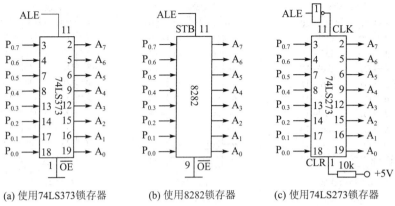

图 8-11 单片机 P0 口与地址锁存器的连接方法

8.1.4 典型程序存储器扩展电路

下面介绍几种典型的 EPROM 扩展电路。

1. 扩展 2 KB 的 EPROM

图 8-12 是扩展 2 KB EPROM 线路图。图 8-12 中 8D 锁存器 74LS373 的三态控制端 $\overline{OE}$ 接地，以保持输出常通。其三态输出还有一定的驱动能力，G 端与 ALE 相连接，每当 ALE 下跳变时，74LS373 锁存低 8 位地址 A0～A7。

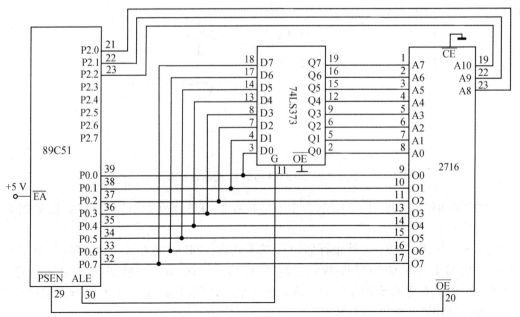

图 8-12 89C51 与 2716 的接口电路

2716 是 2K×8 位的 EPROM 芯片,有 11 根地址线 A0 ～ A10,其中低 8 位地址线通过锁存器与 89C51 的 P0 口相连,高三位地址线与 89C51 的 P2.0 ～ P2.2 相连。当 89C51 发出 11 位地址信息时,分别选中 2716 片内 2 KB 存储器中各单元。

2716 的 8 根数据线直接与 89C51 的 P0 口相连。

2716 的$\overline{OE}$端是输出使能端,与单片机的$\overline{PSEN}$端相连,当$\overline{PSEN}$有效时,把 2716 中的指令或数据送入 P0 口线。

2716 的$\overline{CE}$引脚为片选信号输入端,低电平有效,当$\overline{CE}$有效时,表示选中该芯片。该片选信号决定了 2716 的 2 KB 存储器在整个 64 KB 程序存储器空间的位置。外部程序存储器采用单片电路时,其片选端可直接接地。根据上述电路接法,2716 占有的 2 KB 程序存储器地址空间有多个,见表 8-8。

表 8-8 2716 的寻址范围

P2.7	P2.6	P2.5	P2.4	P2.3	A10 P2.2	A9 P2.1	A8 P2.0	A7 P0.7	A6 P0.6	A5 P0.5	A4 P0.4	A3 P0.3	A2 P0.2	A1 P0.1	A0 P0.0	寻址范围
×	×	×	×	×	0	0	0	0	0	0	0	0	0	0	0	1000H
×	×	×	×	×	1	1	1	1	1	1	1	1	1	1	1	17FFH

注:P2.7 ～ P2.3 为无关位,可以是 00000 ～ 11111,本表设为 00010。

关于 89C51 单片机的$\overline{EA}$端的接法:当使用 89C51 时,由于其内部有 4 KB Flash ROM,故$\overline{EA}$接高电平,系统从内部程序存储器开始读 4 KB 的程序,然后自动转到外部程序存储器读程序,以充分利用单片机内部的程序存储器。此时,片外 ROM 的起始地址应该安排在 1000H。

P2 口用做扩展程序存储器的高 8 位地址线,即使没有全部占用,但空余的几根线已不宜做通用 I/O 口线,否则将给软件的编写和使用上带来相当多的麻烦。一般情况下,空余的高位地址线可作为其他芯片的片选线,或作为译码器的输入。

2. 扩展 4 KB 的 EPROM

如图 8-13 所示。2732 是 4K×8 位 EPROM 器件,有 12 根地址线 A0 ～ A11,2732 与 89C51 的连接同 2716 类似,其中低 8 位地址线通过锁存器与 89C51 的 P0 口相连,高 4 位地址线与 89C51 的 P2.0 ～ P2.3 相连。当 89C51 发出 12 位地址信息时,可以选中 4 KB 程序存储器中任何单元。同样,2732 的 8 根数据线直接与 89C51 的 P0 口相连。2732 的$\overline{OE}$端直接与 89C51 的$\overline{PSEN}$端相连。

2732 的片选信号$\overline{CE}$接地,显然该 2732 占有的地址空间可以为 0000H ～ 0FFFH,见表 8-9。

图中地址锁存器选用 8282 器件,它的功能与 74LS373 一样,前者属于 Intel 系列器件,后者是 74LS 系列通用 TTL 器件。

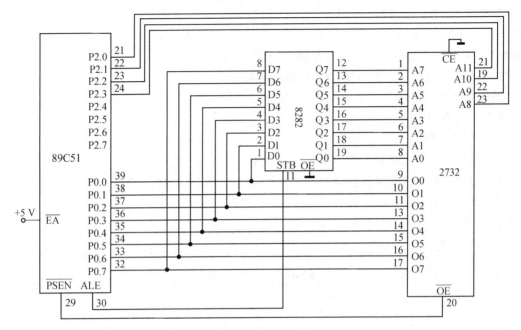

图 8-13　89C51 与 2732 的接口电路

表 8-9　2732 的寻址范围

P2.7	P2.6	P2.5	P2.4	A11 P2.3	A10 P2.2	A9 P2.1	A8 P2.0	A7 P0.7	A6 P0.6	A5 P0.5	A4 P0.4	A3 P0.3	A2 P0.2	A1 P0.1	A0 P0.0	寻址范围
×	×	×	×	0 1	0 1	0 1	0 1	0 1	0 1	0 1	0 1	0 1	0 1	0 1	0 1	1000H 1FFFH

注：P2.7～P2.4 为无关位，可以是 0000～1111，本表设为 0001。

3. 扩展 16 KB 的 EPROM

扩展较大容量的存储器有两种方法：用一片大容量存储器或选用多片同型号的较小容量存储器。图 8-14（a）为扩展一片 27128 的方案。图中 27128 是 16 K×8 位的 EPROM 器件，其 14 根地址线 A0～A13 可选中 27128EPROM 中任意单元。27128 的片选信号 $\overline{CE}$ 接地，显然该 27128 的地址范围可以是 0000H～3FFFH，见表 8-10。

表 8-10　27128 的寻址范围

P2.7	P2.6	A13 P2.5	A12 P2.4	A11 P2.3	A10 P2.2	A9 P2.1	A8 P2.0	A7 P0.7	A6 P0.6	A5 P0.5	A4 P0.4	A3 P0.3	A2 P0.2	A1 P0.1	A0 P0.0	寻址范围
×	×	0 1	0 1	0 1	0 1	0 1	0 1	0 1	0 1	0 1	0 1	0 1	0 1	0 1	0 1	4000H 7FFFH

注：P2.7～P2.6 为无关位，可以是 00～11，本表为 01。

第 8 章 89C51 单片机的系统扩展

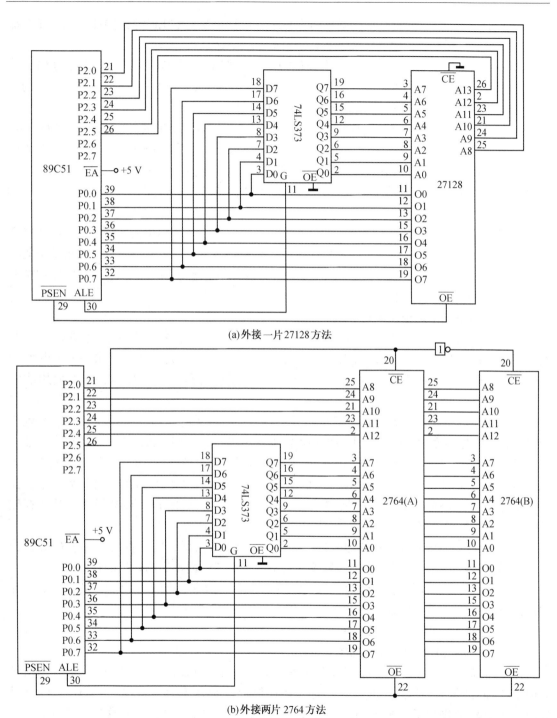

(a) 外接一片 27128 方法

(b) 外接两片 2764 方法

图 8-14　89C51 扩展 16 KB 的程序存储器接口电路

图 8-14（b）是另一种常用方案。通常采用几片较小容量的 EPROM 器件组成程序存储器扩展系统，这样在调试时比较灵活，便于修改。

图 8-14（b）扩展了 2 片 8K×8 位 EPROM 器件 2764A 和 2764B，设无关位为 01，当 P2.5 为低电平时，选中 2764(A)，高电平时经反相器选中 2764(B)，显然，2764(A) 的地址为 4000H ～ 5FFFH，2764(B) 的地址为 6000H ～ 7FFFH。

更简单的方法是用线选法实现片选，由 P2.5 接 2764(A) 的 $\overline{CE}$ 端，由 P2.6 接 2764(B) $\overline{CE}$ 端，省去了反相器。在这种情况下，2764(A) 的存储器地址为 4000H ～ 5FFFH，而 2764(B) 的地址为 2000H ～ 3FFFH，在使用时应注意存储空间不能重叠，并应保证地址连续。实际上，在选通 2764(A) 时，必须保证 P2.6 = 1 且 P2.5 = 0，在选通 2764(B) 时，必须保证 P2.6 = 0 且 P2.5 = 1，与其他高位地址无关。

从以上各种程序存储器扩展电路可以看出，扩展的方式是多样化的，根据系统的功能要求和存储器容量可以灵活应用，在剖析现成产品时务必注意正确估算各存储器的地址空间。

一般地，89C51 扩展系统不会单独地扩展程序存储器，它必须同扩展数据存储器和扩展 I/O 接口联系起来，综合考虑。

4. 程序存储器 EEPROM 的扩展

电擦除可编程只读存储器（EEPROM），其主要优点是能在应用系统中进行在线改写，并能在断电情况下保存数据而不需要保护电源。特别是近年来生产的 +5 V 电擦除 EEPROM，通常不需要设置单独的擦抹操作，可在写入过程中自动擦抹，因而使用非常方便。

EEPROM 兼有程序存储器和数据存储器的特点，故在单片机应用系统中即可作为程序存储器，也可作为数据存储器。作为程序存储器使用时，其连接方式应与一般程序存储器三总线的连接方式相同。考虑到 EEPROM 具有可以在线写入的特点，为方便程序的修改，可以连接写入信号 $\overline{WR}$。此外，EEPROM 中的 $\overline{OE}$ 引脚信号常由 $\overline{RD}$ 和 $\overline{PSEN}$ 相"与"后提供，无论是 $\overline{RD}$ 有效还是 $\overline{PSEN}$ 有效，都能使 $\overline{OE}$ 有效，这种连接方法是把 EEPROM 既作为程序存储器，也作为数据存储器。

当将 EEPROM 作为数据存储器时，与单片机的接口较灵活，既可直接将 EEPROM 作为片外数据存储器扩展，也可以作为一般外围设备电路扩展，而不影响数据的存取。

值得注意的是：对 EEPROM 写入时，应使用 MOVX 指令，这时将 EEPROM 看做是外部扩展 RAM，所写入单元地址是把 EEPROM 作为片外 RAM 地址。

1）并行 EEPROM 2817A 的扩展

2817A 与 89C51 的硬件连接如图 8-15 所示。

这种连接方法是把 EEPROM 既作为程序存储器，也作为数据存储器空间，将 $\overline{PSEN}$ 信号与 $\overline{RD}$ 信号相"与"，其输出作为单一的公共存储器读选通信号。这样，89C51 就可以对 2817A 进行读/写操作了。图 8-15 中 89C51 采用查询方式对 2817A 的写操作进行管理。

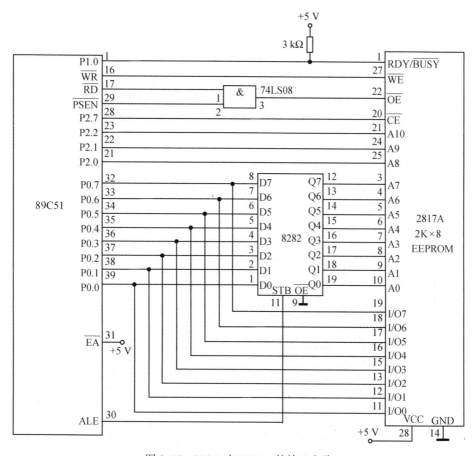

图 8-15　89C51 与 2817A 的接口电路

片外 RAM 与 RAM 之间传送数据块的程序，改为从 RAM 向 EEPROM 传送数据块的程序，只需增加一条判别接到 P1.0 引脚上的 RDY/BUSY 信号电平的判位跳转指令（WAIT：JNB P1.0，WAIT）即可实现。

运行下面的程序，可将地址在 7000H～77FFH 范围内 2817A 的 2048 个单元全部改写成 0EEH，整个程序的运行时间大约为 8 s。

```
        ORG     0100H
START:  MOV     DPL, #00H
        MOV     DPH, #70H
LOOP:   MOV     A, #0EEH
        MOVX    @DPTR, A
WAIT:   JNB     P1.0, WAIT
        INC     DPTR
```

```
        MOV     A, DPH
        CJNE    A, #78H, LOOP
        RET
```

需要指出的是，为了减小单片机的软件开销，可以采用中断的方法对 2817A 的写入进行控制，即将 RDY/$\overline{\text{BUSY}}$ 引脚与单片机的中断请求输入 $\overline{\text{INT1}}$ 引脚相连。这样，每当 2817A 完成一次字节的写入，便向单片机提出中断请求。采用此法，CPU 可以随时对 2817A 进行写入，并不占用主机过多的时间。

2）并行 EEPROM 2864A 的扩展

2864A 与 89C51 的接口电路如图 8-16 所示。

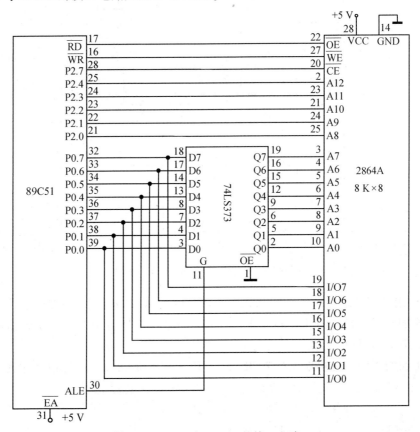

图 8-16　89C51 与 2864A 的接口电路

图 8-16 中 8D 锁存器 74LS373 的三态控制端 $\overline{\text{OE}}$ 接地，以保持输出常通。其三态输出还有一定的驱动能力。G 端与 ALE 相连接，每当 ALE 下跳变时，74LS373 锁存低 8 位地址线 A0～A7。

2864A 是 8K×8 位的 EPROM 芯片，有 13 根地址线 A0～A12，这 13 根地址线分别与

89C51 的 P0 口（通过 74LS373）和 P2.0～P2.4 相连。

由此可见，2864A 与 EPROM 2764 的连接方法基本相同。所不同的是 2864A 的控制信号比 2764 多了一条写入信号 $\overline{WE}$，以方便在应用系统中进行在线改写。

8.2 数据存储器的扩展

89C51 片内有 128 B 的 RAM 存储器，在实际应用中仅靠这 128 B 的数据存储器是远远不够的。这种情况下可利用 89C51 单片机所具有的扩展功能，扩展外部数据存储器。89C51 单片机最大可扩展 64 KB RAM。常用的数据存储器有静态数据存储器 RAM 和动态数据存储器，由于在实际应用中，需要扩展的容量不大，所以一般采用静态 RAM，如 SRAM 6116、6264 等。

8.2.1 典型数据存储器的扩展方法

数据存储器空间地址同程序存储器一样，由 P2 口提供高 8 位地址，P0 口分时提供低 8 位地址和 8 位双向数据线。数据存储器的读和写由 $\overline{RD}$ 和 $\overline{WR}$ 信号控制，而程序存储器由读选通信号 $\overline{PSEN}$ 控制，两者虽然共处同一地址空间，但由于控制信号不同，故不会发生总线冲突。

访问片外数据存储器时，仅用 4 条寄存器间接寻址指令：

MOVX　A，@Ri
MOVX　A，@DPTR
MOVX　@Ri，A
MOVX　@DPTR，A

显然前两条指令将数据从片外 RAM 中读出，后两条指令将数据写入片外 RAM。

若扩展数据存储器字节少于 256 B 时，可用 "MOVX A，@Ri" 类指令。执行此类指令时，仅访问 256 个字节的地址空间；若扩展数据存储器空间在 64 KB 范围时，可用 "MOVX A，@DPTR" 类指令。执行此类指令时，可以访问用 P2 口和 P0 口提供的 16 根地址线所形成的 64 KB 空间。

图 8-17 给出了单片机扩展外部 RAM 的电路结构框图。

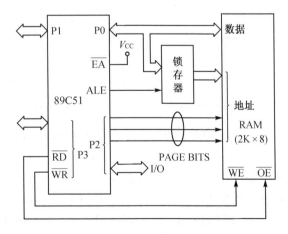

图 8-17　扩展外部 RAM 的电路结构框图

8.2.2 典型数据存储器的扩展电路

1. 6116 静态 RAM 的扩展

6116 是 2K×8 位静态随机存储器,采用 CMOS 工艺制造,单一+5V 电源供电,额定功耗 160 mW,典型存取时间 200 ns,为 24 线双列直插式封装,其引脚图如图 8-18 所示。工作方式选择如表 8-11 所示。

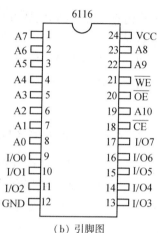

(a) 引脚功能　　　　　　　　　(b) 引脚图

图 8-18　6116 引脚及其功能

表 8-11　6116 工作方式选择

$\overline{CE}$	$\overline{OE}$	$\overline{WE}$	方式	D0～D7
H	×	×	未选中	高阻
L	L	H	读	DOUT
L	H	L	写	DIN
L	L	L	写	DIN

6116 与 89C51 的硬件连接如图 8-19 所示。

6116 的地址线、数据线的接法同程序存储器的接法一样,6116 的写允许$\overline{WE}$和读允许$\overline{OE}$分别与 89C51 的$\overline{WR}$(P3.6)和$\overline{RD}$(P3.7)连接,以实现写/读控制,6116 的片选控制端$\overline{CE}$接地常选通。在扩展一片 RAM 时,这是一种最简单的连接方法。

对应图 8-19 的线路,若采用"MOVX @DPTR"类指令访问片外 RAM 时,89C51 的 P0 口和 P2 口的全部 16 根口线同时用做传递地址信息。尽管 6116 只与 89C51 的 P0 口和 P2.0～P2.2 共11 根地址线连接,但 89C51 中余下的 5 根 P2.3～P2.7 线已无法做通用 I/O 口线使用了,这是由于在送出地址时,口线内锁存的 I/O 信息被暂时切换成地址信息。如果

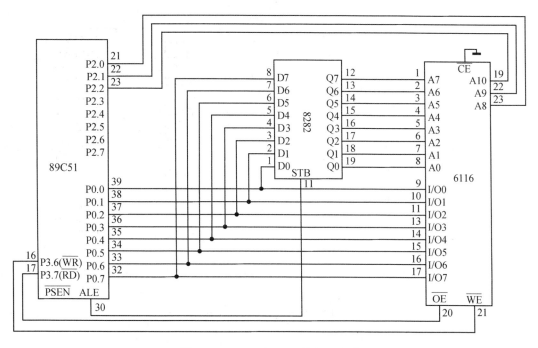

图 8-19　89C51 与 6116 的接口电路

仍希望利用 P2.3～P2.7 线做通用 I/O 口线，可用 I/O 输出方法由 P2.0～P2.2 送出高 3 位地址（同时保留 P2.3～P2.7 口的信息），采用"MOVX @Ri"指令送出低 8 位和读/写 RAM。例如，从 6116 读一个字节的子程序如下。

```
SUBRD:  MOV  A,#addrH        ;高3位地址送累加器
        MOV  R0,#addrL       ;设置低8位地址指针
        ANL  P2,#11111000B   ;保留P2.3～P2.7内容,清P2.0～
                              P2.2内容
        ORL  P2,A            ;P2.0～P2.2送出高3位地址
        MOVX A,@R0           ;读入一个字节
        RET
```

2. 6264 静态 RAM 的扩展

6264 是 8K×8 位静态随机存储器，采用 CMOS 工艺制造，单一 +5 V 电源供电，额定功耗 200 mW，典型存取时间 200 ns，为 28 线双列直插式封装，其引脚图如图 8-20 所示。工作方式选择如表 8-12 所示。

A0～A12	地址线
I/O0～I/O7	双向数据线
$\overline{CE1}$	片选线1
CE2	片选线2
$\overline{WE}$	写允许线
$\overline{OE}$	读允许线

（a）引脚功能

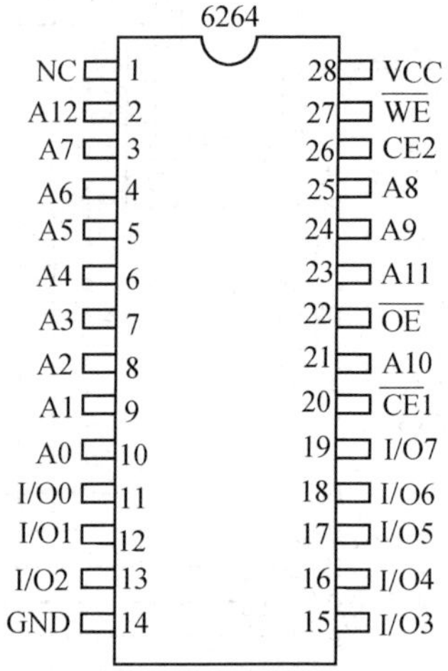

（b）引脚图

图 8-20 6264 引脚及其功能

表 8-12 6264 工作方式选择

$\overline{WE}$	$\overline{CE1}$	CE2	$\overline{OE}$	方式	D0～D7
×	H	×	×	未选中（掉电）	高阻
×	×	L	×	未选中（掉电）	高阻
H	L	H	H	输出禁止	高阻
H	L	H	L	读	DOUT
L	L	H	H	写	DIN
L	L	H	L	写	DIN

　　6264 与 89C51 的硬件连接如图 8-21 所示。

　　在图 8-21 中，6264 的片选线$\overline{CE1}$接 89C51 的 P2.7，第二片选线 CE2 接高电平，保持一直有效状态，6264 是 8 KB 容量的 RAM，故使用了 13 根地址线。

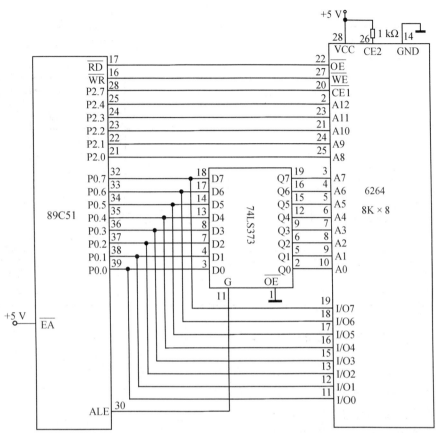

图 8-21　89C51 与 6264 的接口电路

8.3　89C51 单片机片选方法简介

当单片机控制系统需要同时扩展多片程序存储器和数据存储器时,为了控制片与片之间的工作,就要选择合适的片选方法。89C51 单片机片选方法有线选法和译码法两种。

8.3.1　线选法

当单片机控制系统采用多片存储器芯片时,比较简单的一种方法是采用线选法寻址,片选法即用空余的高位地址线作片选线。图 8-22 是片外扩展 16 KB 数据存储器和 16 KB 程序存储器结构框图。

图中,地址锁存器 74LS373 输出低 8 位地址,89C51 的 P2.4～P2.0 输出高 5 位地址,13 根地址线寻址范围为 8 KB,正好对应 EPROM 2764 或 RAM 2764 8KB 地址单元。P2.5～P2.6 分别选通 IC1、IC2、IC3、IC4,对应的寻址范围如下:

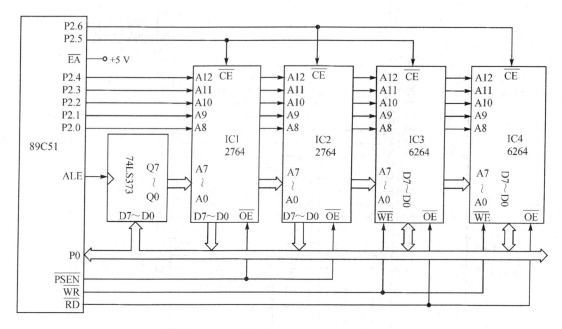

图 8-22　片外扩展 16 KB 数据存储器和 16 KB 程序存储器结构框图

IC1：程序存储器寻址范围 4000H～5FFFH。
IC2：程序存储器寻址范围 2000H～3FFFH。
IC3：数据存储器寻址范围 4000H～5FFFH。
IC4：数据存储器寻址范围 2000H～3FFFH。

线选法的特点是连接简单，不必专门设计逻辑电路，在简单的场合有实用价值，只是芯片占的空间不紧凑，地址空间利用率低，并且可作为片选的高位地址线有限，只能连接几个芯片。

8.3.2　译码法

译码法是由译码器组成译码电路，译码电路将地址空间划分若干块，其输出端分别选通一片存储器芯片，这样既充分利用存储空间，又避免了空间分散的缺点。

常用的译码器有 74LS138 和 74LS139 等，74LS138 和 74LS139 的逻辑功能真值表和引脚图分别如图 8-23 和图 8-24 所示。

74LS138 是 "3-8" 译码器，具有 3 个选择输入端，可组合成 8 种输入状态。8 个输出端，每个输出端分别对应 8 种输入状态中的 1 种，0 电平有效。换句话讲，对应每种输入状态，仅允许 1 个输出端为 0 电平，其余全为 1。3 个使能端 E3、$\overline{E2}$ 和 $\overline{E1}$ 的状态如图 8-23（a）所示。

74LS139 是双 "2-4" 译码器，每个译码器仅有 1 个使能端 $\overline{G}$，0 电平选通；有两个选择输入，4 个译码输出，输出 0 电平有效。图 8-25 是采用 74LS139 译码器扩展存储器的一个实例。P2.7 输出为 0，选中 74LS139。P2.6 和 P2.5 两根地址线组成的 4 种状态可选中位于不同地址空间的芯片。

输入		输出							
使能	选择	Y0	Y1	Y2	Y3	Y4	Y5	Y6	Y7
E3 $\overline{E2}$ $\overline{E1}$	C B A								
1 0 0	0 0 0	0	1	1	1	1	1	1	1
1 0 0	0 0 1	1	0	1	1	1	1	1	1
1 0 0	0 1 0	1	1	0	1	1	1	1	1
1 0 0	0 1 1	1	1	1	0	1	1	1	1
1 0 0	1 0 0	1	1	1	1	0	1	1	1
1 0 0	1 0 1	1	1	1	1	1	0	1	1
1 0 0	1 1 0	1	1	1	1	1	1	0	1
1 0 0	1 1 1	1	1	1	1	1	1	1	0
0 × ×	× × ×	1	1	1	1	1	1	1	1
× 1 ×	× × ×	1	1	1	1	1	1	1	1
× × 1	× × ×	1	1	1	1	1	1	1	1

(a) 真值表

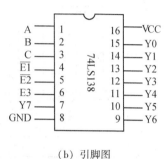

(b) 引脚图

图 8-23 74LS138 真值表及引脚图

输入		输出			
使能	选择	Y0	Y1	Y3	Y4
$\overline{G}$	B A				
1	× ×	1	1	1	1
0	0 0	0	1	1	1
0	0 1	1	0	1	1
0	1 0	1	1	0	1
0	1 1	1	1	1	0

(a) 真值表

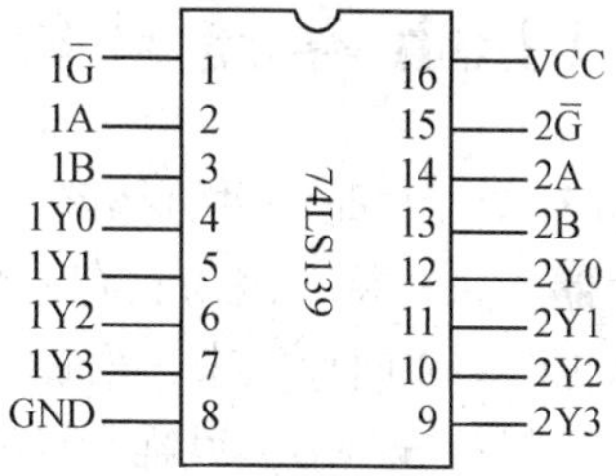

(b) 引脚图

图 8-24 74LS139 真值表及引脚图

各芯片的寻址范围如下。

  IC1：程序存储器寻址范围 0000H～1FFFH。
  IC2：程序存储器寻址范围 2000H～3FFFH。
  IC3：数据存储器寻址范围 0000H～1FFFH。
  IC4：数据存储器寻址范围 4000H～5FFFH。
  Y3 的寻址范围是 6000H～7FFFH，未被使用。

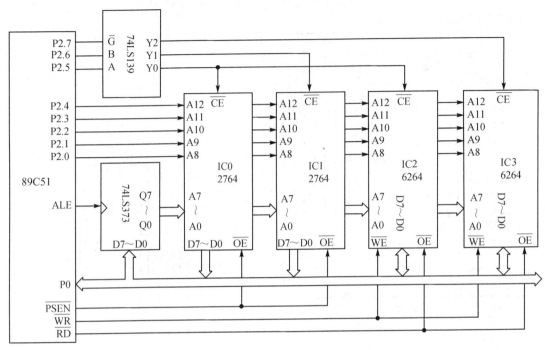

图 8-25 采用 74LS139 译码器扩展存储器的实例

8.4 Flash 存储器的扩展

Flash 存储器也是一种可擦除、可改写的只读程序存储器。但是现在已经把它当作一种单独的存储器来对待，因为它有一般的只读存储器所没有的良好性能。

自从 EPROM 问世以来，增加 EPROM 的容量一直是一个不能令人满意的问题。EPROM 的容量一般只有 64 KB，很难满足实际应用的需要。

1987 年，一种利用单个晶体管的 EEPROM 单元，加上高速灵敏放大器等技术的新型只读存储器问世了。该存储器的容量有 256 KB，擦除和编程写入的速度也比一般的 EEPROM 快了 10 倍。因而称为 Flash 存储器，可翻译成闪速存储器。表 8-13 是 EPROM，EEPROM 和第一块闪速存储器的主要性能的对比。

表 8-13 EPROM，EEPROM 和第一块闪速存储器的性能比较

类 别	UV-EPROM	EEPROM	闪速存储器
擦除时间	20 min	1 ms	100 μs
编程时间	<1 ms	<1 ms	100 μs

续表

类　　别	UV-EPROM	EEPROM	闪速存储器
单元面积/μm^2（2 μm 工艺）	64	270	64
芯片面积/mm^2（32 KB）	32.9	98	32.9
擦除方法	紫外线	电擦除	电擦除

闪速存储器问世后，得到了广泛的重视和好评，技术上和性能上也一直在不断地发展。到 1998 年，存储容量就从开始的 256 KB 发展到 128 MB，提高了 500 倍，制造工艺也从开始时的 2 μm 进步为 0.25 μm，单元面积从 54 μm^2 缩小到 0.4 μm^2。更可贵的是这样性能的存储器的价格并不是很高，所以闪速存储器在计算机、通信、工业自动化及各种家用电器设备中都得到了广泛的应用，在 MOS 存储器市场中是增长最快的一个品种。

上面已经提到，在单片机中现在也有在片内集成有闪速存储器的品种，预计这样的单片机芯片还会不断地出现。

8.4.1　Flash 存储器的分类

闪速存储器按接口的种类可分为 3 种类型。

1. 标准的并行接口

这种芯片具有独立的地址线和数据线，在和 CPU 接口时，基本上和一般的存储器接口相似，只要三类总线分别连接就可以。这种类型的芯片种类最多，如 Intel 公司的 A28F 系列，AMD 公司的 Am28F 和 Am29F，Atmel 公司的 AT29 系列等。

2. NAND（与非）型闪存

NAND 型闪存也是一种并行接口芯片，但是在接口时采用了引脚分时复用的方法，使得数据、地址和命令线分时复用 I/O 总线，结果使得接口的引脚数可以减少很多。当然，要特别注意这种芯片的接口时序，以保证和 CPU 有正确的连接。三星公司和日立公司都有 NAND 型 Flash 存储器的产品。

3. 串行接口的 Flash 存储器

这种产品只通过一个串行数据输入、一个串行数据输出和 CPU 接口，因此和 CPU 的连接非常简单。但由于数据和地址都是由同一条线来传输，要用不同的命令来区分是地址操作还是数据操作。美国 National Semiconductor 公司有串行接口的 Flash 产品。

8.4.2　典型 Flash 存储器芯片简介

典型 Flash 存储器产品有 AMD 公司生产的 16 Mbit 闪速存储器 Am29F016B；美国 National Semiconductor 公司的产品 NM29A040/080（分别是 4 Mbit 和 8 Mbit 的串行 Flash 存储器），Atmel 公司的闪速存储器系列，容量从 256 kbit 到 4 Mbit，采用单一电源供电，并且可以选用几种不同的电源电压，列举如下：

AT29C×××系列：5 V 电源。

AT29L×××系列：低电源系列，3.3 V 电源。

AT29B×××系列：低电池供电系列，3 V 电源。

1. 并行 Flash 芯片 Am29F016B

Am29F016B 是 AMD 公司生产的 16 Mbit 闪速存储器，采用单一+5 V 电源供电，无论是编程还是擦除都使用同样的电源供电。

Am29F016B 的访问速度分为 70 ns、90 ns、120 ns 和 150 ns 等级别。

Am29F016B 有独立的数据线和地址线，也有若干条控制线，用来控制芯片的读/写操作。这些 I/O 接口线包括以下几种。

DQ0～DQ7：8 条数据线，双向读/写，在芯片没有被选中时，将处于高阻状态。

A0～A20：21 条地址线，总的寻址范围是 2 MB，以字节为单位进行寻址。

$\overline{CE}$：输入、片选信号，低电平有效时，选中芯片，使芯片进入工作状态。

$\overline{OE}$：输入、读控制信号，低电平有效时，允许从芯片读出数据。

$\overline{WE}$：输入、写控制信号，低电平有效时，可以对芯片进行编程和擦除等写入操作。

$\overline{RESET}$：输入、复位信号，低电平有效时，对芯片进行复位操作。

$RY/\overline{DY}$：输出、状态信号，当 $RY/\overline{DY}$ 为高电平时，芯片处于"准备好"状态，而当 $RY/\overline{DY}$ 为低电平时，芯片处于"忙"状态。

芯片的工作一方面受 CPU 发出的控制信号的控制，另一方面也受写入到芯片的命令寄存器的命令的控制。

芯片中有一个命令寄存器，但这个命令寄存器不使用单独的 CPU 地址，由命令的内容决定将要进行的操作。

Am29F016B 的功能如表 8-14 所示。

表 8-14　Am29F016B 的功能表

操　作	$\overline{CE}$	$\overline{OE}$	$\overline{WE}$	$\overline{RESET}$	A0～A20	DQ0～DQ7
读	L	L	H	H	地址输入	数据输出
写	L	H	L	H	地址输入	数据输入
等待	H	×	×	H	×	高阻
输出禁止	L	H	H	H	×	高阻
复位	×	×	×	L	×	高阻

读操作：在片选信号 $\overline{CE}$ 和读控制信号 $\overline{OE}$ 同时有效时，可以对存储器进行数据读出操作。Am29F016B 在复位后，就处于读出数据状态，因此读出数据不需要写入任何命令，只要控制信号的状态正常，就可以进行读出操作。读出时，由 CPU 提供单元地址，在数据线上即获得输出数据。

写操作：进行写操作时，$\overline{\text{CE}}$ 必须为低电平，$\overline{\text{OE}}$ 必须为高电平。在 $\overline{\text{CE}}$ 有效的前提下，每当 $\overline{\text{WE}}$ 有效时，就可以进行写入操作。写操作可以是编程操作，也可以是擦除操作。擦除实际上也就是写入，只不过是对每个单元都写入相同的内容 FFH。写操作也可以是写入命令或命令序列，以决定以后进行的是何种操作。

等待状态：当 $\overline{\text{CE}}$ 为高电平时，即 Am29F016B 没被选中，不进入读/写工作状态，而处于等待状态，数据线上呈现高阻抗。相当于没有与 CPU 连接上，等待状态是一种低功耗状态。Am29F016B 不进行读/写操作时，都应该进入等待状态，以节省芯片的功耗。

复位操作：当 CPU 给 RESET 端输入低电平时，Am29F016B 将进行复位操作。低电平应至少维持一个读周期的时间。在复位期间，也就是 RESET 为低电平期间，不能进行任何其他的读/写操作。

除了控制信号外，芯片的操作还要由命令寄存器的内容决定，特别是在进行写入操作时。各种命令序列的详细内容可查看有关的器件手册。

芯片中已经嵌入了编程算法，可以自动产生编程脉冲，以及对编程的数据进行校验等。

2. Atmel 公司的 Flash 芯片

Atmel 公司的 Flash 芯片的控制和上面介绍的 ADM 公司的芯片十分相似。现以 Atmel 公司的 4 Mbit 的 Flash 芯片 AT29C040 为例进行简单介绍。

AT29C040 是 4 Mbit 的闪速存储器，它的引脚如下。

数据线：D7～D0，共 8 条，所以读/写数据仍然是按字节进行。

地址线：A18～A0，共 19 条，总共是 512 KB 个存储单元。

控制线：$\overline{\text{CE}}$，为片选信号，低电平有效。$\overline{\text{CE}}$ 为低电平时，可以对 AT29C040 进行读/写操作。

控制线：$\overline{\text{OE}}$，读控制信号，低电平有效。$\overline{\text{OE}}$ 为低电平时，可以对 AT29C040 进行读操作，既可以作为数据存储器的读出，也可以作为程序存储器的读出。

控制线：$\overline{\text{WE}}$，写控制信号，也是低电平有效。$\overline{\text{WE}}$ 为低电平时，可以对芯片进行写操作，相当于对芯片进行擦除和改写操作。

从这些控制线来看，AT29C040 的控制及和 CPU 的连接与 RAM 十分相似，比 AMD 芯片的控制和连接要简单得多。

3. 串行 Flash 芯片 NM29A040/080

NM29A040/080 是美国 National Semiconductor 公司的产品。芯片采用 28 引脚的封装，但实际使用的引脚只有 6 条，它们分别是以下几点。

DI：串行数据输入，输入命令和数据（地址也是一种数据），DI 在时钟 SK 的上升沿被锁存。

DO：串行数据输出，输出数据和状态信息，在 SK 的下降沿改变输出的数据。

$\overline{\text{CS}}$：片选信号，低电平有效，$\overline{\text{CS}}$ 无效时，SK 不起作用。

SK：串行数据时钟，用来对数据传递进行同步。每一个 SK 周期将一位数据输入或输出

Flash 存储器。

另外两条引脚是电源和地线。

NM29A040/080 和单片机连接时，并不一定要和串行口相连，也可以直接和数据口如 P1 口的某几位连接。只要能保持 NM29A040/080 所需要的时钟和数据之间的控制关系就可以工作。

NM29A040/080 也有自己的命令序列，对于不同的读/写操作，总共有 12 条命令。具体的命令可查看有关的数据手册。

8.4.3 典型 Flash 存储器的扩展

Flash 存储器的容量一般都超过 64 KB。当 Flash 存储器在 89C51 系统中使用时，既可以作为程序存储器，也可以作为数据存储器。因此 89C51 芯片和 Flash 存储器连接时有两个问题要特别注意。

（1）Flash 存储器既可以作为程序存储器使用，又可以作为数据存储器使用。当然，也可以将 Flash 存储器只用做某一种存储器使用，而传统的方法是将程序存储器和数据存储器分开使用的。如果将 Flash 存储器当做两种存储器同时使用，在连接时，必须保证无论是 $\overline{PSEN}$ 有效或者是 $\overline{RD}$、$\overline{WR}$ 有效，存储器都可以被访问。$\overline{PSEN}$ 有效时，作为 ROM 读出，$\overline{RD}$、$\overline{WR}$ 有效时，作为 RAM 可以读出或写入数据。

（2）89C51 正常的寻址范围只有 64 KB，必须有适当的方法来对 Flash 存储器中 64 KB 以外的区域寻址，否则 Flash 存储器就无法被充分使用。

1. 89C51 和 Flash 存储器 AT29LV040A 的连接

AT29LV040A 是 Atmel 公司生产的一种容量为 512 KB 的 Flash 存储器。现在将它应用于 89C51 系统中，并且同时用作程序存储器和数据存储器。

由于 AT29LV040A 的容量是 512 KB，需要有 19 条地址线才可以充分使用全部的存储单元。最简单的办法就是从 89C51 的 P1 口分配几条线作为高位地址线使用。可以用 P1.0～P1.2。89C51 和 AT29LV040A 的连接方式如图 8-26 所示。

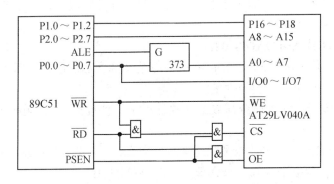

图 8-26 89C51 和 AT29LV040A 的连接电路

地址线的具体连接方法是：

89C51 的 P0 口径地址锁存器接到 AT29LV040A 的 A0～A7；

89C51 的 P2 口 8 条线直接接到 AT29LV040A 的 A8～A15；

89C51 的 P1.0～P1.2 连接到 AT29LV040A 的 A16～A18。

另外，还需产生必要的片选信号和读信号。图中的几个与门实际上是起负或门的作用，即只要输入中有一个是低电平，输出就是低电平。$\overline{RD}$ 和 $\overline{PSEN}$ 经过与门加到 AT29LV040A 的 $\overline{OE}$。当 $\overline{PSEN}$ 有效时，AT29LV040A 作为程序存储器使用，地址从 0000H 开始，容量是 64 KB；而当 $\overline{RD}$ 有效时，AT29LV040A 就当做数据存储器 RAM 使用，在使用时 RAM 的地址必须从 10000H 开始，RAM 的容量是 448 KB。

在作为程序存储器使用时，直接用 $\overline{PSEN}$ 作为 AT29LV040A 的片选信号 $\overline{CS}$；在作为数据存储器使用时，$\overline{CS}$ 是由 $\overline{RD}$ 和 $\overline{WR}$ 经过负或门来产生的，无论是对 RAM 的读操作还是写操作都可以产生片选有效信号。

89C51 的 $\overline{WR}$ 还可以直接与 AT29LV040A 的 $\overline{WE}$ 连接，这种连接和一般的 89C51 与 RAM 的连接没有什么不同。

2. 89C51 和 Flash 存储器 Am29F016B 的连接

Am29F016B 是 ADM 公司生产的 16 Mbit 存储器，也就是 2 MB 容量的 Flash 存储器。2 MB 容量要全部使用需要 21 条地址线。虽然原则上仍然可以占用 P1 口若干条引脚作为高位地址线，但其结果使得 89C51 几乎没有再可以使用的输入/输出端口引脚。

现在考虑不使用 P1 端口，仍然只使用 P0 口和 P2 口的 16 条地址线来完成对 2 MB 存储器的寻址。具体做法是将 2 MB 地址范围进行分段，每段 32 KB，一共 64 段。32 KB 的寻址用 15 条地址线，即 P0 口的 8 条线作为 A0～A7 的地址线；P2 口的 7 条线作为 A8～A14 的地址线。地址线 A15～A20 作为段地址输入端口。如果 A15～A20 = 000000，则使用 Flash 存储器地址为 000000H～007FFFH。如果 A15～A20 = 111111，则使用 Flash 存储器地址为 1F8000H～1FFFFFH，也就是说，Am29F016B 的 2 MB 存储空间都可以得到充分使用。

在接口方式上，除了有一般 RAM 都有的连接线 $\overline{WR}$、$\overline{OE}$ 和 $\overline{CS}$ 外，还要增加一个锁存器，用来存储送到 Am29F016B 上的高位地址 A15～A20，这个锁存器还必须有一个控制数据输入的选通信号。

图 8-27 是 Am29F016B 作为 89C51 的外部数据存储器的连接图，数据存储器的容量为 2 MB。图中用 74LS373 存储低 8 位地址 A0～A7，用 ALE 作为输入选通信号。P2 口的 P2.0～P2.6 直接和 A8～A14 相连。用 74LS374 存储高 6 位地址 A15～A20，作为段地址寄存器。这个高 6 位地址也由 P0 口提供，但必须在对 Am29F016B 进行读/写前，通过指令直接写入到 A15～A20。

74LS373 是电平触发的锁存器，而 74LS374 是脉冲边沿触发的锁存器，两者的使用方法是有区别的。图中用 P2.7 作为 74LS374 的锁存控制信号。当然要用指令在 P2.7 上产生一个正脉冲（0→1→0）。

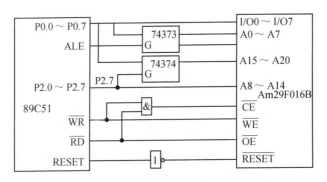

图 8-27　89C51 和 Am29F016B 的连接电路

图中 89C51 的 $\overline{RD}$ 直接与 $\overline{OE}$ 连接，$\overline{WR}$ 直接与 $\overline{WE}$ 连接。另外 $\overline{RD}$ 和 $\overline{WR}$ 经过与门产生 Am29F016B 的片选信号 $\overline{CE}$。这和 89C51 与一般的 RAM 连接相似。

89C51 复位线 RESET 经过一个反相器加到 Am29F016B 的 $\overline{RESET}$ 端，因为 Am29F016B 的复位信号为低电平有效。

89C51 访问 Am29F016B 时，要先将段地址写入锁存器 74LS374，然后再用访问外部 RAM 的指令访问这个段的 32 KB 存储单元。在以后的 RAM 访问中，只要段地址不改变，就可以继续访问这个段的 RAM 单元，而不必每次访问都要重写段地址。

8.5　并行 I/O 接口的扩展

计算机通过输入/输出设备和外界进行通信。计算机所用的程序、数据及现场采集的各种信息都要通过输入设备输入计算机，而计算的结果和计算机产生的各种控制信号要输出到各种输出装置或受控部件。但是一般来讲，计算机的三条总线并不直接和外部设备相连接，而是通过各种接口电路再接到外部设备。接口电路也叫做输入/输出接口电路，简称 I/O 接口电路，一般它们都是一些大规模集成电路芯片，但是，单片微型计算机本身就集成有一定的 I/O 接口电路，计算机与存储器的连接并不需要通过 I/O 接口电路，而是通过本身的三条总线直接连接，为什么计算机不能通过三条总线与外设连接，而一定要通过 I/O 接口电路呢？这是本节首先要解决的问题。

8.5.1　I/O 接口电路的功能

计算机与外设的信息传递需要经过 I/O 接口的主要原因是以下几点。

1. 协调高速计算机与低速外设的速度匹配问题

外部设备的一个普遍特点是工作速度较低，例如一般的打印机打印一个印刷字符需要几十毫秒，而计算机向外输送一个字符的信息只需若干微秒，两者工作速度的差别为几百倍甚至几千倍。另外，微机系统的数据总线是与各种设备及存储器传递信息的公共通道，任何设备都不允许长期占用，而仅允许被选中的设备在计算机向外传送信息时享用数据总线，在这么短的时间内，外设不可能启动并完成工作，相当于打印机刚要开始打印，字符信息就消失了。因此，向外传送的数据必须有一个锁存器锁存，计算机的 CPU 将数据传送到锁存器后就可以继续执行其他指令，外设则从锁存器中取得数据。这样的数据锁存器就是一种最简单的接口电路。

2. 提供输入/输出过程中的状态信号

由于计算机和外设之间工作速度的差异，使得计算机不能够随意地向外设传送信息。在输出信息时，计算机必须在外设把上次送出的信息处理完毕，再送出下一个信息；在输入信息时，计算机也必须知道外设是否已把数据准备好，只有准备好时才能进行输入操作。也就是说，计算机在与外设交换数据之前，必须知道外设的状态，即外设是否准备就绪的状态，而这种状态信息的产生和传递，也就是接口电路的任务之一。

这种状态信息的交互，有时还是双向的，即计算机还要向外部设备提供状态信息，在接口电路中，计算机和外设之间状态信号的配合，特别是时间上的配合，将是接口设计中最主要的任务之一。

当然，状态信号的产生主要还是由外设决定的，接口电路只是作为桥梁来传递这种信息。

3. 解决计算机信号与外设信号之间的不一致

计算机信号与外设需要或提供的信号在许多场合是不一致的，为了解决这个问题，必须采用接口电路。

如串行口所采用的逻辑系统是负逻辑（负电平为"1"，正电平为"0"）和计算机采用的正逻辑正好相反，必须通过接口电路两者才能衔接。

又如计算机送出的信号都是并行数据，而对于外设来说，有的只能接受一位一位传送的串行数据，完成这种并—串/串—并变换的也需要接口电路来实现，这种接口一般称为串行接口。

有时候外部信号是模拟信号，而计算机信号是数字信号，此时需要用 A/D 或 D/A 转换接口实现模拟信号和数字信号之间的转换。

综上所述，接口电路主要是为了解决计算机与外设之间工作速度不一致、信号不一致而采用的。

8.5.2 简单并行 I/O 接口的扩展

89C51 单片机共有 4 个 8 位并行 I/O 口，这些 I/O 口一般是不能完全提供给用户使用的，在外部扩展存储器时，提供给用户使用的 I/O 口只有 P1 口和 P3 口的部分口线。因此在大部分的 89C51 单片机应用系统中都不可避免地要进行 I/O 口的扩展。扩展的 I/O 口与外部 RAM 统一编址，用户可以把外部 64 KB 的 RAM 空间的一部分作为扩展 I/O 接口的地址空间，CPU 可以像访问外部 RAM 存储单元那样访问 I/O 接口，即用"MOVX"指令对扩展

I/O 接口进行输入/输出操作。

扩展 I/O 接口所用的芯片主要有通用可编程 I/O 芯片和 TTL、CMOS 锁存器、三态门电路芯片两大类。采用 TTL 电路或 CMOS 电路锁存器、三态门电路作为简单 I/O 口扩展芯片，是单片机应用系统中经常采用的方法。这种 I/O 口一般都是通过 P0 口扩展，具有电路简单、成本低、配置灵活、使用方便的优点。可以作为 I/O 口扩展芯片使用的 TTL 芯片有：373、377、244、245、273、367 等。实际应用中可根据系统对输入、输出的要求，选择合适的扩展芯片。

图 8-28 为采用 74LS244 做扩展输入、74LS273 做扩展输出的简单 I/O 扩展电路。

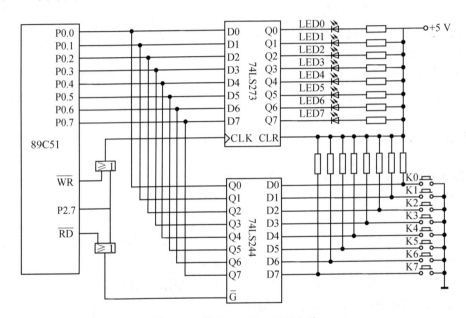

图 8-28 简单 I/O 接口扩展电路

图 8-28 中，P0 口为双向数据线，既能从 74LS244 输入数据，又能将数据传送给 74LS273 输出。输出控制信号由 P2.7 和 $\overline{WR}$ 合成，当两者同时为低电平时，"或"门输出 0，将 P0 口的数据锁存到 74LS273，其输出控制着发光二极管 LED。当某条线输出低电平时，该线上的 LED 发光。

输入控制信号由 P2.7 和 $\overline{RD}$ 合成，当两者同时为低电平时，"或"门输出 0，选通 74LS244，将外部信息输入到总线。当与 244 相连的按键开关无键按下时，输入全为 1，若按下某键，则所在线输入为 0。

可见，输入和输出都是在 P2.7 为 0 时有效，因此它们的口地址为 7FFFH（实际只要保证 P2.7=0，与其他地址位无关），即占有相同的地址空间，但是由于分别用 $\overline{RD}$ 和 $\overline{WR}$ 信号控制，因而在逻辑上不会发生冲突。

系统中若有其他扩展芯片或其他输入/输出接口,则可用线选法或译码法将地址空间区分开。

对于图 8-28,如需要实现的功能是按下任意键,对应的 LED 发亮,则程序如下。

```
LOOP:   MOV    DPTR, #7FFFH      ;数据指针指向扩展 I/O 口地址
        MOVX   A, @DPTR          ;从 244 读入数据,检测按钮
        MOVX   @DPTR, A          ;向 273 输出数据,驱动 LED
        SJMP   LOOP              ;循环
```

8.5.3 可编程接口电路的扩展

可编程接口是指:其功能可由指令来加以改变的接口芯片。目前,各计算机厂家已生产了很多系列的可编程接口芯片,因篇幅所限不能——加以介绍,在此仅介绍在 89C51 单片机中常用的两种接口芯片:8255 可编程通用并行接口和 8155 带 256 B RAM 和 14 位定时/计数器的可编程并行接口。

1. 8255 可编程并行 I/O 接口

1) 8255 的结构

8255 具有 3 个可编程并行 I/O 端口,A 口、B 口和 C 口。这 3 个 8 位 I/O 端口的功能完全由编程决定,但每个口都有自己的特点。其组成框图及引脚见图 8-29。

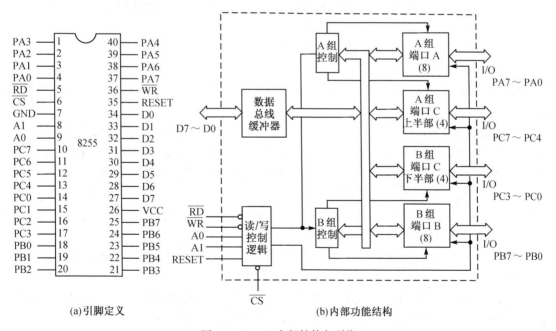

图 8-29 8255 内部结构与引脚

8255 可编程并行接口由以下 4 个逻辑结构组成。

(1) 数据总线驱动器。

这是双向三态的 8 位驱动口，用于和单片机的数据总线相连，以实现单片机与 8255 之间的数据传送。

(2) 3 个并行 I/O 端口。

A 口：具有一个 8 位数据输出锁存/缓冲器和一个 8 位数据输入锁存器，是最灵活的输入/输出寄存器，为可编程 8 位输入/输出或双向寄存器。

B 口：具有一个 8 位数据输出锁存/缓冲器和一个 8 位数据输入缓冲器（不锁存），为可编程 8 位输入输出寄存器，但不能双向输入/输出。

C 口：具有一个 8 位数据输出锁存/缓冲器和一个 8 位数据输入缓冲器（不锁存），这个口可分为两个 4 位口使用。C 口除做输入/输出口使用外，还可以作为 A 口、B 口选通方式操作时的状态控制信号。

(3) 读/写控制逻辑。

它用于管理所有的数据、控制字或状态字的传送。它接受单片机的地址信号和控制信号来控制各个口的工作状态。

(4) A 组和 B 组控制电路。

这是两组根据 CPU 的命令字控制 8255 工作方式的电路。每组控制电路从读、写控制逻辑接收各种命令，从内部数据总线接收控制字并发出适当的命令到相应的端口。

A 组控制电路，控制 A 口及 C 口的高 4 位。

B 组控制电路，控制 B 口及 C 口的低 4 位。

2) 8255 的引脚

8255 的引脚如图 8-29（a）所示。8255 共有 40 个引脚，现根据它们的功能分类叙述如下。

(1) 数据总线：D0～D7、PA0～PA7、PB0～PB7、PC0～PC7，此 32 条数据线均为双向三态，其中 D0～D7 用于传送 CPU 与 8255 之间的命令与数据，PA0～PA7、PB0～PB7、PC0～PC7 分别与 A、B、C3 口对应，用于 8255 与外设之间传送数据。

(2) 控制线：$\overline{RD}$、$\overline{WR}$、RESET。

$\overline{RD}$：读信号，输入信号线，低电平有效。当这个引脚为低电平时，8255 输出数据或状态信息到 CPU，即 CPU 对 8255A 进行读操作。

$\overline{WR}$：写信号，输入信号线，低电平有效。当这个引脚为低电平时，8255 接收 CPU 输出的数据或命令，即 CPU 对 8255A 进行写操作。

RESET：复位信号，输入信号线，高电平有效。此引脚为高电平时，所有 8255 内部寄存器都清零，所有通道都设置为输入方式，24 条 I/O 引脚为高阻状态。

(3) 寻址线：$\overline{CS}$、A0、A1。

$\overline{CS}$：片选信号，输入信号线，低电平有效。当这个引脚为低电平时，8255 被

CPU 选中。

A0、A1：两条输入信号线，通常一一对应接到地址总线的最低两位 A0 和 A1 上。当 $\overline{CS}$ 有效时，这两位的 4 种组合 00、01、10、11 分别用来选择 A、B、C 口和控制寄存器，所以一片 8255 共有 4 个地址单元。

3) 8255 的工作方式

8255 有 3 种工作方式，即方式 0、方式 1、方式 2。表 8-15 为在不同工作方式下，各个口的输入/输出功能。

表 8-15　8255 在不同工作方式下的口线功能

端口		方式 0		方式 1		方式 2
		输入	输出	输入	输出	输入/输出
A 口	PA0	IN	OUT	IN	OUT	↔
	PA1	IN	OUT	IN	OUT	↔
	PA2	IN	OUT	IN	OUT	↔
	PA3	IN	OUT	IN	OUT	↔
	PA4	IN	OUT	IN	OUT	↔
	PA5	IN	OUT	IN	OUT	↔
	PA6	IN	OUT	IN	OUT	↔
	PA7	IN	OUT	IN	OUT	↔
B 口	PB0	IN	OUT	IN	OUT	只限于方式 0 或方式 1
	PB1	IN	OUT	IN	OUT	
	PB2	IN	OUT	IN	OUT	
	PB3	IN	OUT	IN	OUT	
	PB4	IN	OUT	IN	OUT	
	PB5	IN	OUT	IN	OUT	
	PB6	IN	OUT	IN	OUT	
	PB7	IN	OUT	IN	OUT	
C 口	PC0	IN	OUT	$INTR_B$	$INTR_B$	I/O
	PC1	IN	OUT	IBF_B	$\overline{OBF_B}$	I/O
	PC2	IN	OUT	$\overline{STB_B}$	$\overline{ACK_B}$	I/O
	PC3	IN	OUT	$INTR_A$	$INTR_A$	$INTR_A$
	PC4	IN	OUT	$\overline{STB_A}$	I/O	$\overline{STB_A}$
	PC5	IN	OUT	IBF_A	I/O	IBF_A
	PC6	IN	OUT	I/O	$\overline{ACK_A}$	$\overline{ACK_A}$
	PC7	IN	OUT	I/O	$\overline{OBF_A}$	$\overline{OBF_A}$

方式0（基本输入/输出方式）：这种方式不需要任何选通信号，A口、B口及C口的高4位和低4位都可以被设定为输入或输出。作为输出口时，输出的数据被锁存；作为输入口时，其输入的数据不锁存。

方式1（选通输入/输出方式）：在这种方式下，A、B、C三个口将被分为两组。A组包括A口和C口的高4位，A口可由编程设定为输入口或输出口，C口的高4位则用来作为输入/输出操作的控制和同步信号；B组包括B口和C口的低4位，B口可由编程设定为输入口或输出口；C口的低4位则用来作为输入/输出操作的控制和同步信号。A口和B口的输入数据或输出数据都被锁存。

方式2（双向总线方式）：在这种方式下，A口为8位双向总线口，C口的PC3～PC7用来作为输入/输出的控制同步信号。应注意的是，只有A口允许作为双向总线使用，这时B口和PC0～PC2则可编程为方式0或方式1工作。

4) 8255的控制字

8255工作方式的选择是通过对控制口输入控制字（或称命令字）的方式实现的。控制字有方式选择控制字和C口置位/复位控制字。

(1) 方式选择控制字的格式与定义如图8-30（a）所示。

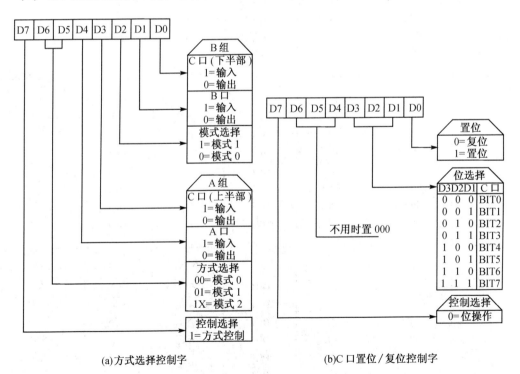

(a)方式选择控制字　　　　　　(b)C口置位/复位控制字

图8-30　8255控制字的格式与定义

例如，当将 83H（10000011B）写入控制寄存器后，8255 被编程为 A 口方式 0 输出方式，B 口方式 0 输入方式，PC7～PC4 为输出方式，PC3～PC0 为输入方式。

（2）C 口置位/复位控制字的格式及定义如图 8-27（b）所示。C 口具有位操作功能，把一个置/复位控制字送入 8255 的控制寄存器（控制口），就能把 C 口的某一位置 1 或清零而不影响其他位的状态。

例如，将 07 写入控制寄存器后，8255 的 PC3 置 1；写入 0EH 时 PC7 复位为 0。

5）89C51 单片机与 8255 的接口

89C51 单片机与 8255 的接口比较简单，如图 8-31 所示，8255 的片选信号$\overline{CS}$及口地址选择线 A0、A1 分别由 89C51 的 P2.6 和 P0.0、P0.1 经地址锁存后提供。故 8255 的 A、B、C 口及控制口地址分别为 BFFCH、BFFDH、BFFEH、BFFFH。8255 的 D0～D7 分别与 89C51 的 P0.0～P0.7 相连。8255 的复位端与 89C51 的复位端相连，都接到 89C51 的复位电路上。另外 89C51 的 $\overline{RD}$、$\overline{WR}$ 与 8255 的 $\overline{RD}$、$\overline{WR}$ 一一对应相连。

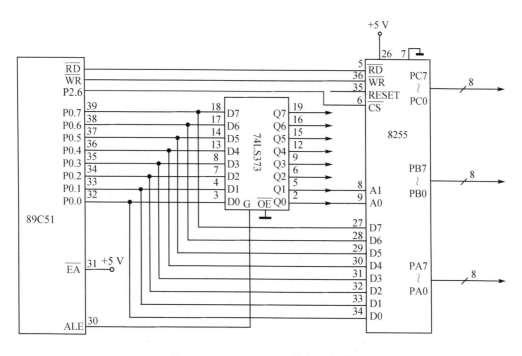

图 8-31　89C51 与 8255 的接口电路

2. 8155 可编程并行 I/O 接口

1）8155 结构及引脚

8155 有 3 个可编程并行 I/O 端口：A 口、B 口、C 口，其中，A 口和 B 口是 8 位，C 口是 6 位；1 个 14 位可编程定时/计数器和 256 B 的静态 RAM，能方便地进行 I/O 口扩展和

RAM 扩展，其引脚图及组成框图如图 8-32 所示。

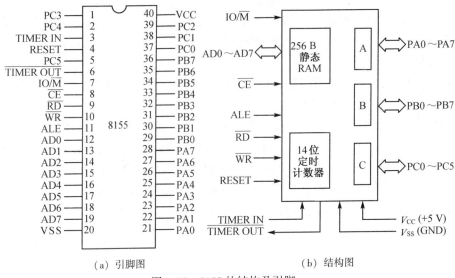

图 8-32 8155 的结构及引脚

8155 共有 40 个引脚，按其功能特点分类说明如下。

（1）地址数据线：AD0～AD7 是低 8 位地址和数据线共用输入口，当 ALE=1 时，输入的是地址信息，否则是数据信息。所以 AD0～AD7 应与 89C51 的 P0 口相连。

（2）端口线：PA0～PA7、PB0～PB7 用于 8155 与外设之间传送数据，PC0～PC5 既可用于 8155 与外设之间传送数据，也可以作为 A 口、B 口的控制信号线。

（3）地址锁存线：在 ALE 的下降沿将单片机 P0 口输出的低 8 位地址信息及 $\overline{CE}$、$IO/\overline{M}$ 的状态都锁存到 8155 内部寄存器，因此，单片机 P0 口输出的低 8 位地址信号不需要外接锁存器。

（4）RAM 或 I/O 口选择线：当 $IO/\overline{M}=0$ 时，选中 8155 的片内 RAM，AD0～AD7 为 RAM 地址（00H～FFH）；若 $IO/\overline{M}=1$ 时，选中 8155 片内 3 个 I/O 端口及命令/状态寄存器和定时/计数器。AD0～AD7 为 I/O 口地址，其分配如表 8-16 所示。

表 8-16 8155 I/O 口地址分布

AD0～AD7								选中寄存器
A7	A6	A5	A4	A3	A2	A1	A0	
×	×	×	×	×	0	0	0	内部命令/状态寄存器
×	×	×	×	×	0	0	1	PA 口寄存器
×	×	×	×	×	0	1	0	PB 口寄存器
×	×	×	×	×	0	1	1	PC 口寄存器
×	×	×	×	×	1	0	0	定时/计数器低 8 位寄存器
×	×	×	×	×	1	0	1	定时/计数器高 8 位寄存器

(5) 片选线：$\overline{CE}$ 为低电平时选中 8155。

(6) 读、写线：$\overline{RD}$、$\overline{WR}$ 控制对 8155 的读/写操作。

(7) 定时/计数器的脉冲输入、输出线：TIMER IN 是外界向 8155 输入计数脉冲信号的输入端，$\overline{\text{TIMER OUT}}$ 是 8155 向外界输出脉冲或方波的输出端。

2) 8155 的工作方式与基本操作

8155 可作为通用 I/O 口，也可以作为片外 256 B RAM 及定时器使用，在各种不同类型下使用时的基本操作分述如下。

(1) 作片外 256 B RAM 使用时，将 IO/$\overline{M}$ 引脚置低电平，这时 8155 只能做片外 RAM 使用，其寻址范围由片选线 $\overline{CE}$（高位地址译码）和 AD0～AD7 决定，与应用系统中其他数据存储器统一编址。使用片外 RAM 的读/写操作指令"MOVX"。

(2) 作为扩展 I/O 口使用。8155 作为扩展 I/O 口时，IO/$\overline{M}$ 引脚必须为高电平，这时 PA、PB、PC 的口地址低 8 位分别为 01H、02H、03H（设地址无关位为 0 时）。

8155 的 I/O 口工作方式选择是通过对 8155 内部命令寄存器送命令字来实现的。命令寄存器由 8 位锁存器组成，只能写入不能读出。命令字各位定义如图 8-33 所示。

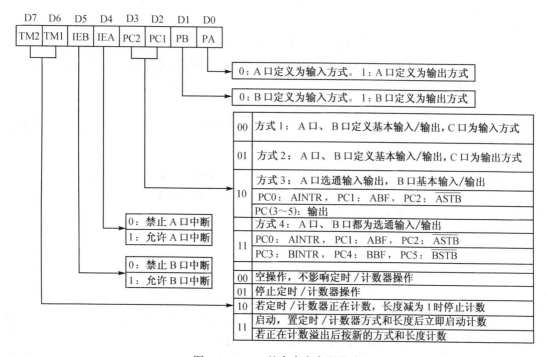

图 8-33　8155 的命令寄存器格式

8155 的工作状态由状态寄存器指出，与命令寄存器用同一个地址，只能读出不能写入。状态字格式如图 8-34 所示。

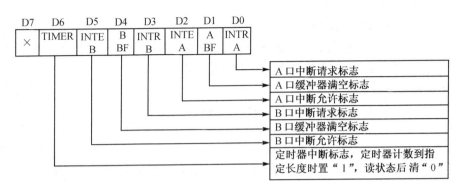

图 8-34 8155 的状态字格式

端口操作：

A 口寄存器和 B 口寄存器有完全相同的功能，可工作于基本 I/O 方式或选通 I/O 方式。

C 口可工作于基本 I/O 方式，也可作为 A 口、B 口选通方式工作时的状态控制信号线。当 8155 设定为方式 1 和方式 2 时，A 口、B 口、C 口均工作于基本输入/输出方式，由 "MOVX" 类指令进行输入/输出操作；设定为方式 3 时，A 口定义为选通输入/输出，由 C 口低 3 位作为 A 口联络线，C 口其余位作为 I/O 线；设定为方式 4 时，A 口、B 口均定义为选通输入/输出方式，由 C 口作为 A 口、B 口的联络线，其逻辑组态如图 8-35 所示。C 口工作方式及各位的关系见表 8-17。

表 8-17 C 口的工作方式及各位的关系

C 口	方式 1	方式 2	方式 3	方式 4
PC0	输入	输出	A 口中断请求	A 口中断请求
PC1	输入	输出	A 口缓冲器满	A 口缓冲器满
PC2	输入	输出	A 口选通	A 口选通
PC3	输入	输出	输出	B 口中断请求
PC4	输入	输出	输出	B 口缓冲器满
PC5	输入	输出	输出	B 口选通

INTR 为中断请求输出线，作为 CPU 的中断源，高电平有效。当 8155 的 A 口或 B 口缓冲器接收到设备输入的数据或设备从缓冲器中取走数据时，中断请求线 INTR 升高（仅当命令寄存器相应中断允许位为 1），向 CPU 请求中断，CPU 对 8155 的相应 I/O 口进行一次读/写操作后，INTR 自动变为低电平。

BF 为 I/O 口缓冲器标志输出线，缓冲器存有数据时，BF 为高电平，否则为低电平。$\overline{\text{STB}}$ 为设备选通信号输入线，低电平有效。

在 I/O 口设定为输出口时,仍可用对应的口地址执行读操作,读取输出口的内容;设定为输入口时,输出锁存器被清除,无法将数据写入输出锁存器。所以每次通道由输入方式转为输出方式时,输出端总是低电平。8155 复位时,清除所有输出寄存器,3 个端口都为输入方式。图 8-36 为 89C51 与 8155 接口的一种方案。

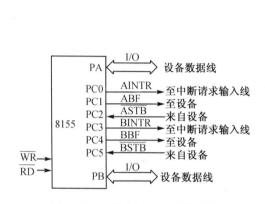

图 8-35 8155 方式 4 时逻辑结构

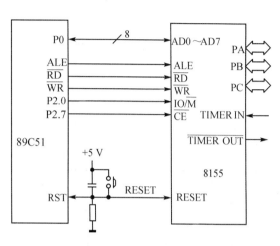

图 8-36 89C51 与 8155 的接口电路

根据图中 IO/$\overline{M}$ 和 $\overline{CE}$ 等连接方法,P2.7=0,P2.0=0 时,选中 RAM 单元,地址为 7E00～7EFFH;当 P2.7=0,P2.0=1 时,选中 I/O 口,这时的地址分布为:

7F00H   命令/状态字

7F01H   A 口

7F02H   B 口

7F03H   C 口

7F04H   定时器低 8 位

7F05H   定时器高 6 位和方式寄存器

若该 8155 担任某键盘显示接口,A 口为基本输出,B 口为基本输入,C 口为输出,则命令字为 00001101B=0DH,编程如下:

```
MOV   DPTR, #7F00H          ;选中命令寄存器
MOV   A, #0DH               ;命令字
MOVX  @DPTR, A              ;命令字写入命令寄存器
```

(3) 做定时/计数器用。8155 的可编程定时/计数器实际上是一个 14 位减法器,在 TIMER IN 端输入计数脉冲,计满溢出时,由 $\overline{\text{TIMER OUT}}$ 输出脉冲或方波。当 TIMER IN 接外部脉冲时为计数方式,接系统时钟时,可作为定时方式,但需注意芯片允许的最高计数频率。

定时/计数器由两字节组成,初值占 14 位,其余 2 位定义输出方式,格式如下:

地址 ×××× 101

D7	D6	D5	D4	D3	D2	D1	D0
M2	M1	T13	T12	T11	T10	T9	T8

输出方式　　　　　　　计数初值高 6 位

地址 ×××× 100

D7	D6	D5	D4	D3	D2	D1	D0
T7	T6	T5	T4	T3	T2	T1	T0

计数初值低 8 位

其中 M2、M1 两位用来定义定时/计数器的输出方式，如表 8-18 所示。

表 8-18　定时/计数器输出方式及波形

M2	M1	方 式	定时器输出波形
0	0	单波	
0	1	连续方波	
1	0	在终止计数时的单个脉冲	
1	1	连续脉冲	

使用时，先把计数长度和输出方式装入定时器的两个字节。计数长度为 2～3FFFH 之间的任意值。然后通过命令寄存器的最高 2 位控制计数器的启动和停止。

以计数值是 8 为例，所谓单波方式，是从启动计数开始，前 4 个计数输出 1 电平，后 4 个计数输出 0 电平。若计数值是奇数，则 1 电平比 0 电平多一个计数值。

当计数器正在计数时，允许装入新的计数方式和长度，但必须再向定时器发一个启动命令。硬件复位后，只能停止计数，应注意重新发启动命令。

如果要使 8155 的定时/计数器作为方波发生器，TIMER OUT 输出方波的频率为 TIMER IN 输入时钟频率的 24 分频，则相应的初始化程序如下：

```
        MOV   DPTR, #7F04H        ;指向定时/计数器低位字节寄存器
        MOV   A, #18H             ;给低位字节寄存器赋定时初值
        MOVX  @DPTR, A
        INC   DPTR                ;指向定时/计数器高位字节寄存器
        MOV   A, #40H             ;设定时/计数器为方式 1
        MOVX  @DPTR, A
```

```
         MOV    DPTR, #7F00H         ;指向 8155 命令寄存器
         MOV    A, #0C2H             ;设 PB 口为输出,PA 口、PC 口为输入
         MOVX   @DPTR, A             ;送入命令字,启动开始计数
```

与 8155 这种具有多种功能的接口芯片相类似的还有 8156、8755、8355。

8156 除了片选信号为高电平有效外,其他与 8155 在引脚、功能和使用上完全相同。

8755 片内有 2 KB EPROM 和两个通用 I/O 口,共 16 位 I/O 线,每位分别可用软件设定其输入或输出。

8355 是以内部 2 KB ROM 代替 EPROM 的 8755,其余两者完全相同。

思考题与习题

8-1 在 89C51 扩展系统中,程序存储器和数据存储器共用 16 位地址线和 8 位数据线,为什么两个存储空间不会发生冲突?

8-2 89C51 单片机的寻址范围是多少?89C51 单片机可以配置的存储器最大容量是多少?而用户可以使用的最大容量又是多少?

8-3 为什么单片机外扩存储器时,P0 口要外接锁存器,而 P2 口却不接?

8-4 程序存储器和数据存储器的扩展有何相同点及不同点?试将 89C51 芯片外接一片 2732 EPROM 和一片 6116 RAM 组成一个扩展系统,画出连接的逻辑图。

8-5 设某一以 89C51 单片机为主的系统,拟采用两片 2732A EPROM 芯片,扩展成 8 KB 程序存储器,请设计它的硬件结构图。

8-6 设某一以 89C51 单片机为主的系统,拟扩展 4 KB 数据存储器,请考虑选用合适的 RAM 芯片,并设计它的硬件结构图。

8-7 设某一以 89C51 单片机为主的系统,拟采用 8155 芯片,扩展并行 I/O 口,请设计它的硬件结构图及编制初始化程序。

8-8 用 8255 芯片扩展单片机的 I/O 口,8255 的 A 口用做输入,A 口的每一位接一个开关,用 B 口作为输出,输出的每一位接一个显示发光二极管,现要求某个开关接 1 时,相应位上的发光二极管就亮(输出为 0),试编写相应的程序。

8-9 说明 8155 工作方式控制字的作用及各位的功能。

8-10 试编写对 8155 进行初始化的程序,使其 A 口为选通输出,B 口为基本输入,C 口作为控制联络信号端,并启动定时/计数器,按方式 1 定时工作,定时时间为 10 ms。

8-11 很多生产过程都是按一定顺序完成预定的动作。设某一个生产过程有 6 个工序,每个工序设定的时间相等,都是 10 s。生产循环地进行。现用单片机通过 8255 的 A 口来进行控制,A 口中的一位就可控制某一工序的启动停止,试编写有关程序。

第 9 章　89C51 单片机的接口技术

一般单片机应用系统中,通常包括有数据采集部分(即前向通道)、控制输出部分(即后向通道)和人机通信部分,而每一部分又都有各自的信号接口,本章将介绍组成单片机应用系统的这几个基本组成部分。

9.1　人机通信接口技术

9.1.1　键盘接口技术

在单片机应用系统中,为了控制其运行状态,需要向系统输入一些命令或数据,因此应用系统中应设有键盘,这些键包括数字键、功能键和组合控制键等。这些按键或键盘都是以开关状态来设置控制功能或输入数据的。但是,这些开关绝不仅仅是简单的电平输入。

1. 键输入过程与软件结构

当所设置的功能键或数字键按下时,单片机应用系统应完成该按键所设定的功能,因此,键盘信息输入是与软件结构密切相关的。对某些简单应用系统,如对于智能仪表来说,键输入程序是整个应用程序的核心部分。

在 89C51 单片机的指令系统中设有散转指令 JMP @A+DPTR,可看成是专门配合键盘信息输入而设置的指令,或是键盘信息输入的软件接口。

图 9-1 是 89C51 单片机应用系统的键输入软件框图。对于任何一个单片机应用系统,键盘总要有其相应的接口电路与 CPU 相连,通过软件了解键盘输入的信息。而 CPU 可以采用中断方式或查询方式来了解有无键输入,并检查是哪一个键按下,将键号送入累加器 ACC,然后通过散转指令转去执行相应的程序,以完成该键应完成的功能,最后又返回到原始状态。

2. 键盘输入接口与软件应解决的任务

CPU 对键盘操作的响应要满足实时性,即及时发现键盘操作,及时做出响应,因此,键输入接口与软件应可靠而快速地实现键信息输入与键功能任务,为此,应用系统应解决下列问题。

1) 键开关状态的可靠输入

键盘的操作,无论是按键或键盘都是利用机械触点的合、断作用。一个电压信号通过机械触点的闭合、断开过程,其波形如图 9-2 所示。由于机械触点的弹性作用,在闭合及断开

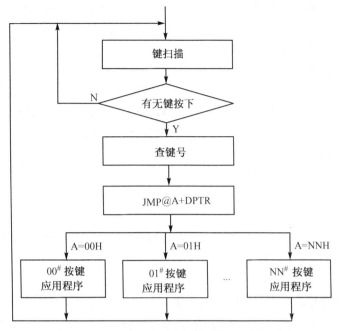

图 9-1 89C51 单片机应用系统键输入软件框图

瞬间均有抖动过程，会出现一系列负脉冲。抖动时间的长短，与开关的机械特性有关，一般为 5～10 ms。

按键的稳定闭合期，由操作人员的按键动作所确定，一般为十分之几秒到几秒的时间。为了保证 CPU 对键的一次闭合，仅做一次键输入处理，必须去除抖动影响。

通常去除抖动影响的措施有硬、软件两种，对于系统软件量不大的场合，采用软件去除抖动既节省硬件开销，又很实用且有效。

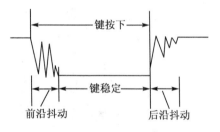

图 9-2 键闭合及断开时的电压抖动

采用软件去除抖动影响的办法是：检测到有键按下时，执行一个 10 ms 的延时程序后，再确认该键电平是否仍保持闭合状态电平，如保持闭合状态电平则可确认确实有键按下，从而消除了抖动的影响。

2) 按键编码与键号定义

一组按键或键盘都要通过 I/O 口线查询按键的开关状态。根据键盘结构不同，采用的编码也有所不同。但无论有无编码，以及采用什么编码，最后都要转换成为与累加器中数值相对应的键值，以实现按键功能程序的转移（相应的转移指令为 JMP @A+DPTR）。

3) 键盘监测与编制键盘程序

对于单片机应用系统，键盘扫描只是 CPU 工作的一部分，键盘处理只是在有键按下时才有意义,对是否有键按下的信息检测方式有中断与查询方式两种。不同的应用场合,所采用的键盘检测手段不同。

在编制键盘控制程序时应考虑如下问题:

(1) 监测有无按键按下;

(2) 有键按下后,在无硬件去抖电路时,应用软件延时方法去除抖动影响;

(3) 有可靠的逻辑处理办法,比如是采用双键锁定方式还是 N 键轮回方式,如采用双键锁定,即只处理一个键,期间任何按下又松开的键不产生影响,不管一次按键持续多长时间,仅执行一次按键功能程序等;

(4) 给出确定的键号以满足散转指令要求。

3. 独立式按键

1) 独立式按键结构

独立式按键是指直接用 I/O 口线构成的单个按键电路。每个独立式按键单独占有一根 I/O 口线,每根 I/O 口线上的按键工作状态不会影响其他 I/O 口线的工作状态,独立式按键电路如图 9-3 所示。

独立式按键电路配置灵活,软件结构简单,但每个按键必须占用一根 I/O 口线,在按键数量较多时,I/O 口线浪费较大。故在按键数量不多时,常采用这种按键电路。

如图 9-3 (a) 所示为中断方式的独立式按键电路,图 9-3 (b) 为查询方式的独立式按键电路。通常按键输入都采用低电平有效,上拉电阻保证了按键断开时,I/O 口线有确定的高电平。当 I/O 口内部有上拉电阻时,外电路可以不配置上拉电阻。

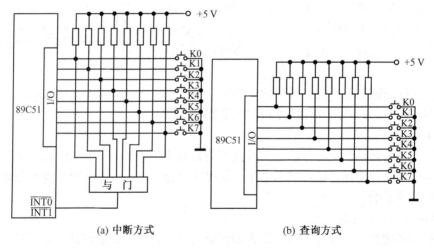

图 9-3 独立式按键电路

2) 独立式按键的软件结构

下面是查询方式的键盘程序。程序中没有使用散转指令,也没有软件防抖动措施。它只包括键查询、键功能程序转移。FUN0-FUN7 为功能程序入口地址标号，其地址间隔应能容纳 JMP 指令字节，SUB0-SUB7 分别为每个按键的功能程序。

程序清单如下（设键盘接入端口为 P1 口）。

```
Start:      MOV     P1,#0FFH        ;置 I/O 口为输入方式
            MOV     A,P1            ;读入键状态
            CPL     A
            JZ      Start           ;无键按下，则返回
            JB      ACC.0,FUN0      ;K0 号键按下转
            JB      ACC.1,FUN1      ;K1 号键按下转
            JB      ACC.2,FUN2      ;K2 号键按下转
            JB      ACC.3,FUN3      ;K3 号键按下转
            JB      ACC.4,FUN4      ;K4 号键按下转
            JB      ACC.5,FUN5      ;K5 号键按下转
            JB      ACC.6,FUN6      ;K6 号键按下转
            SJMP    FUN7            ;K7 号键按下转
FUN0:       AJMP    SUB0
FUN1:       AJMP    SUB1
            ...
FUN7:       AJMP    SUB7
SUB0:       ...
            LJMP    Start
SUB1:       ...
            LJMP    Start
SUB7:       ...
            LJMP    Start
```

从程序中可以看出，键盘的内部优先级别依次为 0～7。

4. 矩阵式键盘

1) 矩阵式键盘电路的结构及工作原理

矩阵式键盘适用于按键数量较多的场合，它由行线和列线组成，按键位于行、列的交叉点上，行线、列线分别连接到按键开关的两端，如图 9-4 所示。

由图可知，一个 4×4 的行、列结构可以构成一个含有 16 个按键的键盘，很明显，在按键数量较多的场合，矩阵键盘与独立式按键键盘相比，要节省很多的 I/O 口线。

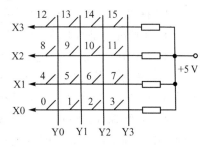

图 9-4 矩阵式键盘结构

图 9-4 中行线通过上拉电阻接+5 V，平时无按键动作时，行线处于高电平状态，而当有按键按下时，则对应的行线和列线短接，行线电平状态将由与此行线相连的列线电平决定。

如果把行线接到单片机的输入口线，列线接到单片机的输出口线，则在单片机的控制下，可以判别键盘中究竟哪一个按键被按下。其方法是：先令列线 Y0 为低电平（0），其余 3 根列线 Y1、Y2、Y3 都为高电平，读行线状态。如果 X0、X1、X2、X3 都为高电平，则 Y0 这一列上没有键闭合，如果读出的行线状态不全为高电平，则为低电平的行线和 Y0 相交的键处于闭合状态；如果 Y0 这一列上没有键闭合，接着使列线 Y1 为低电平，其余列线为高电平。用同样的方法检查 Y1 这一列上有无键闭合，依次类推，最后使列线 Y3 为低电平，其余列线为高电平，检查 Y3 这一列有无键闭合。这种逐行逐列地检查键盘状态的过程称为对键盘进行扫描。

2）键盘的工作方式

在单片机应用系统中，扫描键盘只是 CPU 的工作任务之一。在实际应用中要想做到既能及时响应键操作，又不过多地占用 CPU 的工作时间，就要根据应用系统中 CPU 的忙闲情况，选择好键盘的工作方式。键盘的工作方式一般有编程扫描方式和中断扫描方式两种。

（1）编程扫描方式，是利用 CPU 在完成其他工作的空余，调用键盘扫描子程序，来响应键输入要求。在执行键功能程序时，CPU 不再响应键输入要求。键盘扫描程序一般应具备下述 4 个功能。

① 判别键盘上有无键按下。其方法为扫描口输出全扫描字"0"（即 Y0～Y3 均为低电平），读 X0～X3 的状态，若为全"1"，则键盘无键按下，若不全为"1"，则有键按下。

② 去除键的抖动影响。其方法为判别到有键按下后，软件延时一段时间（一般为 10 ms 左右）后，再判断键盘状态，如果仍为有键按下状态，则认为有一个确定的键被按下，否则按键抖动处理。

③ 求按键位置。根据前面介绍的键盘扫描方法，逐行逐列进行扫描，最后确定按下键的键号。对于图 9-4 中的 16 个按键，每行的行首键号给以固定编号：0、4、8、12，列线依次为 0～3，则闭合键的键号等于为低电平的行首键号加上为低电平的列号。闭合键的键号也可以用计算法获得：为低电平的行号×4+低电平的列号。

④ 判别按键是否释放，键闭合一次仅进行一次键功能操作，等键释放以后再将键值送入累加器 A 中，然后执行键功能操作。

（2）中断扫描方式，采用上述扫描键盘的工作方式，能及时响应键入的命令和数据，但是这种方式不管键盘上有无键按下，CPU 总要定时扫描键盘，而应用系统在工作时，并不经常需要键输入，因此 CPU 经常处于空扫描状态。为了进一步提高 CPU 的工作效率，可采用中断扫描工作方式。即当键盘上有键闭合时产生中断请求，CPU 响应中断请求后，转去执行中断服务程序，在中断服务程序中判别键盘上闭合键的键号，并做相应的处理。

3) 键盘接口举例

如图 9-5 所示为 8×2 的行列式按键键盘接口原理图。

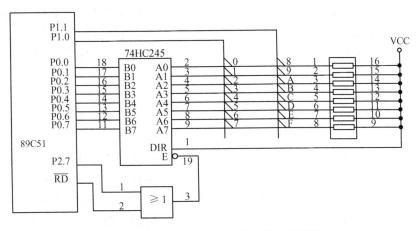

图 9-5 8×2 行列式按键键盘接口原理图

这是一个由 74HC245 构成的 8×2 行列式键盘扫描接口电路。电路中，74HC245 只占用应用系统的一个扩展 I/O 口和两条 I/O 口线，这样做的好处就在于它不占用太多的 I/O 口，也可以达到对键盘进行实时扫描的目的。其基本工作原理是：当 P1.0 为低电平、P1.1 为高电平时，只有 0 到 7 键某个键按下改变 74HC245A 口的状态，而 8 到 F 键是否按下不会改变 74HC245A 口的状态；而 P1.0 为高电平、P1.1 为低电平时，0 到 7 号键是否按下，不会改变 74HC245A 口的状态，而 8 到 F 键某个键按下将改变 74HC245A 口的状态。下面是其键盘扫描的程序（采用查询方法）。

```
KS:     MOV     DPTR, #7FFFH    ;键扫程序
        CLR     P1.0            ;先扫描第1列（即0～7键）
        MOVX    A, @DPTR        ;读入按键状态
        MOV     37H, A          ;暂存按键状态
        CPL     A
        JZ      KSK1            ;0～7键没有键操作，则跳
        LCALL   DL20            ;0～7键有按键操作，则延时去抖
        MOVX    A, @DPTR        ;再读按键状态
        XRL     A, 37H          ;和延时前的状态一样吗？
        JZ      KS1             ;一样，则转去查询键号
KSK1:   SETB    P1.0            ;开始扫描第2列键，即8～F键
        CLR     P1.1
        MOVX    A, @DPTR        ;读入按键状态
        MOV     37H, A          ;暂存按键状态
```

```
            CPL     A
            JZ      KSK2            ;8～F键没有键操作,则跳
            LCALL   DL20            ;8～F键有按键操作,则延时去抖
            MOVX    A, @DPTR        ;再读按键状态
            XRL     A, 37H          ;和延时前的状态一样吗?
            JZ      KS1             ;一样,则转去查询键号
    KSK2:   AJMP    KS9             ;8～F键也不存在键操作,则跳
    KS1:    MOVX    A, @DPTR        ;再读按键状态
            CPL     A
            JNZ     KS1             ;按键还没有松开,则等待松开
            MOV     A, 37H          ;查询有键操作的键号
            JB      ACC.0, KS2      ;不是第1个键,则跳
            MOV     37H, #00H       ;赋键初值
            AJMP    KS10
    KS2:    JB      ACC.1, KS3      ;不是第2个键,则跳
            MOV     37H, #01H       ;赋键初值
            AJMP    KS10
    KS3:    JB      ACC.2, KS4      ;不是第3个键,则跳
            MOV     37H, #02H       ;赋键初值
            AJMP    KS10
    KS4:    JB      ACC.3, KS5      ;不是第4个键,则跳
            MOV     37H, #03H       ;赋键初值
            AJMP    KS10
    KS5:    JB      ACC.4, KS6      ;不是第5个键,则跳
            MOV     37H, #04H       ;赋键初值
            AJMP    KS10
    KS6:    JB      ACC.5, KS7      ;不是第6个键,则跳
            MOV     37H, #05H       ;赋键初值
            AJMP    KS10
    KS7:    JB      ACC.6, KS8      ;不是第7个键,则跳
            MOV     37H, #06H       ;赋键初值
            AJMP    KS10
    KS8:    JB      ACC.7, KS9      ;不是第8个键,则跳
            MOV     37H, #07H       ;赋键初值
            AJMP    KS10
```

```
KS9:    SETB    ACC.7               ;设置键值无效标志
        AJMP    KS11
KS10:   MOV     A, 37H              ;取得按键号码,即键值
        ANL     A, #07H
        JNB     P1.0, KS11          ;是 0~7 键,则跳
        SETB    ACC.3               ;是 8~F 键,则置第 2 列标志
KS11:   ORL     P1, #03H
        MOV     37H, A              ;将键值存入 37H 单元
        RET                         ;返回
```

按照上述键值整定法,第 1 列按键的键值依次为 0~7,第 2 列按键的键值依次为 8~F,这是一个键盘扫描子程序,子程序的出口条件是 37H 单元中存放有键操作的按键号,即键值。并且,规定单元中的最高位为"1",则键值无效。把键盘扫描程序编成子程序的好处是:当需要对键盘进行扫描时,就可调用之;否则,CPU 可不必始终扫描键盘,这样,也就节省了大量的 CPU 时间。

9.1.2 显示接口技术

单片机应用系统中,常用的显示器件有 LED(发光二极管显示器)和 LCD(液晶显示器)。这两种器件都具有成本低廉、配置灵活、与单片机接口方便的特点。随着电子技术的飞速发展,近年来,也开始出现有配置简易形式的 CRT 接口,以方便图形显示。本节将以在单片机应用中普遍使用的 LED 显示器为例进行介绍。

1. LED 结构与显示方式

1) LED 显示器结构与原理

LED 显示块是由发光二极管显示字段组成的显示器件,也可称为数码管。在单片机应用系统中通常使用的是 7 段 LED。这种显示块有共阴极与共阳极两种,如图 9-6 所示。共阴极 LED 显示块的发光二极管阴极共地,如图 9-6(a) 所示,当某个发光二极管的阳极为高电平时,发光二极管点亮;共阳极 LED 显示块的发光二极管阳极并接(在系统中,接驱动电源),如图 9-6(b) 所示,当某个发光二极管的阴极为低电平时,发光二极管点亮。

通常的 7 段 LED 显示块中有 8 个发光二极管,故也称做 8 段显示器。其中 7 个发光二极管构成 7 笔字形"8";一个发光二极管构成小数点的"·"。7 段发光二极管,再加上一个小数点位,共计 8 段,因此提供给 LED 显示器的字形数据正好一个字节。其对应关系如下:

D7	D6	D5	D4	D3	D2	D1	D0
dp	g	f	e	d	c	b	a

LED 显示块与单片机接口非常容易,只要将一个 8 位并行输出口与显示块的发光二极管

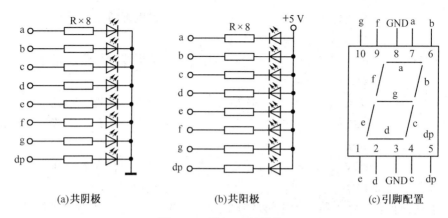

(a) 共阴极　　　　　　　(b) 共阳极　　　　　　　(c) 引脚配置

图 9-6　7 段 LED 显示块

引脚相连即可。引脚配置如图 9-6（c）所示。8 位并行输出口输出不同的字节数据可显示不同的数字或字符，如表 9-1 所示。通常将控制发光二极管的 8 位字节数据称为段选码或称字形代码，公共极称为位选线。共阳极与共阴极的段选码互为补数。

表 9-1　7 段 LED 的段选码

显示字符	共阴极段选码	共阳极段选码	显示字符	共阴极段选码	共阳极段选码
0	3FH	C0H	C	39H	C6H
1	06H	F9H	d	5EH	A1H
2	5BH	A4H	E	79H	86H
3	4FH	B0H	F	71H	8EH
4	66H	99H	P	73H	8CH
5	6DH	92H	U	3EH	C1H
6	7DH	82H	Γ	31H	CEH
7	07H	F8H	y	6EH	91H
8	7FH	80H	8.	FFH	00H
9	6FH	90H	"灭"	00H	FFH
A	77H	88H	⋮	⋮	⋮
b	7CH	83H			

2）LED 显示器与显示方式

在单片机应用系统中，经常要使用 LED 显示块构成 N 位 LED 显示器。图 9-7 是 N 位 LED 显示器的构成原理图。

N 位 LED 显示器有 N 根位选线和 8×N 根段选线。根据显示方式不同，位选线与段选线的连接方法不同。段选线控制要显示什么样的字符，而位选线则控制要在哪一位上显示这个字符。

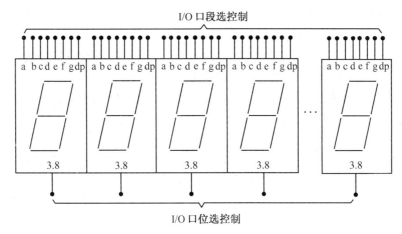

图 9-7　N 位 LED 显示器的构成原理图

LED 显示器有静态显示和动态显示两种显示方式。

（1）LED 静态显示方式。所谓静态显示，就是当显示器显示某一字符时，相应段的发光二极管恒定地导通或截止，并且显示器的各位可同时显示。静态显示时，较小的驱动电流就能得到较高的显示亮度。

LED 显示器工作在静态显示方式下，共阴极或共阳极连接在一起接地或 +5 V；每位的段选线（a-dp）分别与一个 8 位并行口相连。如图 9-8 所示，该图表示了一个 4 位静态 LED 显示器电路。该电路每一位可独立显示，只要在该位的段选线上保持段选码电平，该位就能保持相应的显示字符。由于每一位由一个 8 位输出口控制段选码，故在同一时间里，各位可同时显示，且显示的字符可以各不相同。

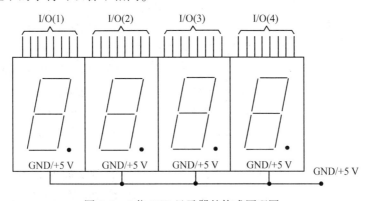

图 9-8　4 位 LED 显示器的构成原理图

N 位静态显示器要求有 N×8 根 I/O 口线，占用 I/O 口线资源较多。故在位数较多时往往不采用静态显示，而是采用动态显示方式。

（2）LED 动态显示方式。所谓动态显示就是一位一位地轮流点亮显示器的各个位（扫描），对于显示器的每一位而言，每隔一段时间点亮一次。显示器的亮度既与导通电流有关，也与点亮时间和间隔时间的比例有关。

在多位 LED 显示时，为了简化电路，降低成本，通常将所有位的段选线并联在一起，由一个 8 位 I/O 口控制，形成段选线的多路复用。而各位的共阴极点或共阳极点分别由相应的 I/O 口线控制，实现各位的分时选通，图 9-9 就是一个 8 位 LED 动态显示器电路。

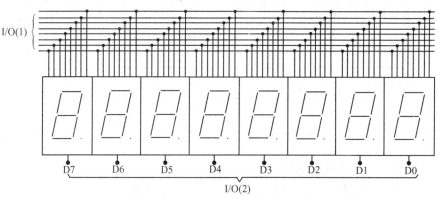

图 9-9 8 位 LED 动态显示器电路

8 位 LED 动态显示电路只需要两个 8 位 I/O 口。其中一个控制段选码，另一个控制位选。由于所有位的段选码皆由一个 8 位 I/O 口控制，因此，在每个瞬间，8 位 LED 可能显示相同的字符。要想每位显示不同的字符，必须采用扫描显示方式，即在每一瞬间只使某一位显示相应字符。在此瞬间，段选码由控制 I/O 口输出相应字符电平，位选 I/O 口输出位选码（共阴极送低电平、共阳极送高电平）以保证该位显示相应字符。如此轮流，使每位显示该位应显示字符，并延时一段时间，以造成视觉暂留效果。

例如，要求 8 位 LED 动态显示数为 385.47C9F 时，I/O（1）和 I/O（2）轮流送入的段选码、位选码及显示状态如表 9-2 所示。段选、位选码每送入一次后延时 1～5 ms（设显示块为共阴极 LED），不断循环送出相应的段选码和位选码，就可获得视觉稳定的显示状态。

表中的段选码和位选码都是按共阴极 LED 数码管设置的，如果是共阳极 LED 数码管显示块，表中的段选码取反、位选码改用反码和原码。

表 9-2 8 位动态扫描显示器状态表

段选码 I/O（1）	位选码 I/O（2）	显示器显示状态
71H	FEH	F
67H	FDH	9
39H	FBH	C
07H	F7H	7
66H	EFH	4
EDH	DFH	5
7FH	BFH	8
4FH	7FH	3

2. 由 MC14543 构成的静态 LED 驱动接口电路

1)MC14543 引脚功能

MC14543 为 4 线-7 段译码/驱动电路,具有 4 位二进制锁存、BCD-7 段译码和驱动功能,图 9-10 为该集成电路的引脚图,其各引脚功能如下。

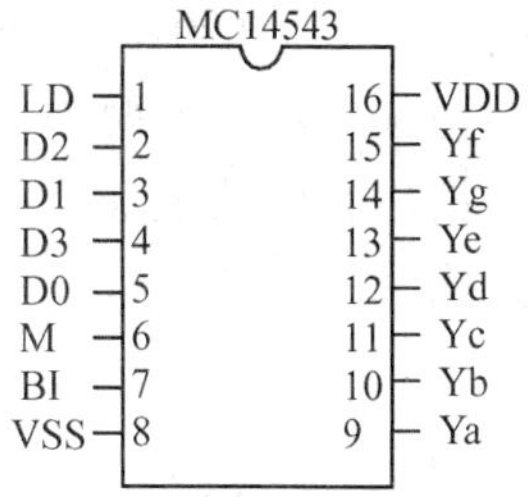

- M:输入线,用来控制输出状态的正反向。
- BI:输入线,用来消隐显示。
- LD:输入线,用来锁存 BCD 码。
- D0 ~ D3:显示数据输入端(BCD 码)。
- Ya ~ Yg:BCD-7 段码的译码/驱动输出端。
- VDD 接电源,VSS 接地。

图 9-10 MC14543 引脚图

采用液晶显示时,应在液晶的公共电极和电路的 M 端施加方波脉冲,电路的输出端直接连接到液晶的各笔划段。也可采用发光二极管、荧光数码管和白炽灯显示。表 9-3 是 4 线-7 段译码/驱动器 MC14543 的逻辑真值表。从该表中可以看出,使用共阴极发光二极管时,M=L;使用共阳极发光二极管时,M=H;使用液晶显示器时,从 M 端加脉冲;译码/驱动输出的状态由 LD 从 H 变到 L 时的内部锁存器的状态决定。

表 9-3 MC14543 的逻辑真值表

输入							输出							显示	输入							输出							显示
LD	BI	M	D3	D2	D1	D0	Ya	Yb	Yc	Yd	Ye	Yf	Yg	显示	LD	BI	M	D3	D2	D1	D0	Ya	Yb	Yc	Yd	Ye	Yf	Yg	显示
×	H	*	×	×	×	×	L	L	L	L	L	L	L		H	L	*	H	L	L	L	H	H	H	H	H	H	H	8
H	L	*	L	L	L	L	H	H	H	H	H	H	L	0	H	L	*	H	L	L	H	H	H	H	L	L	H	H	9
H	L	*	L	L	L	H	L	H	H	L	L	L	L	1	H	L	*	H	L	H	L	L	L	L	L	L	L	L	
H	L	*	L	L	H	L	H	H	L	H	H	L	H	2	H	L	*	H	L	H	H	L	L	L	L	L	L	L	
H	L	*	L	L	H	H	H	H	H	H	L	L	H	3	H	L	*	H	H	L	L	L	L	L	L	L	L	L	
H	L	*	L	H	L	L	L	H	H	L	L	H	H	4	H	L	*	H	H	L	H	L	L	L	L	L	L	L	
H	L	*	L	H	L	H	H	L	H	H	L	H	H	5	H	L	*	H	H	H	L	L	L	L	L	L	L	L	
H	L	*	L	H	H	L	L	L	H	H	H	H	H	6	H	L	*	H	H	H	H	L	L	L	L	L	L	L	
H	L	*	L	H	H	H	H	H	H	L	L	L	L	7	L	L	*	×	×	×	×	*	*	*	*	*	*	*	

* 使用共阴极发光二极管时,M=L;使用共阳极发光二极管时,M=H;使用液晶显示器时,从 M 端加脉冲。

** 输出状态由 LD 从 H 变到 L 时的内部锁存器的状态决定。

2)由 MC14543 构成的静态 LED 驱动接口电路

图 9-11 给出了由 MC14543 构成的静态 LED 驱动接口电路。

从图 9-11 中可以看出，该电路主要由 89C51 单片机、或非门、MC14543、共阴极数码管组成。其中，或非门用来产生锁存信号，MC14543 完成锁存、译码、驱动，数码管则用来显示。上两个 MC14543 的地址为 0BFFFH，下两个 MC14543 的地址为 7FFFH。只要给出相应的地址，并在单片机的 P0 口输出 BCD 码，就会在相应的数码管上显示对应的数据。

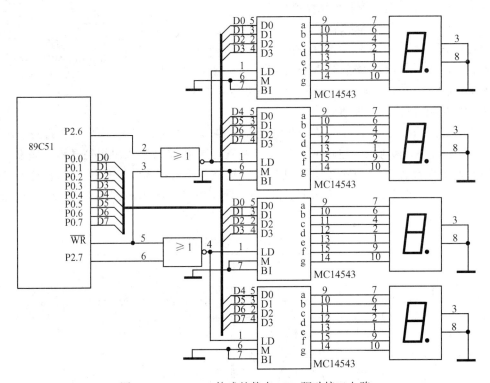

图 9-11　MC14543 构成的静态 LED 驱动接口电路

9.1.3　键盘、显示器组合接口举例

1. 接口电路

在单片机应用系统中，同时需要使用键盘与显示器接口时，为了节省 I/O 口线，常常把键盘和显示电路做在一起，构成实用的键盘、显示器组合接口电路。图 9-12 即为一个典型的采用 8155 扩展 I/O 口构成的键盘、显示器接口电路。

图 9-12 中只设置了 32 个按键。如果增加 PC 口线，还可以增加按键，最多可达 6×8 = 48 个键。可根据需要进行设置。

LED 显示器采用共阴极。段选码由 8155 PB 口提供，位选码由 PA 口提供。键盘的扫描输出由 PA 口提供，与显示器的位选码输出共用，键盘的键输入由 PC0～PC3 提供。显然，

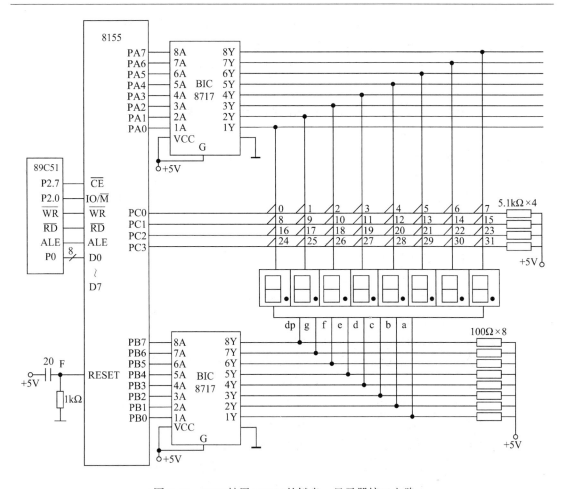

图 9-12 8155 扩展 I/O 口的键盘、显示器接口电路

因为键盘与显示器共用了 PA 口,比单独使用接口节省了一个 I/O 口。

LED 的驱动采用集电极开路输出 8 位驱动器 8717。

LED 采用动态显示、软件译码,键盘采用逐列扫描查询工作方式。

2. 软件设计

由于键盘与显示做成一个接口电路,因此在软件中要综合考虑键盘查询与动态显示,在软件设计中把键盘消抖的延时子程序用显示子程序代替。

相应的程序如下:

(1) 键盘扫描子程序

```
KEY:  MOV   A, #03H        ; 初始化 8155PA、PB 口为基本输出, PC 口为输入
      MOV   DPTR, #7F00H   ; 7F00H 为 8155 命令口地址
      MOVX  @ DPTR, A
```

```
KEY1:  ACALL  KS              ; 调键盘全扫描子程序
       JNZ    LK1             ; 有键按下，转 LK1
       ACALL  DISPLAY         ; 无键按下，调用显示子程序实现延时
       AJMP   KBZ             ; 转至送无键按下标志
LK1:   ACALL  DISPLAY         ; 两次调用显示，实现延时，防止抖动引起误处理
       ACALL  DISPLAY
       ACALL  KS              ; 再次调键盘全扫描子程序
       JNZ    LK2             ; 确有键按下，转逐列扫描
       AJMP   KBZ             ; 无键按下，属抖动，转至送无键按下标志
LK2:   MOV    R2, #0FEH       ; 列扫描字送 R2
       MOV    R4, #00H        ; 列号送 R4
LK3:   MOV    DPTR, #7F01H    ; 送 PA 口地址
       MOV    A, R2
       MOVX   @DPTR, A        ; 列扫描字送 PA 口输出
       INC    DPTR
       INC    DPTR            ; 指向 PC 口
       MOVX   A, @DPTR        ; 读 PC 口状态（按键输入）
       JB     ACC.0, LONE     ; 若 PC0=1（无键按下），转查下一行
       MOV    A, #00H         ; PC0=0（有键按下），行首键号送 A 中
       AJMP   LKP             ; 转计算键值、等待按键释放
LONE:  JB     ACC.1, LTWO     ; 若 PC1=1，转查下一行
       MOV    A, #08H         ; PC1=0，行首键号送 A 中
       AJMP   LKP             ; 转计算键值、等待按键释放
LTWO:  JB     ACC.2, LTHR     ; 若 PC2=1，转查下一行
       MOV    A, #10H         ; PC2=0，行首键号送 A 中
       AJMP   LKP             ; 转计算键值、等待按键释放
LTHR:  JB     ACC.3, NEXT     ; 若 PC3=1，转查下一列
       MOV    A, #18H         ; PC3=0，行首键号送 A 中
LKP:   ADD    A, R4           ; 行首键号加列号形成键值
       PUSH   ACC             ; 键值暂时入栈
LK4:   ACALL  DISPLAY         ; 调显示子程序实现延时
       ACALL  KS              ; 调键盘全扫描子程序
       JNZ    LK4             ; 有键按下，说明按键尚未释放，需等待
       POP    ACC             ; 无键按下，说明按键已释放，弹出键值
KEND:  RET                    ; 键扫描结束，出口：A 中存有键值（A=FFH，
```

　　　　　　　　　　　　　　　　无键按下）

```
NEXT:   INC    R4              ; 修改列号
        MOV    A, R2           ; 取列扫描字送 A 中
        JNB    ACC.7, KBZ      ; ACC.7=0，说明 8 列均扫描一遍，转 KBZ
        RL     A               ; 8 列未扫描完，扫描字左移，变为下一列扫描字
        MOV    R2, A           ; 保存列扫描字
        AJMP   LK3             ; 转移，开始下一列扫描
KBZ:    MOV    A, #0FFH        ; 送无键按下标志
        AJMP   KEND            ; 转子程序返回
KS:     MOV    DPTR, #7F01H    ; 送 PA 口地址
        MOV    A, #00H         ; 输出全扫描字 00H 送 PA 口输出
        MOVX   @DPTR, A
        INC    DPTR
        INC    DPTR            ; 指向 PC 口
        MOVX   A, @DPTR        ; 读入 PC 口状态（按键输入）
        CPL    A               ; A 取反，以 A 的高电平状态表示有键按下
        ANL    A, #0FH         ; 只保留低 4 位（PC0～PC3 有效）
        RET                    ; 出口：A≠0 表明有键按下
```

（2）动态显示扫描子程序

软件中使用片内 RAM 的 78H～7FH 单元作为显示缓冲区，显示缓冲区中存放 8 个要显示的数据。

```
DISPLAY: MOV    A, #03H         ; 8155 初始化
         MOV    DPTR, #7F00H
         MOVX   @DPTR, A
         MOV    R0, #78H        ; 动态显示初始化，使 R0 指向缓冲区首址
         MOV    R3, #7FH        ; 位选字送 R3 保存，首位从最右端一位开始
                                ; 显示
         MOV    A, R3           ; 位选字送 A
DIR0:    MOV    DPTR, #7F01H    ; 使 DPTR 指向 PA 口
         MOVX   @DPTR, A        ; 输出位选字，选通一位显示器
         INC    DPTR            ; 使 DPTR 指向 PB 口
         MOV    A, @R0          ; 取要显示的数
         ADD    A, #0DH         ; 调整距段选码表首的偏移量
         MOVC   A, @A+PC        ; 查表取得段选码
         MOVX   @DPTR, A        ; 段选码从 PB 口输出
```

```
            ACALL  DEL1              ;调用 1 ms 延时子程序
            INC    R0                ;指向显示缓冲区下一个单元
            MOV    A, R3             ;位选字送累加器 A
            JNB    ACC.0, DIR1       ;判断 8 位是否显示完毕,显示完返回
            RR     A                 ;未显示完,位选字右移变为下一个位选字
            MOV    R3, A             ;修改后的位选字送 R3 保存
            AJMP   DIR0              ;循环,实现按位序依次显示
    DIR1:   RET
    DSEG:   DB  3FH, 06H, 5BH; 4FH, 66H, 6DH, 7DH, 07H    ;段码表
            DB  7FH, 6FH, 77H, 7CH, 39H, 5EH, 79H, 71H
    DEL1:   MOV    R7, #02H          ;延时 1 ms 子程序
    DEL0:   MOV    R6, #0FFH
            DJNZ   R6, $
            DJNZ   R7, DEL0
            RET
```

9.2 A/D 转换器

9.2.1 A/D 转换器技术指标与选择原则

A/D 转换接口是数据采集系统前向通道中的一个重要环节。数据采集是在模拟信号源中采集信号,并将其转换为数字信号送入计算机的过程。因此,完成数据采集应具备下述基本部件:模拟多路转换开关和信号调节电路,采样/保持放大器,模拟/数字(A/D)转换器,通道控制电路。

前向通道中,被测物理量经传感器转换成电信号,而每一种传感器都有与其配套的接口电路,接口电路再将这一电信号转换成电压信号。多路转换开关用来完成多路模拟信号的切换,信号调节则是将模拟微弱信号转换成能满足 A/D 转换器需要的电平信号。为了减少动态数据采集的孔径误差,需要加入采样/保持电路。因此,数据采集电路的设计不仅仅限于是单纯 A/D 转换芯片的接口设计,还必须综合考虑传感器到 CPU 的全过程。

1. A/D 转换器的技术指标

1)量化误差与分辨率

A/D 转换器的分辨率习惯上以输出二进制位数或者 BCD 码位数表示。例如 A/D 转换器 AD574A 的分辨率为 12 位,即该 A/D 转换器的输出数据可用 2^{12} 个二进制数进行量化,其分辨率为 1LSB。即

$$(1/2)^N \times 100\% = (1/2)^{12} \times 100\% = (1/4096) \times 100\% = 0.0244\%$$

BCD 码输出的 A/D 转换器一般用位数表示分辨率，例如：MC14433 双积分式 A/D 转换器，分辨率为 3（1/2）。满度字位数为 1999，即分辨率为

$$(1/1999) \times 100\% = 0.05\%$$

量化误差和分辨率是统一的，量化误差是由于 A/D 转换器的有限字长引起的。量化误差理论上为一个单位分辨率，即($\pm 1/2$) LSB。提高分辨率可减少量化误差。

2）转换精度

A/D 转换器的转换精度反映了一个实际 A/D 转换器在量化值上与理想 A/D 转换器进行 A/D 转换的差值，可表示成绝对误差和相对误差。对应不同的 A/D 转换器生产厂家，不同的产品其精度指标表达方式有所不同，有的给出综合误差指标，有的则给出分项误差指标。通常给出的分项误差指标有：非线性误差、失调误差或零点误差、增益误差或标度误差、微分非线性误差等。

3）转换时间与转换速率

A/D 转换器完成一次 A/D 转换所需要的时间为 A/D 转换时间。通常 A/D 转换速率是转换时间的倒数。目前 A/D 转换最快的是高速全并行式 A/D 转换器，转换时间可达 20～50 ns，即转换速率达 20～50 MSPS。而逐次比较式 A/D 转换器的转换时间也达到了 0.4 μs，即转换速率达到了 2.5 MSPS。

4）失调（零点）温度系数和增益温度系数

这两项指标都是表示 A/D 转换器受环境温度影响的程度，一般用每摄氏度温度变化所产生的相对误差作为指标，以 ppm/℃ 为单位表示。

5）对电源电压变化的抑制比

A/D 转换器对电源电压的抑制比（PSRR）用改变电源电压使数据发生±1 LSB 变化时所对应的电源电压变化范围来表示。

2. A/D 转换器的选择原则

A/D 转换器是前向通道中的一个环节，并不是所有的前向通道中都必须配备 A/D 转换器。只有模拟量输入通道，并且输入计算机接口不是频率量而是数字码时，才用到 A/D 转换器。因此，在确定 A/D 转换器时，应遵循下述原则。

（1）根据前向通道的总误差，选择 A/D 转换器的精度和分辨率。此时，应将综合精度在各个环节上进行再分配，以确定对 A/D 转换器的精度要求。

（2）根据信号对象的变化率及转换精度要求，确定 A/D 转换速度，以保证系统的实时性要求。为减少孔径误差，若对变化速度非常快的信号进行 A/D 转换，可考虑加入采样/保持电路。

（3）根据环境条件选择 A/D 转换器的一些环境参数要求，如工作温度、功耗、可靠性等级等性能。

（4）根据计算机接口特征，考虑选择 A/D 转换器的输出状态，例如，A/D 转换器是并

行输出还是串行输出,是二进制码还是 BCD 码;是用外部时钟、内部时钟还是不用时钟;有无转换结束状态标志;与 TTL、CMOS 及 ECL 电路的兼容性等。

(5) 还要考虑到芯片的成本、货源是否是主流芯片等诸多因素。

9.2.2 A/D 转换器 MAX197

MAX197 是美国美信公司生产的多量程、12 位数据采集系统(ADC),芯片工作电压仅为 5 V;既可接收高于电源电压的模拟信号,又可接收低于地电位的模拟信号;芯片有 8 个独立的模拟输入通道;对输入的模拟信号提供了 4 个可编程输入量程:±10 V,±5 V,0~+5 V,0~+10 V,4 个量程将有效的动态输入范围增加到了 14 位;为 4~20 mA 信号和由 ±12 V 或±15 V 供电的传感器到单 5 V 系统提供了灵活的接口;变换器的耐压容限达到了±16.5 V。该模/数转换器具有 5 MHz 的带宽,100 kSPS 的吞吐率,由软件控制选择内/外部时钟,由软件控制内/外部启动采集,8+4 并行数据接口,内部 4.096 V 或外供参考电压。硬件的 $\overline{SHDN}$ 脚和两个软件可编程位(STBYPD,FULLPD)用来提供转换过程中的低电流关断模式。

MAX197 具有标准的微处理器(μP)接口,8 位数据总线构成了三态数据 I/O 口,数据存取与总线释放时序特性与常规微处理器芯片 μPs 兼容,其逻辑输入输出皆与 TTL 或 CMOS 逻辑电平兼容。

1. 特性

(1) 12 位分辨率,(1/2) LSB 线性度。

(2) 单 5 V 供电。

(3) 软件可编程选择输入量程:±10 V,±5 V,0~+5 V,0~+10 V。

(4) 输入多路选择器保护:±16.5 V。

(5) 8 路模拟输入通道。

(6) 6 μs 转换时间,100 kSPS 采样速率。

(7) 内/外部采集控制。

(8) 内部 4.096 V 或外部参考电压。

(9) 两种掉电模式。

(10) 内部或外部时钟。

2. 封装与引脚描述

MAX197 具有 4 种不同的封装:DIP28,宽 SO,SSOP 和陶瓷 SB 封装。其引脚图见图 9-13。现将其引脚定义描述如下。

CLK:时钟输入。外部时钟模式时,由此脚输入电平与 TTL 或 CMOS 兼容的时钟。内部时钟模式时,该脚与地间接一电容,以确定内部时钟频率,当 $f_{CLK}=1.56$ MHz 时,外接电容的典型值为 $C_{CLK}=100$ pF。

$\overline{CS}$:片选线,低有效。

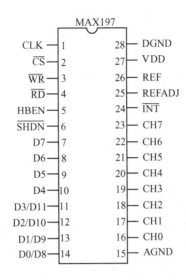

图 9-13　MAX197 引脚图

$\overline{WR}$：当$\overline{CS}$为低时，在内部采集模式下，$\overline{WR}$的上升沿将锁存数据，并启动一次采集和一次转换周期；在外部采集模式下，$\overline{WR}$的第一个上升沿启动采集，第二个上升沿结束采集并启动转换周期。

$\overline{RD}$：当$\overline{CS}$为低时，$\overline{RD}$的下降沿将允许读取数据总线上的数据。

HBEN：用于切换 12 位转换结果。此脚为高时，数据总线上的数据为高 4 位；此脚为低时，数据总线上的数据为低 8 位。

$\overline{SHDN}$：关断控制位。此脚接低电平时，器件进入掉电模式（FULLPD）。

D7～D4：三态数字 I/O 口。

D3/D11：三态数字 I/O 口。HBEN 为低时，输出 D3；HBEN 为高时，输出 D11。

D2/D10：三态数字 I/O 口。HBEN 为低时，输出 D2；HBEN 为高时，输出 D10。

D1/D9：三态数字 I/O 口。HBEN 为低时，输出 D1；HBEN 为高时，输出 D9。

D0/D8：三态数字 I/O 口。HBEN 为低时，输出 D0；HBEN 为高时，输出 D8。

AGND：模拟地。

CH0～CH7：模拟输入通道。

$\overline{INT}$：当转换完成，且数据准备就绪时，$\overline{INT}$变低。

REFADJ：能参考电压输出/外部调节引脚。使用内部参考时，对地接 0.01 μF 的旁路电容；使用外部参考时，此脚接 VDD。

REF：参考电压缓冲输出或 ADC 参考电压输入。在内部参考模式下，由此脚提供一个 4.096 V 的标准输出，可由 REFADJ 脚进行外部调节；在外部参考模式下，REFADJ 接至 VDD，内部缓冲器处于禁止状态。

VDD：+5 V 电源，对地接 0.1 μF 的旁路电容。
DGND：数字地。

3. 接口、控制字与时序

MAX197 为微处理器提供了非常简单的接口，图 9-14 给出了 MAX197 与微处理器之间最简单的接口电路图。转换从写入控制字开始。转换完成由 $\overline{\text{INT}}$ 给出标准的中断信号。

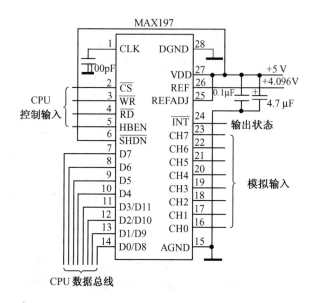

图 9-14 MAX197 与 CPU 接口电路

其控制字及各位的定义如下：

D7（MSB）	D6	D5	D4	D3	D2	D1	D0
PD1	PD0	ACQMOD	RNG	BIP	A2	A1	A0

控制字中的 D5 位决定采集控制模式：置 0 时，为内部采集控制模式，相应时序如图 9-15 所示；置 1 时，为外部采集控制模式，相应时序如图 9-16 所示。

控制字中的 D7、D6 位控制芯片的时钟模式，见表 9-4。一旦选定了芯片的时钟模式，再进入待机或掉电模式时，时钟模式不会改变。当 D7 = 0，D6 = 0 时，芯片选择外部时钟模式，外供时钟频率应介于 100 kHz 至 2.0 MHz 之间，时钟占空比应介于 45%～55% 之间。

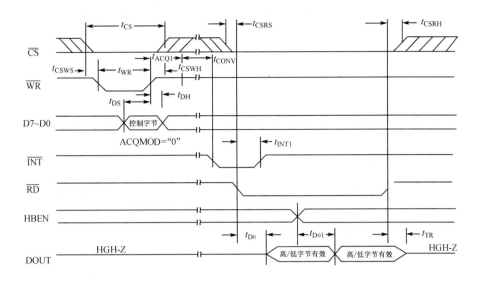

图 9-15　内部采集控制模式下的时序图

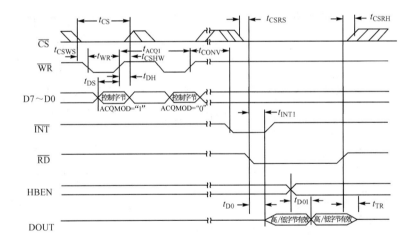

图 9-16　外部采集控制模式下的时序图

表 9-4　控制字位定义

位	名　称	说　　　　明
7、6	PD1、PD0	这两位用来选择时钟和掉电模式（见表 9-5）
5	ACQMOD	0 时内部控制采集（6 个时钟周期），1 时外部控制采集
4	RNG	用来选择满量程时输入模拟电压幅度（见表 9-5）
3	BIP	用来选择双极性或单极性转换模式（见表 9-5）
2、1、0	A2、A1、A0	这三位用来确定被选通的模拟输入通道（见表 9-6）

参见图 9-17 所示的时序图；当 D7＝0，D6＝1 时，芯片选择内部时钟模式，此时，在引脚 CLK 与地之间应接一个 100 pF 的电容，与其对应的采样频率为 f_{CLK}＝1.56 MHz。

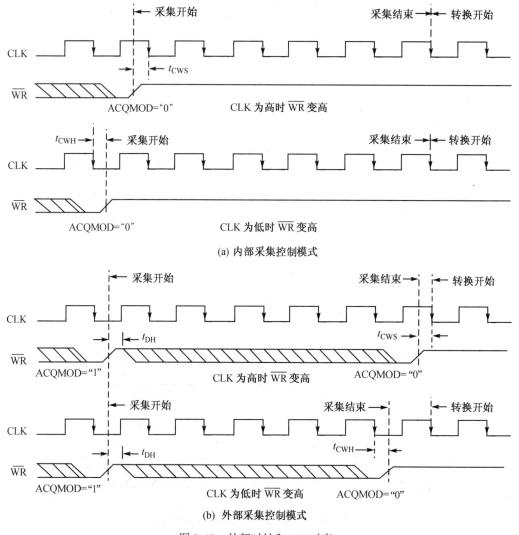

图 9-17 外部时钟和 $\overline{WR}$ 时序

D7，D6 也决定了芯片的低功耗模式。当 D7＝1，D6＝0 时，芯片进入待机模式；当 D7＝1，D6＝1 时，芯片进入掉电模式。

D3 和 D4 用来选择芯片的模拟输入电压范围和极性，见表 9-5。D3＝0，选择单极性输入；D3＝1，选择双极性输入；D4＝0，选择 5 V 量程；D4＝1，选择 10 V 量程。

表 9-5 量程与极性选择和时钟与掉电模式选择

量程与极性选择			时钟与掉电模式选择		
BIP	RNG	输入量程/V	PD1	PD0	器件工作模式
0	0	0～5	0	0	工作状态/外部时钟模式
0	1	0～10	0	1	工作状态/内部时钟模式
1	0	±5	1	0	待机模式，时钟模式不变
1	1	±10	1	1	掉电模式，时钟模式不变

控制字的低三位用来选通模拟输入通道；三位数值与被选通模拟输入通道之间的关系见表 9-6。

表 9-6 模拟输入通道选择

A2	A1	A0	CH0	CH1	CH2	CH3	CH4	CH5	CH6	CH7
0	0	0	*							
0	0	1		*						
0	1	0			*					
0	1	1				*				
1	0	0					*			
1	0	1						*		
1	1	0							*	
1	1	1								*

4. MAX197 应用举例

MAX197 应用举例请参见第 10 章 10.5.1。

9.2.3 A/D 转换器 ADC 0809

ADC 0808/0809 系列为多通道 8 位逐次比较式 CMOS A/D 转换器，它是美国 National Semiconductor 公司产品，它是目前最流行的中速廉价型产品之一。其结构、性能与 ADC 0801～0805 系列相似，内部结构原理框图如图 9-18 所示。片内有多路模拟开关及通道地址译码及锁存电路，可对多路模拟信号进行分时采集与转换；片内配置了三态输出数据缓冲器，提供了与微处理器兼容接口；ADC 0808 的最大不可调误差小于 $\pm\frac{1}{2}$ LSB，而 ADC 0809 为 ±1 LSB。

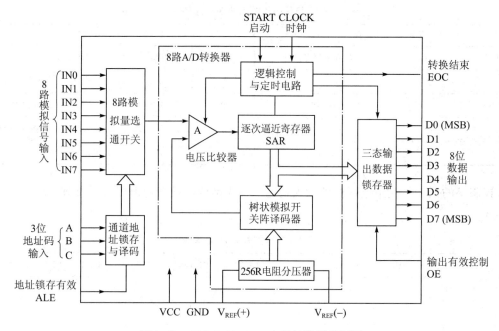

图 9-18 ADC 0808/0809 内部结构原理框图

1. 封装与引脚描述

ADC 0808/0809 系列 A/D 转换器封装为 DIP28，图 9-19 和图 9-20 分别为其引脚图和模拟通道地址码图示。各引脚定义如下：

IN0～IN7——模拟信号输入端；

START——启动端；

EOC——转换结束信号输出，转换期间，EOC 为低电平，转换结束，EOC 为高电平；

D7～D0——A/D 转换结果数据输出端；

OE——输出有效控制位；

CLOCK——时钟输入端；

VCC——正电源输入端，即+5V 电源端；

REF（+）——正参考电源输入端；

GND：接地端；

REF（-）：负参考电源输入端；

ALE：地址锁存控制位；

ADDC～ADDA：模拟通道选择地址码输入。

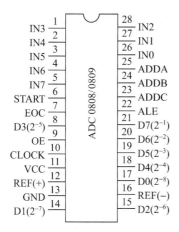

图 9-19 ADC 0808/0809 引脚图

图 9-20 模拟通道地址码

地址码			选通模拟通道
C	B	A	
0	0	0	IN0
0	0	1	IN1
0	1	0	IN2
0	1	1	IN3
1	0	0	IN4
1	0	1	IN5
1	1	0	IN6
1	1	1	IN7

2. ADC 0808/0809 工作时序

ADC 0808/0809 典型时钟频率为 640 kHz，每一通道的转换时间需要 66～73 个时钟脉冲，约为 100 ms。其工作时序如图 9-21 所示。从时序图可以看出，在启动 ADC 0808/0809 后，EOC 大约在 10 μs 后才变为低电平，编程时必须注意这一点。

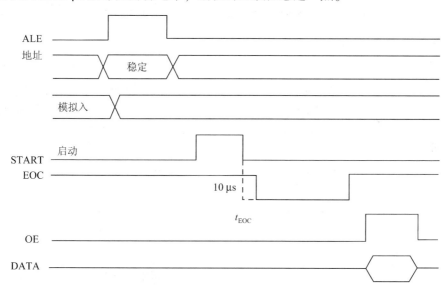

图 9-21 ADC 0808/0809 工作时序

3. ADC 0808/0809 与 89C51 单片机的接口

图 9-22 是 ADC 0808/0809 与 89C51 单片机的典型接口电路，由图可以看出，其与单片机接口十分简单。89C51 单片机通过地址线 P2.7 和读、写信号来控制转换器模拟输入通道

地址锁存、启动和输出允许，ALE 为其地址锁存控制信号。根据图 9-22 中接线方案，8 个模拟输入通道（IN0～IN7）的地址分别为 7FF8H～7FFFH。

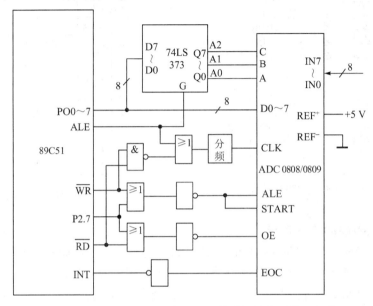

图 9-22　ADC 0808/0809 与 89C51 单片机的典型接口电路

A/D 转换程序清单如下：

```
START:  MOV   R0, #30H        ;RAM 缓冲区地址置初值
        MOV   R6, #08H        ;通道计数器置初值（8 个通道）
        MOV   R7, #08H        ;循环计数器置初值（连续循环采样 8 次）
CONV1:  MOV   DPTR, #7FF8H    ;通道地址寄存器置初值
CONV2:  MOVX  @DPTR, A        ;启动 A/D 转换
        MOV   R5, #0AH        ;延时等待
DLX:    DJNZ  R5, DLX
WAIT:   JB    P3.3, WAIT      ;等待 A/D 转换结束
        MOVX  A, @DPTR        ;读取 A/D 转换结果
        MOV   @R0, A          ;保存 A/D 转换结果
        INC   R0              ;修改存储单元地址
        INC   DPTR            ;指向下一通道
        DJNZ  R6, CONV2       ;8 个通道全完否？
        MOV   R6, #08H
        DJNZ  R7, CONV1       ;8 次 A/D 转换完成否？
        ACALL DATADSP         ;数据的数字处理
```

LJMP   START

9.2.4 A/D 转换器 TLV2548

TLV2548 是美国 TI 公司生产的多通道、12 位数据采集芯片（ADC）。芯片为单电源 2.7～5.5 V 供电，转换时间为 3.86 μs，是一款高性能、低功耗、CMOS 工艺、串行接口的 A/D 转换器。内部结构原理框图如图 9-23 所示。

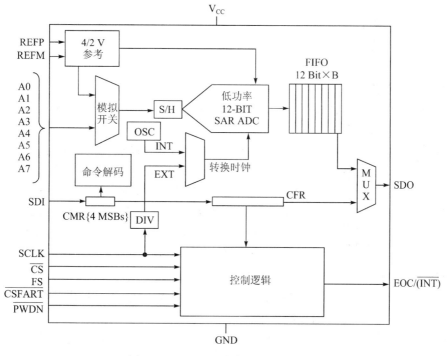

图 9-23　TLV2548 内部结构原理框图

TLV2548 有 3 个数字输入端和一个三态数据输出端（片选$\overline{CS}$，串行口时钟 SCLK，串行数据输入端 SDI 及串行数据输出端 SDO），提供与常规流行主微处理器串行口 SPI 间的四线接口。器件内部含有一个用来选择模拟输入通道及 3 个内部自测试电压之一的模拟多路开关。正常采样时，采样-保持功能自动起始于 SCLK 的第 4 个边沿，展宽采样时，由功能脚 $\overline{CSTART}$ 控制采样保持的开始。正常采样周期可由软件在 12 SCLK 至 24 SCLK 之间选取，以适应常规高性能信号处理器 SCLK 的快速要求。该器件功耗低，节电性能可通过软件、硬件、自动掉电模式及可编程转换速度来进一步加强。转换用时钟可选用内置时钟，也可以选择外供时钟源作为 SCLK，以获取更高的转换速度（20 MHz 的 SCLK 时，转换周期可达 2.8 μs）。参考电源可选择内置参考源，也可选外部参考源，以使应用更灵活。

1. 特性

(1) 12 位分辨率，微分/积分非线性误差±1 LSB；
(2) 单电源 2.7～5.5 V 范围供电电源，内置参考源；
(3) 内置转换时钟源及 8FIFO；
(4) 8 路模拟输入，模拟输入范围为 0 到电源电压，500 kHz 带宽；
(5) SPI（CPOL=0，CPHA=0）/DSP 兼容串行接口，SCLK 可高达 20 MHz；
(6) 200 kSPS 采样速率，3.86 μs 转换时间；
(7) 低工作电流（1.0 mA，3.3 V 时；1.1 mA，5.5 V，外供参考源时）；
(8) 软/硬件控制采样周期及掉电方式；
(9) 可编程自动通道扫描。

2. 封装与引脚描述

TLV2548 具有两种不同的封装形式：20TSSOP（PW）和 20SOIC（DW）封装。其引脚图如图 9-24 所示，引脚定义如下：

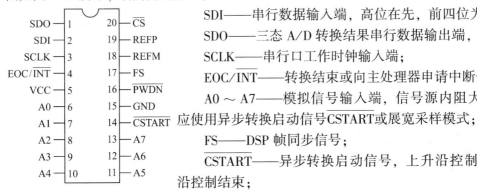

图 9-24　TLV2548 引脚图

SDI——串行数据输入端，高位在先，前四位为命令输入；
SDO——三态 A/D 转换结果串行数据输出端，高位在先；
SCLK——串行口工作时钟输入端；
EOC/$\overline{\text{INT}}$——转换结束或向主处理器申请中断信号；
A0～A7——模拟信号输入端，信号源内阻大于 1kΩ 时，应使用异步转换启动信号$\overline{\text{CSTART}}$或展宽采样模式；
FS——DSP 帧同步信号；
$\overline{\text{CSTART}}$——异步转换启动信号，上升沿控制开始，下降沿控制结束；
$\overline{\text{PWDN}}$——掉电模式控制，逻辑 0 置内部模拟及参考源电路掉电模式；
$\overline{\text{CS}}$——片选信号；
VCC——供电电源正端；
GND——电源地端；
REFM——外部参考源输入端或内部参考源去耦输入端，使用内部参考时，此脚接地；
REFP——外部参考源输入端或内部参考源去耦输入端，在 REFP 与 REFM 之间并联 10 μF 及 0.1 μF 的去耦电容。

3. 数据格式、命令集与结构寄存器

TLV2548 串行口数据格式如表 9-7 所示。输入数据只有高 4 位命令字有效，其余低 12 位均为不关心位。在输出数据格式中，读 CFR/FIFO 时，高 4 位不关心位，低 12 位为所要读出的数据内容；在读 A/D 转换结果时，高 12 位为 A/D 转换结果，低 4 位为不关心位。当模拟输入为 REFM 时，A/D 转换结果为 000H，当模拟输入为 REFP 时，A/D 转换结果为

FFFH。

表 9-7　TLV2548 串行口数据格式

输入数据格式		读 CFR/FIFO 数据格式		读 A/D 转化结果格式	
MSB	LSB	MSB	LSB	MSB	LSB
D15～D12	D11～D0	D15～D12	D11～D0	D15～D4	D3～D0
命令字	不关心位	不关心位	寄存器内容	A/D 转换结果	不关心位

TLV2548 有一个 4 位命令集与 12 位数据域，如表 9-8 所示。大部分命令只需要 4 位。CFR 寄存器位定义如表 9-9 所示。

表 9-8　TLV2548 命令集

SDI（D15～D12）	命　　令	SDI（D15～D12）	命　　令
0000B（0H）	选择 A0 输入	1000B（8H）	置模拟与参考掉电模式
0001B（1H）	选择 A1 输入	1001B（9H）	读 CFR 命令
0010B（2H）	选择 A2 输入	1010B（AH+DATA）	写 CFR 命令
0011B（3H）	选择 A3 输入	1011B（BH）	选测（REFM+REFP）/2
0100B（4H）	选择 A4 输入	1100H（CH）	选测 REFM
0101B（5H）	选择 A5 输入	1101B（DH）	选测 REFP
0110B（6H）	选择 A6 输入	1110B（EH）	读 FIFO 命令
0111B（7H）	选择 A7 输入	1111B（FH+DATA）	保留

表 9-9　CFR 寄存器位定义

位	定　　义	位	定　　义
D11	参考源选择 0：外部参考 1：内部参考 （此时 REFM 接模拟地）	D6D5	转换模式选择 00：单脉冲模式 01：重复模式 10：扫描模式 11：重复扫描模式
D10	内部参考电压选择 0：参考电压为 4V 1：参考电压为 2V	D4D3	自动扫描顺序选择 00：0-1-2-3-4-5-6-7 01：0-2-4-6-0-2-4-6 10：0-0-2-2-4-4-6-6 11：0-2-0-2-0-2-0-2
D9	采样周期选择 0：12SCLK 1：24SCLK	D2	PIN4 功能选择 0：$\overline{INT}$ 1：EOC

位	定 义	位	定 义
D8D7	时钟源选择 00：内部时钟源 01：SCLK 10：SCLK/4 11：SCLK/2	D1D0	FIFO 触发INT标准 00：全满时 01：满 3/4 时 10：满 1/2 时 11：满 1/4 时

4. 转换条件、转换模式与时序

TLV2548 的采样是在输入 4 个输入数据后开始的，这 4 个数据用来选择采样哪一路信号。正常采样时，其采样周期可编程设定为 12SCLK 或 24SCLK。展宽采样时，$\overline{\text{CSTART}}$的下降沿启动采样周期，上升沿结束采样周期，并启动转换周期。

TLV2548 有 4 种不同的转换模式（模式 00、01、10、11），每种之间都略有差别，取决于采用的是什么样的采样方式及主机接口形式。触发转换可以由$\overline{\text{CSTART}}$（展宽采样模式）、$\overline{\text{CS}}$（正常采样，SPI 接口）及 FS（正常采样，TMS DSP 接口）来激活。

单脉冲模式（模式 00）时，不使用 FIFO，转换结束后，产生$\overline{\text{INT}}$信号。

重复模式（模式 01）时，使用 FIFO，并且要求有构造周期和通道选择周期，FIFO 一经达到触发门限，就应立即读 FIFO，否则数据会丢失。

扫描模式（模式 10）时，也使用 FIFO，这种模式编程后，所选通道会被顺序扫描，A/D 转换结果也会顺序存放于 FIFO 中，当 FIFO 达到触发门限时，即产生$\overline{\text{INT}}$信号。

重复扫描模式（模式 11）时，与扫描模式相同，只是在 FIFO 达到触发门限时会有所不同：主机可以选择读 FIFO 或放弃，若选择读 FIFO，则 FIFO 中的数据将被保留到被读完毕为止；如果接下来的周期不是读 FIFO，或者是产生了$\overline{\text{CSTART}}$信号，则 FIFO 里的数据将被清除，新的转换数据将被存入 FIFO，扫描继续进行。

TLV2548 FIFO 结构如图 9-25 所示。

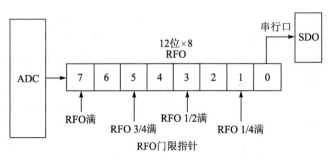

图 9-25 TLV2548 FIFO 结构图

TLV2548 读 CFR 时序如图 9-26 所示。

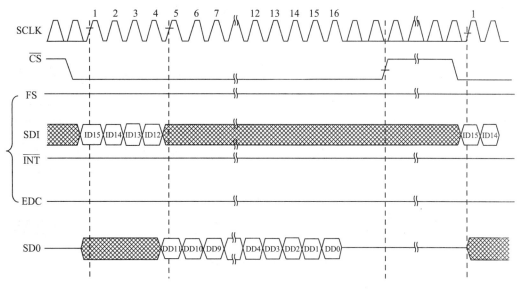

图 9-26　TLV2548 读 CFR 时序图

TLV2548 读 FIFO 时序如图 9-27 所示。

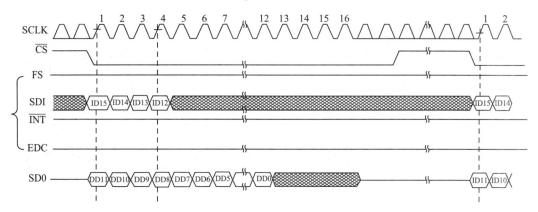

图 9-27　TLV2548 读 FIFO 时序图

TLV2548 写时序如图 9-28 所示。
TLV2548 单脉冲/正常采样时序如图 9-29 所示。
TLV2548 重复模式时序如图 9-30 所示。
TLV2548 扫描模式与重复扫描时序如图 9-31 所示。
TLV2548 单脉冲展宽采样模式时序如图 9-32 所示。

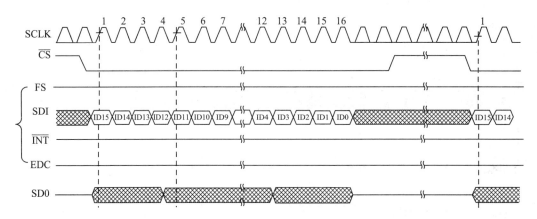

图 9-28 TLV2548 写时序图

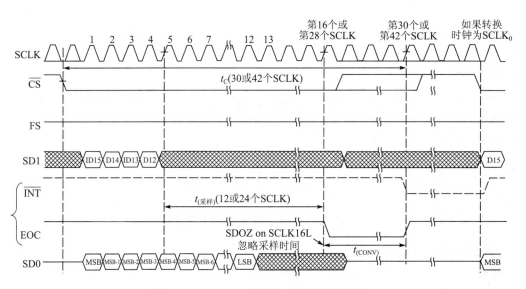

图 9-29 TLV2548 单脉冲/正常采样时序图

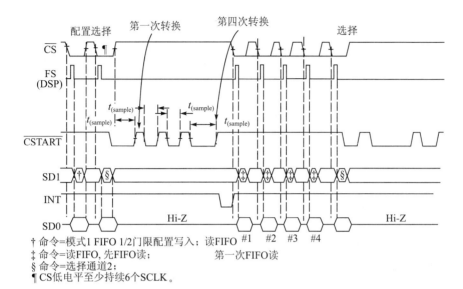

† 命令=模式1 FIFO 1/2门限配置写入；读FIFO #1 #2 #3 #4
‡ 命令=读FIFO，先FIFO读； 第一次FIFO读
§ 命令=选择通道2；
¶ CS低电平至少持续6个SCLK。

图 9-30　TLV2548 重复模式时序图

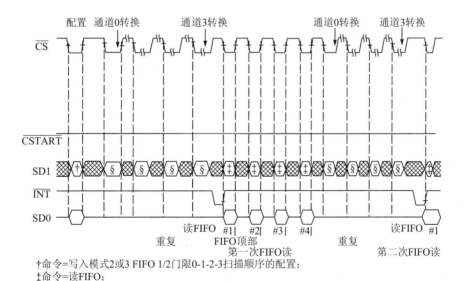

† 命令=写入模式2或3 FIFO 1/2门限0-1-2-3扫描顺序的配置；
‡ 命令=读FIFO；
§ 使用任意通道选择命令触发SDI输入。

图 9-31　TLV2548 扫描模式与重复扫描模式时序图

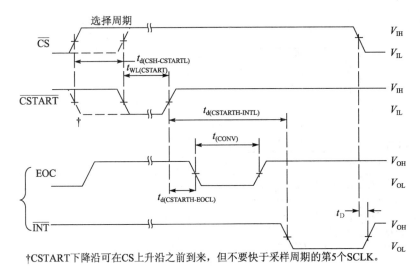

†CSTART下降沿可在CS上升沿之前到来，但不要快于采样周期的第5个SCLK。

图 9-32　TLV2548 单脉冲展宽采样模式时序

TLV2548 非单脉冲展宽采样模式时序如图 9-33 所示。

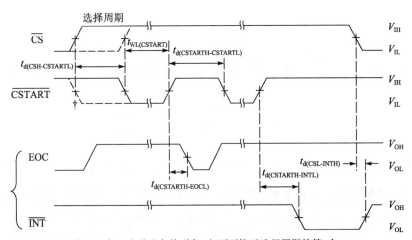

†CSTART下降沿可在CS上升沿之前到来，但不要快于选择周期的第5个SCLK。

图 9-33　TLV2548 非单脉冲展宽采样模式时序

TLV2548 微处理器模式时序如图 9-34 所示。

5. TLV2548 与 89C51 系列单片机接口

TLV2548 与 89C51 单片机接口如图 9-35 所示。

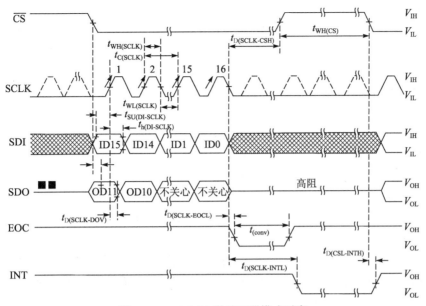

图 9-34　TLV2548 微处理器模式时序

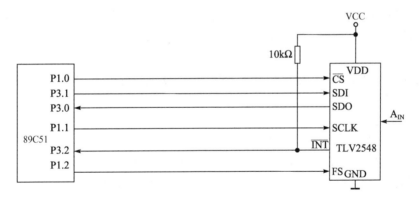

图 9-35　TLV2548 与 89C51 单片机接口

9.3　D/A 转换器

9.3.1　D/A 转换器技术指标

选择 D/A 转换器时，主要应考虑芯片的性能、结构及应用特性。在性能上必须满足 D/A 转换器的技术指标要求，在结构和应用特性上应满足接口方便，外围电路简单，价格低廉等要求。D/A 转换器的技术指标如下：

1. 分辨率

分辨率是指输入数字量的最低有效位 LSB 产生一次变化时,所对应的输出模拟量(电压或电流)的变化量。即分辨率等于模拟输出满量程的 $1/2^N$(N 为输入数字量的位数),它反映了输出模拟量的最小变化值。

在实际使用中,常用输入数字量的位数来表示分辨率。例如 8 位二进制的 DAC,其分辨率为 8 位。

2. 线性度

线性度也称为非线性误差,它定义为实际转换特性曲线与理想直线特性之间的最大偏差,并以该偏差相对于满量程的百分数表示。

3. 转换精度

转换精度以最大静态转换误差的形式给出。这个转换误差应包括非线性误差、比例系数误差及漂移误差等综合误差。

应该指出,精度与分辨率是两个不同的概念。精度是指转换后所得的实际值对于理想值的接近程度;而分辨率是指能够对转换结果发生影响的最小输入量。对于分辨率很高的 D/A 转换器并不一定具有很高的精度。

4. 建立时间

建立时间是指输入数字量变化后,模拟输出量达到稳定数值(即进入规定的精度范围内)所需要的时间。该指标表明了 D/A 转换器转换速度的快慢。

5. 温度系数

在满刻度输出的条件下,温度每升高 1℃,输出变化的百分数。该项指标表明了温度变化对 D/A 转换精度的影响。

9.3.2 D/A 转换器 DAC 0832

DAC 0832 是与微处理器完全兼容的、具有 8 位分辨率的 D/A 转换集成芯片。以其价廉、接口简单、转换控制容易等优点,在单片机应用系统中得到了广泛应用。属于该系列的芯片还有 0830、0831。

1. DAC 0832 的结构与应用特性

DAC 0830 系列产品包括 DAC 0830、DAC 0831、DAC 0832,它们可以完全相互代替。其逻辑结构及引脚如图 9-36 所示。它由 8 位输入锁存器、8 位 DAC 寄存器、8 位 D/A 转换电路及转换控制电路组成,为 20 脚双列直插式封装结构。现将 DAC 0832 各引脚的功能描述如下:

- DI0 ~ DI7 8 位数据输入端;
- ILE 数据允许锁存信号;
- $\overline{CS}$ 输入寄存器选择信号;
- $\overline{WR1}$ 输入寄存器写选通信号,输入寄存器的锁存信号LE1由 ILE、$\overline{CS}$、$\overline{WR1}$ 的逻辑组合产生,$\overline{LE1}$ 为高电平时,输入寄存器状态随输入数据线变化,$\overline{LE1}$ 的负跳变将输入数据锁存;

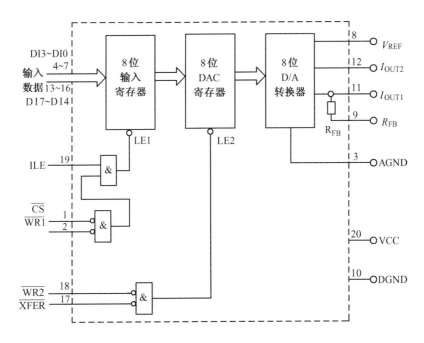

图 9-36 DAC 0832 的逻辑结构及引脚图

- $\overline{\text{XFER}}$　数据传送信号。
- $\overline{\text{WR2}}$　DAC 寄存器的写选通信号，DAC 寄存器的锁存信号 LE2 由 $\overline{\text{XFER}}$ 和 $\overline{\text{WR2}}$ 的逻辑组合而成。$\overline{\text{LE2}}$ 为高电平时，DAC 寄存器的输出随寄存器的输入而变化，$\overline{\text{LE2}}$ 的负跳变时，输入寄存器的内容打入 DAC 寄存器并开始 D/A 转换。
- V_{REF}　基准电源输入端。
- R_{FB}　反馈信号输入端。
- I_{OUT1}　电流输出端 1，其值随 DAC 的内容线性变化。
- I_{OUT2}　电流输出端 2，$I_{\text{OUT1}} + I_{\text{OUT2}} =$ 常数。
- VCC　电源输入端。
- AGND　模拟地。
- DGND　数字地。

DAC 0832 在应用时还具有如下特性。

(1) DAC 0832 是微处理器兼容型 D/A 转换器，可以充分利用微处理器的控制能力实现对 D/A 转换的控制，故这种芯片有许多控制引脚，可以和微处理器的控制线相连，接受微处理器的控制，如 ILE、$\overline{\text{CS}}$、$\overline{\text{WR1}}$、$\overline{\text{WR2}}$、$\overline{\text{XFER}}$ 端。

(2) 有两级锁存控制功能，能够实现多通道 D/A 的同步转换输出。

(3) DAC 0832 内部无参考电压，须外接参考电压。

(4) DAC 0832 为电流输出型 D/A 转换器，要获得模拟电压输出时，需要外加转换电路。典型的模拟电压输出电路可参见图 9-37。

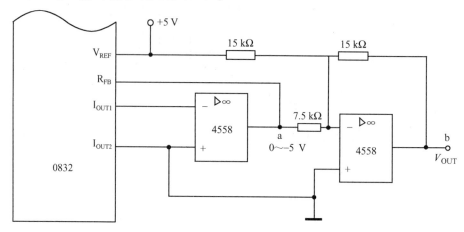

图 9-37　DAC 0832 的模拟电压输出电路

图 9-37 为两级运算放大器组成的模拟电压输出电路。从 a 点输出为单极性模拟电压，从 b 点输出为双极性模拟电压。如果参考电压为+5 V，则 a 点输出电压为 0～-5 V，b 点输出为±5 V 电压。

2. DAC 0832 和 89C51 单片机的接口方法

DAC 0832 和 89C51 单片机有两种基本的接口方法：即单缓冲器和双缓冲器同步方法。

1) 单缓冲器方式接口

若应用系统中只有一路 D/A 转换或虽然是多路转换，但并不要求同步输出时，则采用单缓冲方式接口，如图 9-38 所示。

将 ILE 接+5 V，寄存器选择信号$\overline{CS}$及数据传送信号$\overline{XFER}$都与地址选择线相连（图中为 P2.7），两级寄存器的写信号都由 89C51 的$\overline{WR}$端控制。当地址线选择好 0832 后，只要输出$\overline{WR}$控制信号，0832 就能一步地完成数字量的输入锁存和 D/A 转换输出。

由于 0832 具有数字量的输入锁存功能，故数字量可以直接从 P0 口送入。

执行下面几个指令就能完成一次 D/A 转换：

```
    MOV    DPTR, #7FFFH     ;指向 0832
    MOV    A, #data         ;数字量装入累加器
    MOVX   @DPTR, A         ;数字量从 P0 口送至 P2.7 所指向的地址,
                             有效时, 完成一次 D/A 输入与转换
```

2) 双缓冲器同步方式接口

对于多路 D/A 转换接口，要求同步进行 D/A 转换输出时，必须采用双缓冲器同步方式接口。0832 工作在这种方式时，数字量的输入锁存和 D/A 转换输出是分两步完成的，即 CPU 的数据总线分时地向各路 D/A 转换器输入要转换的数字量并锁存在各自的输入寄存器

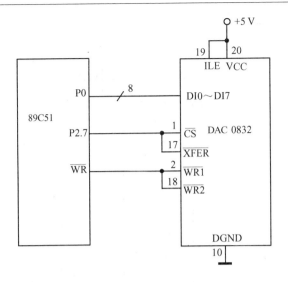

图 9-38　DAC 0832 的单缓冲器方式接口电路

中，然后 CPU 对所有的 D/A 转换器发出控制信号，使各个 D/A 转换器输入寄存器中的数据打入 DAC 寄存器，实现同步转换输出。

图 9-39 是一个两路同步输出的 D/A 转换器及接口电路。P2.5 和 P2.6 分别选择两路D/A转换器的输入寄存器，控制输入锁存；P2.7 连到两路 D/A 转换器的$\overline{\text{XFER}}$端控制同步转换输出；$\overline{\text{WR}}$端与所有的$\overline{\text{WR1}}$、$\overline{\text{WR2}}$端连接，在执行 MOVX 输出指令时，89C51 自动输出$\overline{\text{WR}}$控制信号。

执行下面 8 条指令就能完成两路 D/A 的同步转换输出。

```
MOV    DPTR, #0DFFFH    ;指向 0832（1）
MOV    A, #data1        ;#data 送入 0832（1）中锁存
MOVX   @DPTR, A
MOV    DPTR, #0BFFFH    ;指向 0832（2）
MOV    A, #data2        ;#data 送入 0832（2）中锁存
MOVX   @DPTR, A
MOV    DPTR, #7FFFH     ;给 0832（1）、0832（2）提供
MOVX   @DPTR, A         ;信号，同时完成 D/A 转换输出
```

3）D/A 转换的典型输出

（1）两路异步输出的波形发生器。图 9-40 为两路异步 D/A 转换双极性电压输出接口电路，$\overline{\text{WR1}}$与 89C51 的$\overline{\text{WR}}$相连，图中参考电压为+5 V，未画出。89C51 的其他电路及引脚也被省略。按照图中连线，DAC 0832（1）的地址为 DFFFH，DAC 0832（2）的地址为 BFFFH。输出的双极性电压为 5 V。

（2）双路锯齿电压输出。双极性 D/A 转换输出可获得反向锯齿波、正向锯齿波和双向

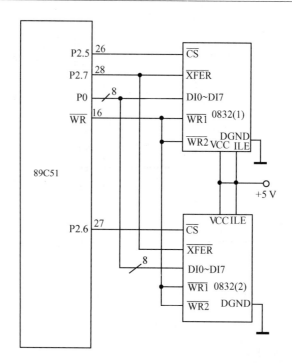

图 9-39 DAC 0832 的双缓冲器同步方式接口电路

锯齿波信号输出,如图 9-41 所示。

其相应的程序清单如下(使用 DAC 0832(1))。

① 反向锯齿波程序清单为:

```
        MOV     DPTR, #0DFFFH
DA1:    MOV     R6, #80H
DA2:    MOV     A, R6
        MOVX    @DPTR, A
        DJNZ    R6, DA2
        AJMP    DA1
```

② 正向锯齿波程序清单为:

```
DA1:    MOV     DPTR, #0DFFFH
        MOV     R6, #80H
DA2:    MOV     A, R6
        MOVX    @DPTR, A
        INC     R6
        CJNE    R6, #0FFH, DA2
        AJMP    DA1
```

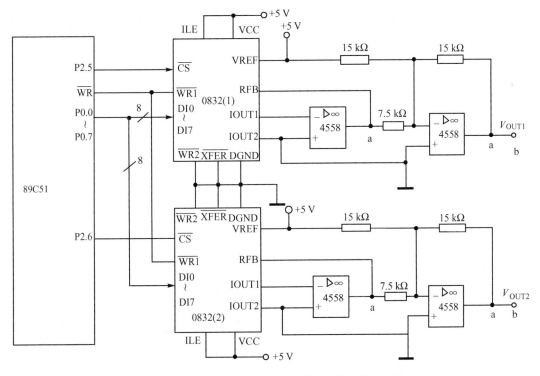

图 9-40 两路异步 D/A 转换双极性电压输出接口电路

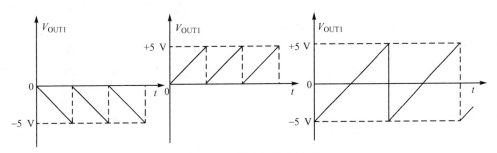

图 9-41 锯齿波输出波形

③ 双向锯齿波程序清单为：

```
        MOV     DPTR, #0DFFFH
        MOV     R6, #00H
DA1:    MOV     A, R6
        MOVX    @DPTR, A
        INC     R6
        AJMP    DA1
```

（3）单路三角波电压输出。执行下列程序，在0832(1)的双极性端输出0～+5 V变化的三角波。

```
        MOV     DPTR, #0DFFFH
DA1:    MOV     R6, #80H
DA2:    MOV     A, R6
        MOVX    @DPTR, A
        INC     R6
        CJNE    R6, #0FFH, DA2
DA3:    DEC     R6
        MOV     A, R6
        MOVX    @DPTR, A
        CJNE    R6, #80H, DA3
        AJMP    DA1
```

9.3.3　D/A转换器MAX508

MAX508是美国美信公司生产的具有内部参考电压输出型12位的D/A转换器（DAC）。转换电压具有相同参考极性，允许单电源工作。内部包含一个BURIED- ZENER参考电源，积分转换器（DAC），电压输出放大器。

双缓冲逻辑输入易于与微处理器（μP）接口，数据输入可由8+4位格式送入内部寄存器，所有逻辑信号与TTL或CMOS逻辑兼容，接口时序特性可确保与常规微处理器接口。转换器可由单电源或双电源供电，电源电压取+12 V或±15 V。当单电源或双电源供电时，由增益设置寄存器可选择3个电压输出范围：0～+5 V，0～+10 V，当双电源供电时，也可获得±5 V的电压输出，模拟电压输出范围参见表9-10、表9-11、表9-12。输出放大器当输出+10 V时可驱动2 kΩ的负载。

表9-10　单极性码表（0～+5 V输出）

输	入		输	出
1111	1111	1111	(VREF)	$\frac{4095}{4096}$
1000	0000	0001	(VREF)	$\frac{2049}{4096}$
1000	0000	0000	(VREF)	$\frac{2048}{4096}=+\text{VREF}/2$
0111	1111	1111	(VREF)	$\frac{2047}{4096}$
0000	0000	0001	(VREF)	$\frac{1}{4096}$
0000	0000	0000	0 V	

表9-11　单极性码表（0～+10 V输出）

输	入		输	出
1111	1111	1111	+2（VREF）	$\frac{4095}{4096}$
1000	0000	0001	+2（VREF）	$\frac{2049}{4096}$
1000	0000	0000	+2（VREF）	$\frac{2048}{4096}=+\text{VREF}$
0111	1111	1111	+2（VREF）	$\frac{2047}{4096}$
0000	0000	0001	+2（VREF）	$\frac{1}{4096}$
0000	0000	0000	0 V	

1. MAX508 特性

（1）12 位电压输出型；

（2）内部电压参考；

（3）快速 μPs 接口；

（4）单+12 V 或双±15 V 供电；

（5）DIP20/24 或宽 SO 封装。

2. 封装与引脚说明

MAX508 有 DIP20 和宽 SO 封装形式，如图 9-42 所示，现就其引脚定义说明如下。

VSS：负电源。单电源时接地，双电源时接-15 V。

ROFS：满量程输出设置。单极性 0～5 V 输出时，ROFS 与 RFB 同时接 VOUT；单极性 0～10 V 输出时，ROFS 接 AGND，而 RFB 接 VOUT；双极性-5 V～+5 V 输出时，ROFS 接 REFOUT，RFB 接 VOUT。

REFOUT：内部参考电压+5 V 输出。

AGND：模拟地。

D7～D4：数字输入 D7～D4 位。

DGND：数字地。

D3/D11～D0/D8：参见表 9-13 及图 9-43，在 $\overline{\text{CSLSB}}$ 有效时，为数据的 D7～D0 位；在 $\overline{\text{CSMSB}}$ 有效时，为数据的 D11～D8 位。

$\overline{\text{CSMSB}}$：参见表 9-13 及图 9-43，在 $\overline{\text{CSMSB}}$ 有效时，装载数据的高 4 位。

$\overline{\text{CSLSB}}$：参见表 9-13 及图 9-43，在 $\overline{\text{CSLSB}}$ 有效时，装载数据的低 8 位。

$\overline{\text{WR}}$：参见表 9-13 及图 9-43，$\overline{\text{WR}}$ 信号的上升沿锁存数据。

表 9-12　双极性码表（-5 V～+5 V 输出）

输	入		输	出
1111	1111	1111	(+VREF)	$\frac{2027}{2048}$
1000	0000	0001	(+VREF)	$\frac{1}{2048}$
1000	0000	0000	0 V	
0111	1111	1111	(-VREF)	$\frac{1}{2048}$
0000	0000	0001	(-VREF)	$\frac{2027}{2048}$
0000	0000	0000	(-VREF)	$\frac{2048}{2048}$=-VREF

表 9-13　逻辑真值表

$\overline{\text{CSLSB}}$	$\overline{\text{CSMSB}}$	$\overline{\text{WR}}$	LDAC	功　能
0	1	0	1	低 8 位送入锁存器
0	1	1	1	将低 8 位锁存到锁存器
1	1	0	1	将低 8 位锁存到输入锁存器
1	0	0	1	高 8 位送入输入锁存器
1	0	1	1	将高 4 位锁存到输入锁存器
1	1	0	1	将高 4 位锁存到输入锁存器
1	1	1	0	输入数字量送入 DAC 锁存器
1	1	1	1	将数字量锁存到 DAC 锁存器
1	0	0	0	送入高 4 位并将输入数字量送入 DAC 锁存器
1	1	1	1	无数据传送

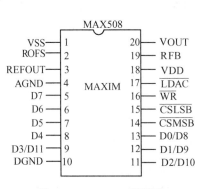
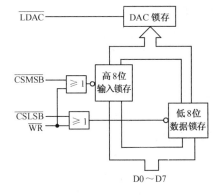

图 9-42 MAX508 引脚图　　　　图 9-43 MAX508 输入控制逻辑

LDAC：参见表 9-13 及图 9-43，当 $\overline{\text{LDAC}}$ 为 1 时，装载数据到内部输入锁存器，在 $\overline{\text{LDAC}}$ 上升沿时，将数据锁存到 DAC 锁存器。

VDD：正电源输入端，接+12 V 或+15 V。

RFB：反馈电阻引出脚，其使用方法请参见 ROFS 部分的说明。

VOUT：数/模电压转换输出端。

3. 接口与时序

图 9-44 是 MAX508 的时序图，图 9-45 是 MAX508 与 89C51 单片机的典型接口。若想改变 D/A 转换输出电压，可参见 ROFS、RFB、VOUT、REFOUT 及 VSS 的接法。

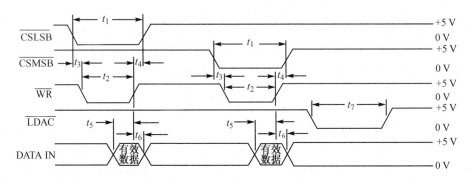

图 9-44 MAX508 的时序图

4. MAX508 应用举例

MAX508 应用举例请参见第 10 章 10.5.2。

9.3.4 D/A 转换器 TLV5630

TLV5630 是美国 TI 公司生产的 8 通道、12 位、串行接口、CMOS 工艺 D/A 转换器，其内部结构原理框图如图 9-46 所示，2.7～5.0V 供电，低功耗，内置参考源，其串行接口可

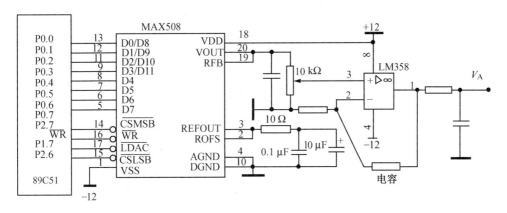

图 9-45　MAX508 和 89C51 单片机间的接口电路

与 TMS320C 系列 DSP、SPI 及 QSPI 接口直接相接，4 个控制位与 12 个数据位构成其 16 位的可编程数据链。器件不仅具有掉电低功耗模式，其 D/A 口的 LDAC 输入可同步更新 8 路 DAC 输出，串行数据输出可用于多级器件级联，并内置有可编程能隙参考稳压电源，经电阻网络输出的数字电压由满幅电压放大器缓冲输出，放大器的建立时间可编程设置，以使设计者进行速度与功耗间的最优化设计，经缓冲的高阻参考输入端可接至电源电压。基于 CMOS 生产工艺，DAC 被设计成单电源 2.7～5.0V 供电，并且可由模拟、数字两套电源独立供电。

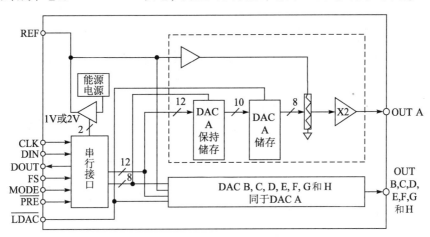

图 9-46　TLV5630 内部结构原理框图

1. 特性

（1）8 通道 12 位电压输出型 D/A 转换器。

（2）可编程建立时间和功耗：低速模式 3 V 时，3 μs 18 mW；快速模式 3 V 时，1 μs 48 mW。

（3）与 TMS320C 及 SPI 口相兼容。
（4）具有掉电模式，并内置参考源。
（5）系统串行级联数据输出。
（6）工作温度为 -40～85℃。

2. 封装与引脚说明

TLV5630 具有两种封装形式：20SOIC 和 20TSSOP，如图 9-47 所示。其引脚定义如下：

DIN——串行口数据输入端；

SCLK——串行口时钟输入端；

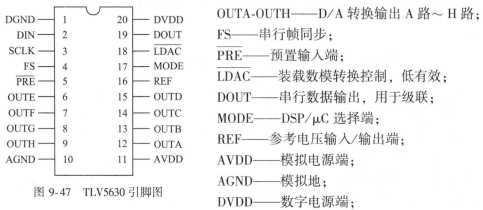

图 9-47 TLV5630 引脚图

OUTA-OUTH——D/A 转换输出 A 路～H 路；

FS——串行帧同步；

PRE——预置输入端；

LDAC——装载数模转换控制，低有效；

DOUT——串行数据输出，用于级联；

MODE——DSP/μC 选择端；

REF——参考电压输入/输出端；

AVDD——模拟电源端；

AGND——模拟地；

DVDD——数字电源端；

DGND——数字地。

3. 串行接口数据格式

16 位数据由两部分组成：4 位地址位（D15～D12）和 12 位数据位（D11～D0）。见表 9-14。

表 9-14 串行口数据组成表

D15	D14	D13	D12	D11～D0
A3	A2	A1	A0	DATA

A3～A0 定义见表 9-15。D/A 转换通过将数据写入 DAC A～DAC H 来完成，并且它还可以完成 4 组互补输出，如 A 和/B 等。

表 9-15 地址位定义表

A3	A2	A1	A0	功　能
0	0	0	0	DAC A
0	0	0	1	DAC B
0	0	1	0	DAC C
0	0	1	1	DAC D

A3	A2	A1	A0	功　能
0	1	0	0	DAC E
0	1	0	1	DAC F
0	1	1	0	DAC G
0	1	1	1	DAC H
1	0	0	0	控制寄存器 0
1	0	0	1	控制寄存器 1
1	0	1	0	预置寄存器
1	0	1	1	保留
1	1	0	0	DAC A 和/B
1	1	0	1	DAC C 和/D
1	1	1	0	DAC E 和/F
1	1	1	1	DAC G 和/H

控制寄存器 0 数据格式如表 9-16 所示。

表 9-16　控制寄存器 0 数据格式

位	D11～D5	D4	D3	D2	D1	D0
功能	无定义	PD	DO	R1	R0	IM
默认	任意	0	0	0	0	0

其中，各位的定义如下：

PD——器件掉电模式控制位，0 时正常工作，1 时为掉电模式；

DO——DOUT 输出允许位，0 时禁止，1 时允许；

R1、R0——参考电源选择位，0 或 1 时为外部参考源，2 时为内部 1 V 参考源，3 时为内部 2 V 参考源；

IM——输入模式，0 时为直接二进制，1 时为成对互补模式。

若 DOUT 输出允许，则输入数据将于 16 周期后由 DOUT 输出，以完成级联输出。

控制寄存器 1 数据格式如表 9-17 所示。

表 9-17　控制寄存器 1 数据格式

位	D11～D8	D7	D6	D5	D4	D3	D2	D1	D0
功能	无定义	P_{GH}	P_{EF}	P_{CD}	P_{AB}	S_{GH}	S_{EF}	S_{CD}	S_{AB}
默认	任意	0	0	0	0	0	0	0	0

其中，各位的定义如下：

Pxy——控制数模转换电路 xy 的掉电模式，0 正常，1 掉电；

Sxy——控制数模转换电路 xy 的工作速度，0 慢速，1 快速；

xy——数模转换电路 AB，或 CD，或 EF，或 GH。

DAC 输出可通过预置输出的方法同步输出预置值，它是通过驱动 $\overline{\text{PRE}}$ 和 $\overline{\text{LDAC}}$ 两引脚实现的。预置寄存器内容在上电时被置为 0，因此，一般应重新设置预置值。

4. 时序及与微处理器数据传输格式

TLV5630 串行口接口时序如图 9-48 所示。

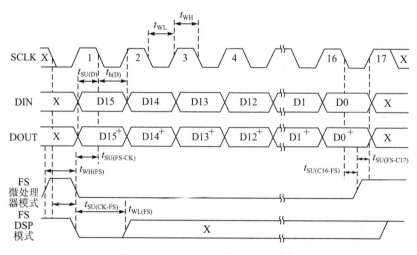

图 9-48 TLV5630 串行口接口时序

TLV5630 D/A 转换输出时序如图 9-49 所示。

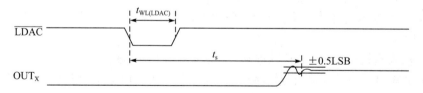

图 9-49 TLV5630 D/A 转换输出时序

TLV5630 与微处理器数据传输格式如图 9-50 所示。由图 9-50 可见，输入到 D/A 转换器的数据为高位在前，送入的数据又由高 4 位地址单元的数据决定送入哪一寄存器。$\overline{\text{LDAC}}$ 信号可同步更新 D/A 输出，也可异步更新 D/A 输出。

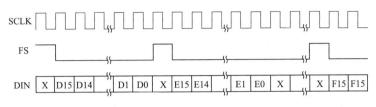

图 9-50　TLV5630 与微处理器数据传输格式

5. TLV5630 与 89C51 单片机接口

TLV5630 与 89C51 单片机接口如图 9-51 所示。

图 9-51　TLV5630 与 89C51 单片机接口

9.4　开关量输入/输出接口

在单片机应用系统设计中，常常会涉及开关量的设计。开关量设计，其最重要的实质是将单片机系统与外部电路隔离开来，所以，开关量输入/输出接口设计的核心是外部电路与内部电路的隔离设计。

9.4.1　开关量输入接口

在某些应用场合，需要对外部电路通断状态进行监视，而外部电路中的继电器已经提供了常开常闭触点，此时，可直接利用该触点，将外部电路状态输入给单片机，电路原理图如图 9-52 所示。

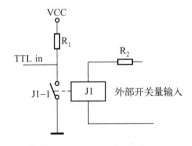

图 9-52　利用外部继电器触点输入开关量

如果需要对外部直流电压开关量进行监视，则可采用图 9-53 所示的电路。电路中，外部电路所加的电阻为限流电阻，内部电路的非门则是用来整定开关量的输入电平为标准 TTL 电平。

在某些单片机的应用设计中，需要输入交流开关量，这时就必须将外部的交流信号转换成单片机可以接收的信号形式，图 9-54 给出了交流市电开关量输入的电路原理图。如果外部所要监视的是弱交流信号，则可先将该信号放大，再送到该电路上去。

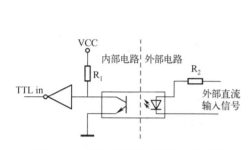

图 9-53 直流电压开关量输入原理图

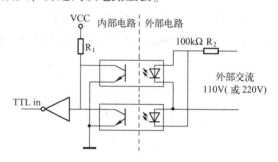

图 9-54 交流市电开关量输入的电路原理图

9.4.2 开关量输出接口

单片机控制系统的开关信号，往往是通过芯片给出的低压电流如 TTL 电平信号，这种电平信号一般不能直接驱动外设，而需经接口转换处理后才能驱动外设；许多外设如大功率交流接触器、制冷机等在开关控制过程中会产生较强的电磁干扰信号，如不加隔离可能会串到测控系统中，造成系统误动作或破坏。因此，在接口处理中，还应包括隔离技术。针对上述问题，现介绍如下几种输出接口隔离技术解决方案，见图 9-55。

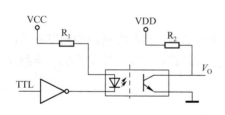

(a) 光电隔离输入/输出通道使用各自电源

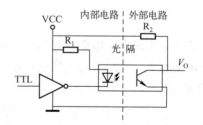

(b) 光电隔离输入/输出通道使用同一电源

图 9-55 三极管输出型光电隔离开关量输出原理图

图 9-55 (a) 为三极管输出型光电隔离开关量输出电路原理图。电路中，开关控制信号由单片机输出加在发光二极管上，当发光二极管中通过电流时，便发光，该光信号被光敏三极管接收，使其导通，从而，在三极管侧产生开关输出信号，以达到开关控制的目的。

利用光电隔离器实现输出端的通道隔离时，还应该注意，被隔离的通道两侧必须单独使用各自的电源。即用于驱动发光管的电源与驱动光敏三极管的电源不应是共地的电源。对于隔离后的输出通道必须单独供电，否则，如果使用同一个电源，外部干扰信号可能通过电源串到系统中来，如图9-55（b）所示，这样就失去了隔离的意义。

当然，这里所讲的单独供电，可以是单独使用的不同电源，也可以用DC-DC变换方法向输出端提供一个与光隔输入端隔离的电源。

有时为了供电方便，或者使用的是可控硅型光隔，其输出端有380 V或220 V的交流电压，需要将光电隔离器安装于与测控系统有一定距离的控制柜中，此时对光隔的驱动可接成20 mA电流环的形式，以增强驱动端的抗干扰能力，如图9-56所示。

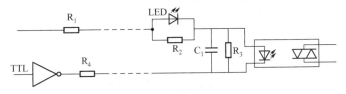

图9-56　20 mA电流驱动的光电隔离电路图

图9-56中，R_1和R_4为限流电阻，其作用是限制传输线上的电流为20 mA。由于有些光隔的导通电流较小，如10 mA，需用R_3分流一部分。为显示光隔的状态，可在回路中串接一个发光二极管，当光隔导通时，LED亮，而当光隔截止时，LED灭，利用该指示灯可以判断驱动不正常时，故障在隔离前还是在隔离后，从而给维修带来方便。R_2的作用是分流，以防LED过流。有时为防高频干扰对光隔输入端的影响，可在输入电路两端加一滤波电容。

对于低压情况下开关量控制输出，可采用晶体管、OC门或运放等方式输出，如驱动低压电磁阀、指示灯、直流电动机等，如图9-57所示。

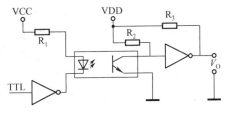

图9-57　低压开关量输出原理图

需要注意的是，在使用OC门时，由于其为集电极开路输出，在其输出为"高"电平状态时，实质只是一种高阻状态，必须外加上拉电阻，输出驱动电流由VCC经外加上拉电阻提供，只能直流驱动，并且OC门的驱动电流一般不大，在几十毫安数量级。如果被驱动设备所需驱动电流较大，则可采用三极管输出方式或达标极输出的光隔，如图9-58所示。

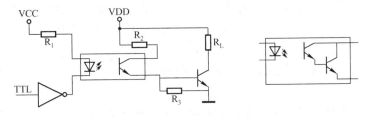

图9-58　低压开关量三极管输出方式

继电器控制方式的开关量输出，是目前最常用的一种输出方式，一般在驱动大型设备时，往往利用继电器作为测控系统输出到输出驱动级之间的第一级执行机构，通过第一级控制输出，可完成从低压直流到高压交流的过渡。如图 9-59 所示，在经光隔后，直流部分给继电器供电，而其输出部分则可直接与 380V 或 220V 交流市电相接。

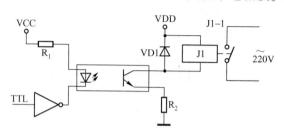

图 9-59 继电器控制方式的开关量输出

继电器输出也可用于低压场合，与晶体管等低压输出驱动器相比，继电器输出时，输入与输出端有一定的隔离作用。但由于采用电磁吸合方式，在开关瞬间，触点容易产生火花，从而引起干扰；对于交流高压等场合使用，触点也容易氧化；同时，由于继电器的驱动线圈有一定的电感，在关断瞬间可能会产生较高的反压，因此，在对继电器的驱动电路上常常反接一个保护二极管（称为续流二极管）用于放电。

不同的继电器，允许驱动的电流也不一样，在电路设计时，可适当加入限流电阻，如图 9-59 中的电阻 R_2。当然，在该图中是用光电隔离器件直接驱动继电器，而在某些需要较大驱动电流的场合，则可在光隔与继电器之间再接一级三极管以增加驱动电流。

晶闸管是一种大功率半导体器件，在微机测控系统中，可作为大功率驱动器件使用，具有用较小功率控制大功率、开关无触点等特点，在交直流电机调速系统、调功系统、随动系统中，有着广泛的应用。

由于双向晶闸管的广泛应用，与之配套的光电隔离器已有现成的产品，这种器件一般称为光耦合双向晶闸管驱动器，常用的有 MOC3000 系列等，用于不同的负载电压使用，如 MOC3011 用于 110V 交流，而 MOC3041 等可用于 220V 交流使用，图 9-60 是这两类光隔与双向晶闸管的典型接线图。

由于不同的光隔的输入端电流不一样，如 MOC3041 为 15 mA，而 MOC3011 的驱动电流仅为 5 mA。因此，在驱动回路中可加入一限流电阻 R_1，一般在微机测控系统中，其输出可用 OC 门驱动，在光隔输出端，与双向晶闸管并联的 RC 是为了在使用感性负载时，吸收与电流不同步的过压；而门极电阻则是为提高抗干扰能力，以防误触发。

值得一提的是：尽管双向晶闸管正反相均能导通，但在实际使用时，不建议将其两端调换使用。

固态继电器（SSR）是近年来发展起来的一种新型电子继电器，其输入控制电流小，用 TTL、HTL、CMOS 等集成电路或加简单的辅助电路就可直接驱动。因此，适合于在微机测控系统中作为通道的控制元件；其输出利用晶体管或晶闸管驱动，无触点。与普通的电磁式继电器和磁力开关相比，具有无机械噪声、耐冲击、抗潮湿、抗腐蚀等优点。因此，在微机测控等领域中，已逐步取代传统的电磁式继电器和磁力开关，作为开关量输出控制元件。

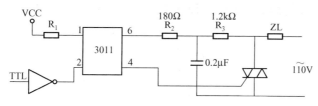

（a）用于交流110V的典型接线图

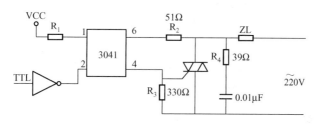

（b）用于交流220V的典型接线图

图9-60　光隔与双向晶闸管的典型接线图

固态继电器按其负载类型分类，可分为直流型（DC-SSR）和交流型（AC-SSR）两类。直流型SSR又可分为三端型和二端型，其中二端型是近年来发展起来的多用途开关，主要应用于直流大功率控制场合。

由于DC-SSR的输入端为一光隔，所以，可用OC门或晶体管直接驱动，驱动电流一般小于15 mA，输入电压为4～32 V。在设计电路时，输入端可选适当的电压和限流电阻R_1；由于输出端为晶体管输出，所以，输出固态电流一般小于5 mA，输出端工作电压为30～180 V（5 V开始工作），开关时间小于200 μs，绝缘度为7.5 kV/s。在具体电路设计时，可根据不同的需要，选用合适的类型。图9-61为其典型的接线图，这里假定负载为感性负载，对于一般阻性负载，可直接加负载设备。

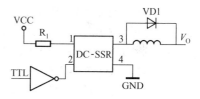

图9-61　直流型SSR接口电路

交流型SSR又可分为过零型和相移型两类，它是用双向可控硅作为开关，用于交流大功率驱动的器件。对于非过零型（SSR），在输入信号时，不管负载电源电压相位如何，负载端立即导通；而过零型必须在负载电源电压接近零且输入控制信号有效时，输出端负载电源才接通。而当输入端的控制电压撤销后，流过双向可控硅负载电流为零时才关断。

对于交流型SSR，其输入电压为4～32 V，开关时间小于200 μs，输入电流小于500 mA，因此，对其驱动可加接晶体管直接驱动；输出工作电压为交流，可用于380 V、220 V等常用市电场合；输出断态电流一般小于 10 mA。

由于采用电子开关（晶闸管）作为开关器件，所以，存在通态压降和断态电流。SSR 的通态压降一般小于 2V，断态电流通常为 5～10 mA，因此，在使用中要考虑这两项参数，否则，在控制小功率执行器时容易产生误动作。

一般在电路设计时，应让 SSR 的开关电流至少为断态电流的 10 倍，负载电流若低于该值，则应并联电阻 R_L，以提高开关电流。如图 9-62 所示，当使用感性负载时，也可采用这种方法，以避免误动作。

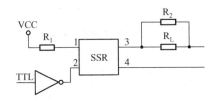

图 9-62　交流型 SSR 用于小负载接口电路

思考题与习题

9-1　对键盘可靠性处理可采取哪两种逻辑？

9-2　CPU 对键盘的监视采用哪两种手段？

9-3　监视键盘为什么要进行去抖处理？

9-4　无论是 LCD 显示，还是 LED 显示，其显示方式都有哪两种方式？

9-5　设计数据采集系统时应考虑哪些问题？

9-6　A/D 转换器的主要技术指标有哪些？

9-7　A/D 转换器的选择原则是什么？

9-8　试说明 MCADC0809、MAX197、TLV2548 各有什么特点。

9-9　对比 MAX197 及 TLV2548，试说明它们之间的区别。

9-10　什么应用场合适合选择 MAX197？什么应用场合适合选择 ADC0809？

9-11　什么应用场合适合选择 TLV2548？什么应用场合适合选择 MAX197？

9-12　D/A 转换器有哪些指标？

9-13　试说明 DAC 0832、TLV5630 及 MAX508 各有什么特点。

9-14　对比 TLV5630 及 MAX508，试说明它们的区别。

9-15　什么应用场合适合选择 DAC 0832？什么应用场合适合选择 MAX508？

9-16　什么应用场合适合选择 DAC 0832？什么应用场合适合选择 TLV5630？

9-17　为什么 89C51 单片机一般用低电平驱动执行元件？

第 10 章　I^2C 串行总线及单总线技术

近几年,单片机技术的发展十分迅速,许多著名公司和厂商不断推出以 80C51 为内核的第三代单片机产品。如 Philips 公司的 83C522 单片机,不但具有 A/D 转换输入和 PWM 输出功能,而且还备有 I^2C 总线接口;Atmel 公司的 89 系列单片机内含闪速存储器(Flash ROM)且与 80C51 单片机引脚和指令系统完全兼容。

新一代单片机及接口器件的串行总线技术的推出,使应用系统的器件连接更为简单,从而使系统的体积极大地缩小,可靠性得到极大的提高。

本章将对 89C51 单片机应用中常用的 I^2C 总线技术及单总线技术进行介绍。

10.1　I^2C 串行总线扩展技术

近年来,芯片间的串行数据传输技术被大量采用,串行扩展接口和串行扩展总线的设置大大简化了系统的结构。由于串行总线连接线少,总线的结构比较简单,不需要专用的插座而直接用导线连接各种芯片即可。因此,采用串行总线可以使系统的硬件设计简化、系统的体积减小、可靠性提高,同时,系统的更改和扩充极为容易。

目前,单片机应用系统中使用的串行总线主要有 I^2C 总线(Inter IC BUS)、SPI 总线(Seral Peripheral Interface BUS)、1-Wire 总线和 SMBUS(System Management BUS)。这里主要对 I^2C 总线进行介绍。

10.1.1　I^2C 串行总线概述

I^2C 总线是 Philips 公司推出的一种高性能芯片间串行传输总线,与 SPI、MicroWire 接口不同,它仅以两根连线实现了完善的全双工同步数据传送,可以极方便地构成多机系统和外围器件扩展系统。I^2C 总线采用了器件地址的硬件设置方法,通过软件寻址完全避免了器件的片选线寻址的弊端,从而使硬件系统具有更简单、更灵活的扩展方法。

I^2C 总线进行数据传输时只需两根信号线,一根是双向的数据线 SDA,另一根是时钟线 SCL。所有连接到 I^2C 总线上的设备,其串行数据都接到总线的 SDA 线上,而各设备的时钟均接到总线的 SCL 线上。

I^2C 总线是一个多主机总线,即一个 I^2C 总线可以有一个或多个主机,总线运行由主机控制。这里所说的主机是指启动数据的传送(发起始信号)、发出时钟信号,传送结束时发出终止信号的设备。通常,主机由各种单片机或其他微处理器担当。被主机寻访的设备叫从机,它可以是各种单片机或其他微处理器,也可以是其他器件,如存储器、LED 或 LCD 驱动器、A/D 或 D/A 转换器、时钟日历器件等。I^2C 总线的基本结构如图 10-1 所示。

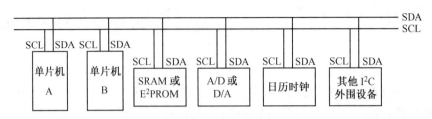

图 10-1　I^2C 总线的基本结构

为了进行通信,每个接到 I^2C 总线上的设备都有一个唯一的地址。主机与从机之间的数据传送可以是由主机发送数据到总线上其他设备,这时主机称为发送器。从总线上接收数据的设备称为接收器。

在多主机系统中,可能同时有几个主机企图启动总线传送数据。为了避免混乱,保证数据的可靠传送,任一时刻总线只能由某一台主机控制,所以,I^2C 总线要通过总线裁决,以决定由哪一台主机控制总线。若有两个或两个以上的主机企图占用总线,一旦一个主机送"1",而另一个(或多个)送"0",送"1"的主机则退出竞争。在竞争过程中,时钟信号是各个主机产生异步时钟信号线"与"的结果。

I^2C 总线上产生的时钟总是对应于主机的。传送数据时,每个主机产生自己的时钟,主机产生的时钟仅在慢速的从机拉宽低电平时加以改变或在竞争中失败而改变。

I^2C 总线为双向同步串行总线,因此 I^2C 总线接口内部为双向传输电路。总线端口输出为开漏结构,所以总线上必须有上拉电阻,如图 10-2 所示。

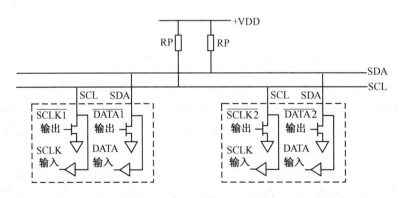

图 10-2　I^2C 总线接口电路结构

当总线空闲时,两根总线均为高电平。连到总线上的器件其输出级必须是漏极或集电极开路,任一设备输出的低电平,都将使总线的信号变低,即各设备的 SDA 及 SCL 都是线"与"的关系。

10.1.2 I²C 总线的数据传送

1. 总线上数据的有效性

在 I²C 总线上,每一位数据位的传送都与时钟脉冲相对应,逻辑"0"和逻辑"1"的信号电平取决于相应的正端电源 V_{DD} 的电压。

I²C 总线进行数据传送时,在时钟信号为高电平期间,数据线上必须保持有稳定的逻辑电平状态,高电平为数据 1,低电平为数据 0。只有在时钟线低电平期间,才允许数据线上的电平状态变化,如图 10-3 所示。

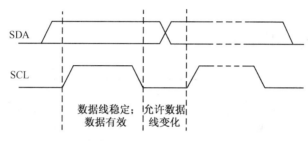

图 10-3 数据位的有效性规定

2. 数据传送的起始信号和终止信号

根据 I²C 总线协议的规定,SCL 线为高电平期间,SDA 线由高电平向低电平的变化表示起始信号;SCL 线为高电平期间,SDA 线由低电平向高电平的变化表示终止信号,起始和终止信号如图 10-4 所示。

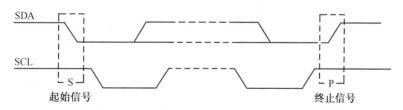

图 10-4 起始和终止信号

起始和终止信号都是由主机发出的,在起始信号产生后,总线就处于被占用的状态;在终止信号产生一定时间后,总线就处于空闲状态。

连接到 I²C 总线上的设备若具有 I²C 总线的硬件接口,则很容易检测到起始和终止信号。对于不具备 I²C 总线硬件接口的一些单片机来说,为了能准确地检测起始和终止信号,必须保证在总线的一个时钟周期内对数据线至少采样两次。

从机收到一个完整的数据字节后,有可能需要完成一些其他工作,如处理内部中断服务等,可能使它无法立刻接收下一个字节。这时从机可以将 SCL 线拉成低电平,从而使主机处于等待状态,直到从机准备好可以接收下一个字节时,再释放 SCL 线使之为高电平,数据传送继续进行。

3. 数据传送格式

1) 字节传送与应答

利用 I²C 总线进行数据传送时,传送的字节数是没有限制的,但是每一个字节必须保证是 8 位长度,并且首先发送的数据位为最高位,每传送一个字节数据后都必须跟随一位应答信号,与应答信号相对应的时钟由主机产生,主机必须在这一时钟位上释放数据线,使其处于高电平状态,以便从机在这一位上送出应答信号,如图 10-5 所示。

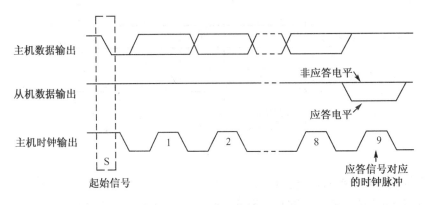

图 10-5 应答时序

应答信号在第 9 个时钟位上出现,从机输出低电平为应答信号(A),表示继续接收,若从机输出高电平则为非应答信号($\overline{A}$),表示结束接收。

由于某种原因,从机不对主机寻址信号应答时(如从机正在进行实时性的处理工作而无法接收总线上的数据),它必须释放总线,将数据线置于高电平,然后由主机产生一个终止信号以结束总线的数据传送。

如果从机对主机进行了应答,但在数据传送一段时间后无法继续接收更多的数据时,从机可以通过发送非应答信号($\overline{A}$)通知主机,主机则应发出终止信号以结束数据的继续传送。

当主机接收数据时,它收到最后一个数据字节后,必须向从机发送一个非应答信号($\overline{A}$),使从机释放 SDA 线,以便主机产生终止信号,从而停止数据传送。

2) 数据传送格式

I²C 总线上传输的数据信号是广义的,既包括地址信号,又包括真正的数据信号。

I²C 总线数据传输时必须遵守规定的数据传送格式,图 10-6 为一次完整的数据传输格式。

按照总线规约,起始信号表明一次数据传送的开始,其后为寻址字节,寻址字节由高 7

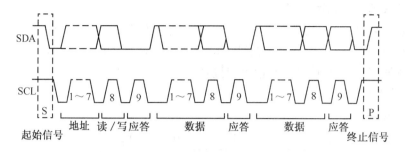

图 10-6 I²C 总线的一次完整的数据传输格式

位地址和最低 1 位方向位组成，高 7 位地址是被寻址的从机地址，方向位是表示主机与从机之间的数据传送方向，方向位为"0"时表示主机发送数据（写），方向位为"1"时表示主机接收数据（读）。在寻址字节后是将要传送的数据字节与应答位，在数据传送完成后主机必须发送终止信号。但是，如果主机希望继续占用总线进行新的数据传送，则可以不产生终止信号，马上再次发出起始信号对另一从机进行寻址。

因此，在总线的一次数据传送过程中，可以有几种读、写组合方式。

（1）主机向从机发送 n 个数据，数据传送方向在整个传送过程中不变，其数据传送格式如下：

| S | 从机地址 | 0 | A | 数据1 | A | 数据2 | A | ⋯ | 数据n | A/$\overline{A}$ | P |

注：图中有阴影部分表示数据由主机向从机传送，无阴影部分则表示数据由从机向主机传送。
A 表示应答，$\overline{A}$ 表示非应答；S 表示起始信号，P 表示终止信号。

（2）主机由从机处读取 n 个数据，在整个传输过程中除寻址字节外，都是从机发送、主机接收，其数据传送格式如下：

| S | 从机地址 | 1 | A | 数据1 | A | 数据2 | A | ⋯ | 数据n | $\overline{A}$ | P |

（3）主机既向从机发送数据也接收数据，当需要改变传送方向时，起始信号和从机地址都被重复产生一次，两次读、写方向正好相反，其数据传送格式如下：

| S | 从机地址 | 0 | A | 数据 | A/$\overline{A}$ | Sr | 从机地址 | 1 | A | 数据 | $\overline{A}$ | P |

其中 Sr：重复起始信号。

由以上格式可见，无论哪种方式，起始信号、终止信号和地址均由主机发送，数据字节的传送方向由寻址字节中方向位规定；每个字节的传送都必须有应答信号位（A 或 $\overline{A}$）相随。

需注意，寻址字节只表明器件地址及传送方向，而器件内部的 n 个数据地址是由编程者在传送的第一个数据中指定，即第一个数据为器件内读、写 n 个数据均首地址。

4. I²C 总线的寻址约定

I²C 总线是多主总线,总线上的各个主机都可以争用总线,在竞争中获胜者马上占有总线控制权。有权使用总线的主机如何对从机寻址呢? I²C 总线协议对此做出了明确的规定:采用 7 位的寻址字节,寻址字节是起始信号后的第一个字节。

1) 寻址字节的位定义

寻址字节的格式为:

D7	D6	D5	D4	D3	D2	D1	D0
X	X	X	X	X	X	X	R/$\overline{W}$

D7～D1 位组成从机的地址。D0 位是数据传送方向位,为 0 时,表示主机向从机发送(写)数据,为 1 时,表示主机由从机处读取数据。

主机发送地址时,总线上的每个从机都将这 7 位地址码与自己的器件地址进行比较,如果相同则认为自己正被主机寻址,根据读/写位将自己确定为发送器或接收器。

从机的地址是由一个固定部分和一个可编程部分组成。固定部分为器件的编号地址,表明了器件的类型,出厂时固定的,不可更改;可编程部分为器件的引脚地址,视硬件接线而定,引脚地址数决定了同一种器件可接入到 I²C 总线中的最大数目。如果从机为单片机,则 7 位地址为纯软件地址。

2) 寻址字节中的特殊地址

I²C 总线地址统一由 I²C 总线委员会实行分配,其中两组编号地址 0000 和 1111 已被保留做特殊用途,如表 10-1 所示。

表 10-1 I²C 总线特殊地址表

地 址 位	读/写 位	用 途
0000 000	0	通用广播地址
0000 000	1	起始地址
0000 001	X	CBUS 地址
0000 010	X	保留做别的总线地址
0000 011	X	待定
0000 1XX	X	待定
1111 1XX	X	待定
1111 0XX	X	10 位从机地址

(1) 广播地址。起始信号之后的第一个字节为"0000 0000"时称为通用广播地址。广播地址用于寻访接到 I²C 总线上的所有器件,并向它们发送广播数据。不需要广播数据的从机可以不对广播地址应答,并且对于该地址置之不理;否则,接收到这个地址后必须进行应答,并把自己置为接收器方式以接收随后的各字节数据。从机有能力处理这些数据时应该进

行应答，否则忽略该字节并且不做应答。广播寻址的用意是由第二个字节来设定的，其格式如下：

广播寻址（第一字节）　　　　　　第二字节

当第二字节为 0000 0110（即 06H）时，所有能响应广播地址的从机都将复位，并由硬件装入从机地址中的可编程部分。要求响应广播地址的从机在复位时不拉低 SDA 和 SCL 线，以免堵塞总线。

当第二字节为 0000 0100（即 04H）时，所有能响应广播地址的从机仍通过硬件来定义其可编程地址，并锁定地址中的可编程位，但不进行复位。

当第二字节的最低位 B 为 1 时，广播寻址中的两个字节为硬件广播呼叫，它表示数据是由一个"硬件主机设备"发出的。所谓"硬件主机设备"就是它无法事先知道送出的信息将传送给哪个从机设备，因而，不能发送所要寻访的从机地址，如键盘扫描器等，制造这种设备时无法知道信息应向哪儿传送，所以，它只能通过发送这种硬件广播呼叫和自身的地址（即第二字节的高 7 位），以使系统识别它。接在总线上的智能设备，如单片机或其他微处理器能够识别这个地址，并与之传送数据。"硬件主机设备"作为从机使用时，也用这个地址作为其从机地址。"硬件主机设备"的数据传送格式如下：

| S | 0000 0000 | A | 主机地址 | 1 | A | 数据 | A | 数据 | A | P |

　　通用呼叫地址　　　　　　第二字节

在一些系统中，广播寻址还可以有另外一种方式，即系统复位后，"硬件主机设备"工作在从机接收器方式，这时由系统中的主机来通知它数据应传送的地址，当"硬件主机设备"要发送数据时就可以直接向指定的从机设备发送数据了。

（2）起始字节是提供给没有 I²C 总线接口的单片机查询 I²C 总线时使用的特殊字节。

对于不具备硬件 I²C 总线接口的单片机，采用软件模拟 I²C 总线时序的方法，也可以接入 I²C 总线系统。当该单片机作为接收器时，它必须通过软件周期性地检测总线，以便及时地响应总线的请求，显然，单片机检测总线的周期越小，占用它的机时就越多，可用于执行自身功能的时间就越少；如果单片机检测总线的周期越大，对于总线上起动信号的反应就越迟钝，甚至错过对于起动信号的识别。为了解决这一矛盾，经常采用的方法是，I²C 总线上的数据传输由一个较长的起始过程加以引导，而让单片机平时采用慢扫描方式检测总线，只有当总线上出现起动信号后，才转换到快扫描方式。起始字节的引导过程如图 10-7 所示。

引导过程由起始信号、起始字节、应答位、重复起始信号（Sr）组成。

请求占用总线的主机发出起始信号后，接着发送一个起始字节（0000 0001），作为接收

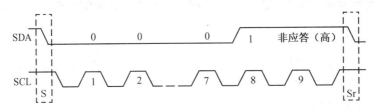

图 10-7 起始字节的引导过程

器的单片机可以用较低的速率检测 SDA 线,直到起始字节中的 7 个 "0" 中至少一个被检测到为止。随即单片机就改用较高的采样速率,以便寻找作为同步信号使用的第二个起始信号 Sr。

在收到第二个重复起始信号 Sr 后,单片机即进入响应总线请求工作状态。

在起始字节后的应答时钟脉冲仅仅是为了使总线的数据处理格式保持一致,并不需要设备在这个脉冲期间做应答。

10.1.3 I^2C 总线数据传送的模拟

实际应用中,多数单片机系统仍采用单主结构的形式。在这样的系统中,I^2C 总线只存在着单主方式。在单主方式下,I^2C 总线数据的传送状态要简单得多,没有总线的竞争与同步,只存在单片机对 I^2C 总线器件节点的读(单片机接收)、写(单片机发送)操作。因此,在主节点上可以采用不带 I^2C 总线接口的单片机,如 8751、89C51、AT89C2051、8098 等,利用这些单片机的普通 I/O 口完全可以实现 I^2C 总线上主节点对 I^2C 总线器件的读、写操作。采用的方法就是利用软件实现 I^2C 总线的数据传送,即软件与硬件结合的信号模拟。

I^2C 总线数据传送的模拟具有较强的实用意义,它极大地扩展了 I^2C 总线器件的适用范围,使这些器件的使用不受系统中的单片机必须带有 I^2C 总线接口的限制,因此,在许多单片机应用系统中可以将 I^2C 总线的模拟技术作为常规的设计方法。

1. I^2C 总线数据传送的时序要求

为了保证数据传送的可靠性,标准的 I^2C 总线数据传送有着严格的时序要求,如 I^2C 总线上时钟信号的最小低电平周期为 4.7 μs,最小的高电平周期为 4 μs 等。

表 10-2 给出了 I^2C 总线数据传送的时序要求特性。

由表 10-2 可见,除了 SDA、SCL 线的信号上升时间和下降时间规定有最大值外,其他参数只有最小值。SCL 时钟信号最小高电平和低电平周期决定了器件的最大数据传输速率,标准模式为 100 kbit/s。实际数据传输时可以选择不同的数据传输速率,同时也可以采取延长 SCL 低电平周期来控制数据传输速率。

用普通的 I/O 口模拟 I^2C 总线数据传送时,必须保证所有的信号定时时间都能满足表 10-2 中的要求。

表 10-2　I^2C 总线数据传送的时序要求特性

参数说明	符号	最　小	最　大	单　位
新的起始信号前总线所必需的空闲时间	t_{BUF}	4.7	—	μs
起始信号保持时间，此后产生时钟脉冲	$t_{HD;STA}$	4.0	—	μs
时钟的低电平时间	t_{LOW}	4.7	—	μs
时钟的高电平时间	t_{HIGH}	4.0	—	μs
一个重复起始信号的建立时间	$t_{SU;STA}$	4.0	—	μs
数据保持时间	$t_{HD;DAT}$	5.0	—	μs
数据建立时间	$t_{SU;DAT}$	250	—	ns
SDA、SCL 信号的上升时间	t_R	—	1 000	ns
SDA、SCL 信号的下降时间	t_F	—	300	ns
终止信号建立时间	$t_{SU;STO}$	4.7	—	μs

根据表 10-2 要求，用单片机的普通 I/O 口模拟 I^2C 总线的数据传送时，单片机的时钟信号都能满足 SDA、SCL 上升沿、下降沿的时间要求，因此，在时序模拟时，最重要的是保证典型信号，如起始、终止、数据发送、保持及应答位的时序要求。

I^2C 总线数据传送的典型信号及其定时要求如图 10-8 所示，图中的定时参数依照表 10-2 中的数据给定。

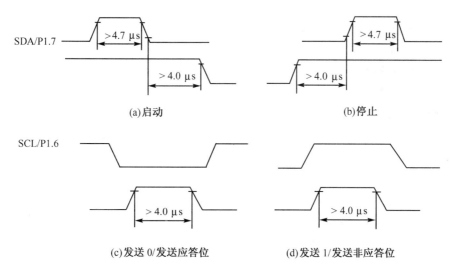

图 10-8　I^2C 总线数据传送的典型信号及其定时要求

对于一个新的起始信号要求起始前总线的空闲时间 t_{BUF} 大于 4.7 μs，而对于一个重复的起始信号，要求建立时间 $t_{SU;STA}$ 也须大于 4.7 μs。图 10-8 中的起始信号适用于数据模拟传送中任何情况下的起始操作，起始信号到第一个时钟脉冲的时间间隔应大于 4.0 μs。

对于终止信号，要保证有大于 4.7 μs 的信号建立时间 $t_{SU;STO}$，终止信号结束时，要释放 I²C 总线，使 SDA、SCL 维持在高电平上，在大于 4.7 μs 后才可以开始另一次的起始操作。在单主系统中，为了防止非正常传送，终止信号后 SCL 可以设置在低电平上。

对于发送应答位、非应答位来说，与发送数据"0"和"1"的信号时序要求完全相同。只要满足在时钟高电平 t_{HIGH}>4.0 μs 期间，SDA 线上有确定的电平状态即可。至于 SDA 线上高、低电平数据的建立时间，在编程时加以考虑。

2. 典型信号模拟子程序

设主机采用 89C51 单片机，晶振频率为 6 MHz（即机器周期为 2 μs），使用 P1.6 作为时钟线 SCL，使用 P1.7 作为数据线 SDA，则模拟典型信号启动、停止、发送应答位、发送非应答位的子程序如下。

(1) 启动信号子程序。

```
STA: SETB    P1.7
     SETB    P1.6
     NOP
     NOP
     CLR     P1.7
     NOP
     NOP
     CLR     P1.6
     RET
```

(2) 终止信号子程序。

```
STOP: CLR    P1.7
      SETB   P1.6
      NOP
      NOP
      SETB   P1.7
      NOP
      NOP
      CLR    P1.6
      RET
```

(3) 发送应答位子程序。

```
ACK: CLR     P1.7
     SETB    P1.6
     NOP
```

```
            NOP
            CLR         P1.6
            SETB        P1.7
            RET
```
(4) 发送非应答位子程序。
```
    NACK:   SETB        P1.7
            SETB        P1.6
            NOP
            NOP
            CLR         P1.6
            CLR         P1.7
            RET
```

I^2C 总线数据模拟传送除了上述基本的启动（STA）、停止（STOP）、发送应答位（ACK）、发送非应答位（NACK）子程序外，还需要有应答位检查、发送一个字节数据、接收一个字节数据、发送 n 个字节数据、接收 n 个字节数据的子程序。

(5) 应答位检查子程序。

在应答位检查子程序中，用 F0 作为标志位，当检查到器件节点的正常应答后，置标志位 F0=0，表明被控器的器件节点接收到了主机发送的字节，否则 F0=1。

```
    CACK:   SETB        P1.7            ; 置 P1.7 为输入方式
            SETB        P1.6            ; 使 SDA 上数据有效
            CLR         F0              ; 预设 F0=0（正常应答）
            MOV         A, P1           ; 输入 SDA/P1.7 引脚状态
            JNB         ACC.7, CEND     ; 检查 SDA 状态，正常应答转 CEND，且 F0=0
            SETB        F0              ; 无正常应答，F0=1
    CEND:   CLR         P1.6            ; 子程序结束，使 P1.6=0
            NOP
            RET
```

(6) 发送一个字节数据子程序。

该子程序是向 I^2C 总线的数据线 SDA 上发送一个字节数据的操作。调用本子程序前将要发送的数据送入 ACC 中，占用资源：R0，C。

```
    WRBYT:  MOV         R0, #08H        ; 8 位数据长度送 R0 中
    WLP:    RLC         A               ; 发送数据左移，使发送位进入 CY
            JC          WR1             ; 判断发送"1"还是"0"，发送"1"转 WR1
            AJMP        WR0             ; 发送"0"转 WR0
    WLP1:   DJNZ        R0, WLP         ; 8 位是否发送完，未完转 WLP
```

```
        RET                    ;8位发送完结束
WR1:    SETB    P1.7           ;发送"1"程序段
        SETB    P1.6
        NOP
        NOP
        CLR     P1.6
        CLR     P1.7
        AJMP    WLP1
WR0:    CLR     P1.7           ;发送"0"程序段
        SETB    P1.6
        NOP
        NOP
        CLR     P1.6
        AJMP    WLP1
```

(7) 接收一个字节数据子程序。

该子程序用来从 SDA 上读取一个字节数据，执行本程序后，从 SDA 上读取的一个字节存放在 R2 或 ACC 中，资源占用：R0，R2，C。

```
RDBYT:  MOV     R0,#08H        ;8位数据长度送 R0 中
RLP:    SETB    P1.7           ;置 P1.7 为输入方式
        SETB    P1.6           ;使 SDA 上数据有效
        MOV     A,P1           ;读入 SDA 引脚状态
        JNB     ACC.7,RD0      ;判断读入"0"还是"1"，读入"0"转 RD0
        AJMP    RD1            ;读入"1"转 RD1
RLP1:   DJNZ    R0,RLP         ;8位读完否？未读完转 RLP
        RET
RD0:    CLR     C              ;读入"0"程序段，由 C 拼装入 R2 中
        MOV     A,R2
        RLC     A
        MOV     R2,A
        CLR     P1.6           ;使 P1.6=0 可继续接收数据位
        AJMP    RLP1
RD1:    SETB    C              ;读入"1"程序段，由 C 拼装入 R2 中
        MOV     A,R2
        RLC     A
        MOV     R2,A
```

```
            CLR     P1.6              ;使 P1.6=0 可继续接收数据位
            AJMP    RLP1
```

(8) 发送 n 个字节数据子程序。

发送 n 个数据字节时,其数据操作格式如下:

| S | SLAW | A | SUBADR | A | data1 | A | data2 | A |

| … | data$n$ | A | P |

其中:S 起始位;

SLAW 寻址字节(写);

SUBADR 器件内的子地址;

A 器件应答位;

data1～data$n$ 主机发送,被控器件接收的数据;

P 停止位。

按照上述操作格式所编写的发送 n 个字节数据的通用子程序如下。

```
    WRNBYT: PUSH    PSW              ;现场保护
            MOV     PSW,#18H         ;选用第 3 组工作寄存器
            LCALL   STA              ;启动 I²C 总线
            MOV     A,#SLAW          ;寻址字节(写)送 A 中
            LCALL   WRBYT            ;发送一个字节
            LCALL   CACK             ;检查应答位
            JB      F0,WRNBYT        ;非应答位则重发
            MOV     R1,#MTD          ;发送数据的首地址送 R1
    WRDA:   MOV     A,@R1
            LCALL   WRBYT
            LCALL   CACK
            JB      F0,WRNBYT
            INC     R1
            DJNZ    NUMBYT,WRDA
            LCALL   STOP
            POP     PSW
            RET
```

在使用本子程序时,调用了 STA、STOP、WRBYT、CACK 子程序,占用资源为 R1,并且使用了一些符号单元,这些符号单元有:

MTD:主机发送数据缓冲区的首地址。应注意,在第一个单元存放着器件内部子地址,后续单元存放 n 个数据。

SLAW：器件寻址字节（写）。

NUMBTY：传送字节数存放单元（包括一个字节的子地址）。

在使用这些符号单元时，事先在内部 RAM 中分配好这些地址。在调用本子程序之前必须将要发送的子地址和 n 个字节数据依次存放在以 MTD 为首地址的发送数据缓冲区中。调用本子程序后，n 个字节数据依次传送到被控器件内以子地址为首地址的相应单元中。

（9）读取 n 个字节数据子程序。

读出 n 个字节数据时，其数据操作格式如下：

其中：SLAR 器件寻址字节（读）。

在读操作中，除了发送寻址字节外，还要发送子地址 SUBADR。因此，在读 n 个字节操作前，要进行一个字节（SUBADR）的写操作，然后重新启动读操作，从器件内 SUBADR 为首地址的 n 单元中读出 n 个字节数据。

按照上述操作格式编写的读取 n 字节数据的通用子程序如下：

```
RDNBYT:  PUSH  PSW          ;现场保护
         MOV   PSW, #18H    ;选用第 3 组工作寄存器
         LCALL STA          ;启动 I²C 总线
         MOV   A, #SLAW     ;寻址字节（写）送 A 中
         LCALL WRBYT        ;发送寻址字节
         LCALL CACK         ;检查应答位
         JB    F0, RDNBYT   ;非正常应答转重新开始
         MOV   A, SUBADR    ;器件内的子地址送 A 中
         LCALL WRBYT        ;发送子地址
         LCALL CACK         ;检查应答位
         JB    F0, RDNBYT   ;非正常应答转重新开始
         LCALL STA          ;重新发送启动位
         MOV   A, #SLAR     ;寻址字节（读）送 A 中
         LCALL WRBYT        ;发送寻址字节（读）
         LCALL CACK         ;检查应答位
         JB    F0, RDNBYT   ;非正常应答转重新开始
RDN:     MOV   R1, #MRD     ;接收数据缓冲区首址 MRD 送 R1
RDN1:    LCALL RDBYT        ;读入一个字节到接收数据缓冲区中
         MOV   @R1, A
         DJNZ  NUMBYT, ASK  ;n 个字节读完否？未完转 ASK
```

```
            LCALL   NACK        ;n个字节读完,发送非应答位A̅
            LCALL   STOP        ;发送停止信号
            POP     PSW
            RET                 ;子程序结束
   ASK:     LCALL   ACK         ;发送应答位
            INC     R1          ;指向下一个接收数据缓冲区单元
            SJMP    RDN1        ;转读入下一个字节数据
```

在使用 RDNBYT 子程序时,调用了 STA、STOP、WRBYT、RDBYT、CACK、ACK、NACK 等子程序,占用资源 R1,RDNBYT 子程序中使用了一些符号单元,除了在 WRNDYT 子程序中使用过的 SLAW 、NUMBYT 外还有以下几个内容。

SLAR:器件寻址字节(读)。

SUBADR:器件内部子地址存放单元。

MRD:主机接收数据缓冲区首地址。

在调用 RDNBYT 子程序后,被控器件中所指定首地址(SUBADR)中的 n 个字节数据将被读入主机片内以 MRD 为首址的数据缓冲区中。

10.1.4 I²C 总线应用程序设计实例

1. 硬件电路设计

由于 I²C 总线只有两条传输线,与单片机的连接十分简单,并能使系统的体积极大地减小,因此,在单片机应用系统中,为达到体积小型化,存储器几乎都使用带有 I²C 总线的 EEPROM。带 I²C 总线接口的 EEPROM 有许多型号系列,其中 AT24CXX 系列使用十分普遍,有 AT24C01/02/04/16。其容量分别为 128×8,256×8,512×8,1024×8 位。在 IC 卡电度表系统或 IC 卡煤气表系统中,一般是以 89C51 单片机为核心,以 AT24C02/04 作为数据存储器,用于存储运行中必要的参数,如密码、电表常数(转/度)、预警电度数、可用电度数及转盘转数等。89C51 单片机与一个 AT24C02 的 EEPROM 的电路连接如图 10-9 所示。

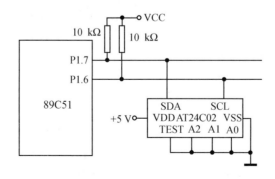

图 10-9 89C51 与 AT24C02 的连接电路

单片机的 P1.7 引脚与 AT24C02 的 SDA 引脚相连，作为数据线，单片机的 P1.6 引脚与 AT24C02 的 SCL 引脚相连，作为时钟线，两条线均接入 10 kΩ 上拉电阻。

AT24C02 的器件地址是 1010，A2A1A0 为引脚地址，TEST 为测试端，在系统中 TEST、A2、A1、A0 均做接地处理，AT24C02 的存储器容量为 256×8 位，片内子地址采用 8 位地址指针，页容量为 8 B（即一次最多可写入 8 个字节），按照图 10-9 的电路连接，AT24C02 在系统中的寻址字节为 SLAW=A0H，SLAR=A1H。

2. 89C51 单片机与 AT24C02 之间的通信程序

软件设计是以上述子程序为基础进行编程。带 I^2C 总线接口的 AT24C02 存储器，其内部有连续的子地址空间，对这些空间进行 n 个字节的连续读、写时，都具有地址自动加 1 功能。只要在初始化程序中规定好读、写字节数及指定器件内子地址，启动 I^2C 总线后，调用相关的子程序就能完成整个操作。

需注意的是，连续读写的字节数 n 应不超过页容量。

假设在 AT24C02 内部 10～13H 单元存放密码，14～15H 单元存放电表常数，16～17H 单元存放预警电度数，20～27H 单元存放可用电度数，28H～2FH 存放转盘转数。

假设在 89C51 单片机内部 RAM 50H 单元存放 AT24C02 片内子地址，在 51H～58H 单元存放要写入到 AT24C02 中的数据，5AH 单元存放传送数据的长度，60～67H 单元存放从 AT24C02 读取的数据。

1) 编写主机读取密码程序

```
        SLAW      EQU     0A0H
        SLAR      EQU     0A1H
        SUBADR    DATA    50H
        MRD       EQU     60H
        NUMBYT    EQU     5AH
RDAT24: MOV   SUBADR, #10H    ;存放密码的首地址做子地址
        MOV   MRD, #60H       ;接收数据首地址送 MRD
        MOV   NUMBYT, #04H    ;读取字节数为 4
        LCALL RDNBYT          ;连续读取 4 个字节
        RET
```

2) 编写主机发送可用电度数程序

```
        SLAW      EQU     0A0H
        NUMBYT    EQU     5AH
        MTD       DATA    50H
WRAT24: MOV   MTD, #20H       ;存放可用电度数的子地址送入 MTD
        MOV   NUMBYT, #09H    ;写入字节数为 9（包括 SUBADR）
        LCALL WRNBYT          ;连续写入 8 个字节数据
        RET
```

需注意，在执行本程序前，应将可用电度数存入 51H～58H 单元中。

参考上述编程方法，可编写向 AT24C02 传送各种参数的程序及读取各种参数的程序。

10.2 单总线及其应用

单总线（1-Wire）是美国 Dallas 公司推出的外围串行扩展总线。单总线只有一根数据输入/输出线，所有单总线的器件都挂在这根线上，即仅通过 1 条连接线，便可以完成全部的控制、通信和供电，它节省了 I/O 接口，降低了系统成本并简化了设计。本节以单总线温度传感器 DS18B20 构成的温度测控系统为例，详细介绍单总线器件与 89C51 单片机的软件接口。

10.2.1 单总线简介

1. 硬件配置

单总线的连接方式如图 10-10（a）所示，一个简捷的单总线网络包括 3 个主要部分：带有控制软件的主控器（由单片机或 PC 担当），连接上拉电阻和稳压二极管的连接线及各种功能的单总线从器件。漏极开路的端口结构和上拉电阻 R 使总线空闲时处于高电平状态，器件可直接从数据线上获得工作电能（节省了电源线）。每一位读/写时序开始时，主控器把总线拉低，结束时，释放总线为高电平。这种按位自同步的数据传输方式节省了时钟线，稳压二极管将总线最高电平限定在 5.6V，起保护端口的作用。

单总线的内部结构如图 10-10（b）所示，单总线接口是用来实现供电和同步的；64 位 ROM 用于存储由生产厂家光刻的、全球唯一的、且不可更改的 64 位序列号，其中最低 8 位是器件的类型号，功能相同的一类器件具有相同的类型号，然后是 48 位的器件序列号，最后 8 位是 CRC 校验位，用于验证数据传输的正确性；外围功能部件用来完成某一特定的功能；主控器通过对 RAM 的读/写操作实现对器件的控制。

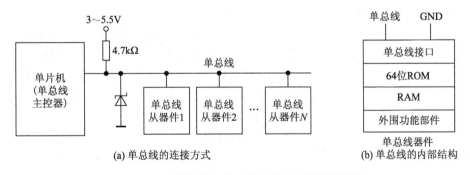

图 10-10 单总线连接方式及单总线内部结构框图

2. 通信规程

单总线采用主从式、位同步、半双工串行方式通信，通信规程如下。

（1）总线初始化，主控器先发复位脉冲，然后从器件发应答脉冲。

（2）ROM 指令，主控器通过 ROM 指令读取各从器件的 ROM 识别码（即 64 位序列号），以选择单总线上的某一个从器件，未被选中的从器件忽略主控器的后续指令。

（3）RAM 指令，通过对从器件 RAM 的读/写操作，让外围器件实现某一功能。

所有单总线从器件与主控器之间的通信都遵循上述通信规程。

10.2.2　单总线温度传感器 DS18B20

DS18B20 是 Dallas 公司生产的具有单总线接口的数字温度传感器，它是将半导体温敏器件、A/D 转换器、存储器等做在一个很小的集成电路芯片上，传感器直接输出的就是温度信号的数字值。它具有微型化、低功率、高性能、抗干扰能力强、易于与单片机接口等优点，适合于各种温度测控系统。

1. DS18B20 的特性及引脚

DS18B20 具有如下特性。

（1）采用单总线技术，与单片机通信只需要一根 I/O 线，在一根线上可挂接多个 DS18B20。

（2）每个 DS18B20 具有一个独立的、不可修改的 64 位序列号，根据序列号可以访问对应的器件。

（3）低压供电，电源范围从 3～5 V，可以本地供电，也可以直接从数据线上取电源（寄生式供电）。

（4）测温范围为-55～125℃，在-10～85℃范围内误差为±0.5℃。

（5）具有 0.5、0.25、0.125 和 0.0625 共 4 种转换精度，最长转换时间为 750 ms。

（6）用户可自设定报警的上、下限温度值。

（7）报警搜索命令可识别和判别是哪个器件的温度超出预定值。

（8）DS18B20 的分辨率可由用户设置为 9～12 位。

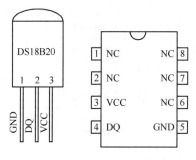

图 10-11　DS18B20 引脚

（9）DS18B20 可将检测到的温度值直接转化成数字量，并通过串行通信的方式与单片机进行数据传送。

DS18B20 采用 3 脚（或 8 脚）封装，如图 10-11 所示。其中，VCC 和 GND 是电源和接地引脚，DQ 是数据输入/输出引脚（单线接口时，可作寄生供电）。

2. DS18B20 的内部结构

DS18B20 的内部结构如图 10-12 所示。

1）温度传感器

DS18B20 测量温度时使用特有的温度测量技术，将被测温度转换成数字信号，测量结果存入高速缓存器 RAM 中。

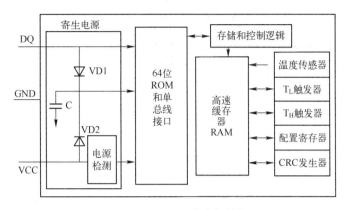

图 10-12　DS18B20 的内部结构图

2）寄生电源

DS18B20 有两种供电方式：3.0～5.5 V 的电源供电方式和寄生电源供电方式（直接从数据线获取电源）。

寄生电源由二极管 VD1、VD2、寄生电容 C 和电源检测电路组成（见图 10-12），电源检测电路用于判定供电方式，若采用外部电源给器件供电，外部电源接 VCC 引脚通过 VD2 向器件供电，电路连接如图 10-13 所示。

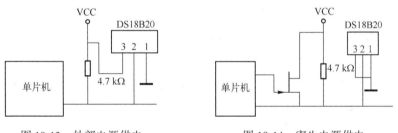

图 10-13　外部电源供电　　　　图 10-14　寄生电源供电

寄生电源供电时，VCC 端接地，器件通过 DQ 引脚从单总线上获取电源，电路连接如图 10-14 所示。当单总线呈高电平时，DS18B20 从单总线上获得能量并存储在内部电容上，当单总线呈低电平时，由电容 C 上的电压继续向器件供电。该寄生电源有两个优点：第一，检测远程温度时无须本地电源；第二，缺少正常电源时也能读 ROM。

3）内部存储器

DS18B20 的内部存储器包括 64 位 ROM、高速缓存器 RAM、EEPROM 存储器，其存储器的结构如图 10-15 所示。

（1）64 位 ROM：共 8 个字节，只读不能写，用来保存芯片的 ROM 序列号，即 ID 标识码，各器件的 ID 标识码全球唯一。

字节	64位ROM	高速缓存器RAM	
0	产品代号(28H)	温度高8位	
1	48位	温度高8位	EEPROM
2	器件序列号	T_H	T_H
3		T_L	T_L
4		配置寄存器	配置寄存器
5		保留	
6		保留	
7	CRC	保留	
8		CRC	

图 10-15　DS18B20 内部存储器结构

ROM 中字节 0 的内容是该产品的厂家代号 28H，字节 1～6 的内容是 48 位器件序列号，字节 7 是 ROM 前 56 位的 CRC 校验码。由于 64 位 ROM 码具有唯一性，在使用时作为该器件的地址，通过读 ROM 命令可以将它读出来。

（2）高速缓存器 RAM：共 9 个字节，用来存放各类数据。各字节的作用如下。

字节 0、字节 1：存放当前 16 位的温度转换结果，字节 0 为低字节，字节 1 为高字节。其数据为 16 位补码形式，格式如下：

D15	D14	D13	D12	D11	D10	D9	D8	D7	D6	D5	D4	D3	D2	D1	D0
S	S	S	S	S	2^6	2^5	2^4	2^3	2^2	2^1	2^0	2^{-1}	2^{-2}	2^{-3}	2^{-4}

各位的含义如下：

D15～D11：共 5 位，符号位 S，用来表示温度值的正负。S=0，温度值为正；S=1，温度值为负。

D10～D4：共 7 位，温度值的整数位。

D3～D0：共 4 位，温度值的小数位。

这 4 位并非在所有分辨频率下均有效。分辨率为 9 位时 D3（2^{-1} 位）有效，D2～D0 无效；分辨率为 10 位时，D3、D2 有效，D1、D0 无效；分辨率为 11 位时，D3～D1 有效，D0 无效；分辨率为 12 时，D3～D0 均有效。无效位的值为 0，有效位的值为实际温度值。

字节 2、字节 3：依次为报警温度上限 T_H 和报警温度下限 T_L，用来临时存放用户设定的报警温度的上限值和下限值。

DS18B20 完成温度转换后，就会将温度测量值与 T_H 和 T_L 作比较，如果测量值高于 T_H 中的值或者低于 T_L 中的值，就会自动地将内部报警标志位置位，该 DS18B20 就能够响应随后单片机发出的第一个报警搜索命令，否则不响应报警搜索命令。

字节 4：配置寄存器，用来临时存放用户设定的配置数据。配置寄存器的结构如下：

D7	D6	D5	D4	D3	D2	D1	D0
0	R1	R0	1	1	1	1	1

其中，R1、R0 为温度转换精度的选择位，R1、R0 与转换精度、分辨率的关系如表 10-3 所示。

表 10-3　R1、R0 与转换精度及分辨率的关系

R1	R0	分辨率	转换精度	最大转换时间
0	0	9 位	0.5℃	93.75 ms
0	1	10 位	0.25℃	187.5 ms
1	0	11 位	0.125℃	375 ms
1	1	12 位	0.0625℃	750 ms

从表 10-3 中可以看出，选用不同的分辨率时，DS18B20 的温度转换时间不同。在实际应用中，应根据需要合理地选择分辨率以便提高 DS18B20 的转换速度。

字节 5～字节 7：保留字节。

字节 8：CRC 校检字节，其内容为高速缓存器 RAM 的前 8 个字节内容的冗余循环校验值。

（3）EEPROM 存储器：共 3 个字节，分别与高速缓存器 RAM 的字节 2（T_H）、字节 3（T_L）、字节 4（配置寄存器）相对应，用来保存用户对 DS18B20 的设定值。

3. DS18B20 的访问命令

从编程的角度来说，用户所需要掌握的是其内部存储组织结构和各类访问命令。

DS18B20 的访问命令包括 ROM 命令和存储控制命令两类。其中 ROM 命令主要用于后续的存储控制命令操作的定位。各 ROM 命令的代码及其说明如表 10-4 所示。

表 10-4　DS18B20 的 ROM 命令

命　令	代　码	用 法 说 明
读 ROM	33H	读取 64 位 ROM 的内容，即读取 DS18B20 的序列号
匹配 ROM	55H	该命令发布后，要紧随发送 64 位 ROM 序列号，之后只有与该序列号相匹配的 DS18B20 才对后续的存储控制命令做出响应。用于单总线上挂接有多个 DS18B20 时，对某个 DS18B20 进行寻址
跳过 ROM	CCH	忽略 64 位的 ROM 序列号的匹配而直接访问单总线上的 DS18B20。适用于单总线系统中只有一个 DS18B20 的场合
搜索 ROM	F0H	获取单总线上各 DS18B20 的 64 位 ROM 序列号
报警搜索	ECH	搜索有温度报警标志的 DS18B20 的 ROM 代码。该命令发布后，只有最后一次温度测量时，测量值超过报警温度上、下限值的 DS18B20 才对此命令作响应

各存储控制命令的代码及其说明如表 10-5 所示。

表 10-5 DS18B20 的存储控制命令

命 令	代 码	用 法 说 明
温度转换	44H	启动 DS18B20 进行温度转换。DS18B20 温度转换结束后会自动将结果存入内部高速缓存器 RAM 的字节 0、字节 1 中。在该命令之后接着发布读一位时序，可以检测温度转换工作是否完成，若温度转换尚未结束，则所读位值为 0，否则所读位值为 1
写高速缓存器 RAM	4EH	命令后要紧随 1～3 个字节的待写入的数据。用于将数据依次写入高速缓存器 RAM 中的报警温度上限寄存器、报警温度下限寄存器、配置寄存器中。在 DS18B20 复位之前，这三个字节数据必须全部写完
读高速缓存器 RAM	BEH	命令执行后，DS18B20 会一次将高速缓存器 RAM 中的字节 0 至字节 8 的内容发送到单总线上。如果不必读取 9 个字节中的数据，可以通过发布复位命令（即初始化 DS18B20）来终止后续的传送工作
复制高速缓存器 RAM	48H	将高速缓存器 RAM 中的字节 2 至字节 4 的内容复制到片内 EEPROM 中。在该命令之后接着发布读一位时序，可以检测复制工作是否完成，若复制工作尚未完成，则所读位值为 0，否则所读位值为 1
读 EEPROM	B8H	将片内 EEPROM 的内容对应地复制到高速缓存器 RAM 的字节 2 至字节 4 中。上电时，DS18B20 会自动用 EEPROM 的内容刷新高速缓存器 RAM 的字节 2 至字节 4
读电源供电方式	B4H	该命令发布后，接着发布读一位时序，则所读的数据位为 DS18B20 的供电方式值。0：寄生供电方式，1：外部供电方式

4. DS18B20 的操作时序

DS18B20 将温度信号直接转化成数字信号，然后通过单总线以串行通信的方式输出，串行输出时，以字节为单位向单总线发送或接收数据，并且先发送低位，后发送高位。

对 DS18B20 的访问需严格按照操作时序进行，DS18B20 的操作时序有：复位与应答时序、读时序、写时序，这 3 种操作时序是编写 DS18B20 访问程序的基础。

1) 复位和应答脉冲时序

每个通信周期起始于微控制器发出的复位脉冲，其后紧跟 DS18B20 发出的应答脉冲，如图 10-16 所示。在写时序期间，主机向 DS18B20 器件写入数据，而在读时序期间，主机读入来自 DS18B20 的数据。在每一个时序，总线只能传输一位数据。

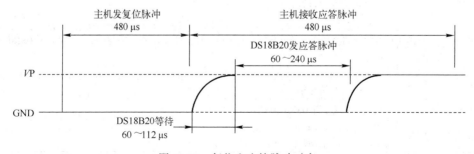

图 10-16 复位和应答脉冲时序

2) 写时序

当主机将单总线 DQ 从逻辑高（空闲状态）拉为逻辑低时，即启动一个写时序。所有的写时序必须在 60～120 μs 内完成，且在每个时序之间至少需要 1 μs 的恢复时间。写"0"和写"1"时序如图 10-17 所示。在写"0"时序期间，微控制器在整个时序中将总线拉低；而写"1"时序期间，微控制器将总线拉低，然后在时序起始后 15 μs 之内释放总线为高。

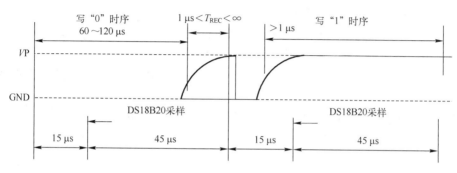

图 10-17　写"0"和写"1"时序

3) 读时序

DS18B20 器件仅在主机发出读时序时，才向主机传输数据，所以在主机发出读数据命令后，必须马上产生读时序，以便 DS18B20 能够传输数据。所有读时序至少需要 60 μs，且在两次独立的读时序之间，至少需要 1 μs 的恢复时间。每个读时序都由主机发起，至少拉低总线 1 μs，读"0"和读"1"时序如图 10-18 所示。在主机发起读时序之后，DS18B20 器件才开始在总线上发送"0"或"1"，若 DS18B20 发送"1"，则保持总线为高电平；若发送"0"，则拉低总线。当发送"0"时，DS18B20 在该时序结束后，释放总线，由上拉电阻将总线拉回至空闲高电平状态。DS18B20 发出的数据，在起始时序之后保持有效时间 15 μs，因而主机在读时序期间，必须释放总线，并且在时序起始后的 15 μs 之内采样总线状态。

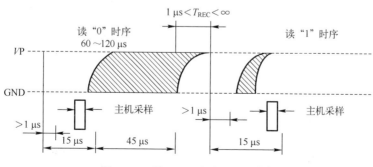

图 10-18　读"0"和读"1"时序

5. DS18B20 的编程

对于 DS18B20 的访问编程，一般按以下步骤进行。

（1）初始化：单片机通过 DQ 线，向 DS18B20 发送一个满足时序要求的复位脉冲，DQ 线上的所有 DS18B20 芯片都被复位。准备接受单片机发的序列号访问命令。

（2）序列号访问命令：接下来，单片机通过 DQ 线，发送某一个 DS18B20 的 64 位序列号编码。这时，DQ 线上所有相连的 DS18B20 都进行编码匹配，只有编码一致的 DS18B20 才被激活，可以接受下面的存储控制命令。

（3）存储控制命令：单片机对选中的 DS18B20 发送存储控制命令，如启动 A/D 转换、读取温度数据、设定温度报警上、下限等。

（4）根据第（3）步所发送存储命令的类型，从 DS18B20 中读取数据或者向 DS18B20 中写入数据。

设单片机时钟频率为 11.0592 MHz，编写单片机对 DS18B20 进行复位操作、读一个字节和写一个字节的子程序。

1）DS18B20 的复位子程序

```
         DQ     EQU   P2.7        ;设单片机 P2.7 作单总线
RESET:   NOP
L0:      CLR    DQ                ;DQ=0
         MOV    R2, #160          ;延时 480 μs
L1:      NOP
         DJNZ   R2, L1
         SETB   DQ                ;DQ=1
         MOV    R2, #20           ;延时 (15～60) μs
L4:      DJNZ   R2, L4
         CLR    C                 ;C=0
         ORL    C,  DQ
         JC     L3
         MOV    R6, #30
L5:      ORL    C, DQ
         JC     L3
         DJNZ   R6, L5
         SJMP   L0
L3:      MOV    R2, #120
L2:      DJNZ   R2, L2
         RET
```

2) 读一个字节子程序——设读入的数据存放在 3DH 存储单元中

```
READ:   MOV     R6, #8          ; 循环次数
RE1:    CLR     DQ              ; DQ=0
        MOV     R4, #4
        NOP
        SETB    DQ              ; DQ=1
RE2:    DJNZ    R4, RE2
        MOV     C, DQ           ; 读一位数据到 C
        RRC     A               ; 数据移入累加器 A 中
        MOV     R5, #20         ; 延时 45 μs
RE3:    DJNZ    R5, RE3
        DJNZ    R6, RE1         ; 连续读 8 次
        MOV     3DH, A          ; 数据存入 3DH 单元
        SETB    DQ              ; DQ=1
        RET
```

3) 写一个字节子程序——设写入 DS18B20 的数据在累加器 A 中

```
WRITE:  MOV     R3, #8          ; 循环次数
WR1:    SETB    DQ              ; DQ=1
        MOV     R4, #6
        RRC     A               ; 最低位数据移入 C 中
        CLR     DQ              ; DQ=0
WR2:    DJNZ    R4, WR2         ; 延时 15 μs
        MOV     DQ, C           ; 输出一位数据到数据线
        MOV     R4, #20
WR3:    DJNZ    R4, WR3         ; 延时 45 μs
        DJNZ    R3, WR1
        SETB    DQ              ; DQ=1 结束写操作
        RET
```

10.2.3 DS18B20 构成的测温系统

1. 单总线测温系统硬件电路

由单片机 AT89C51 和 DS18B20 构成的单总线测温系统接口电路如图 10-19 所示。

图中，单片机用一根 I/O 口线作单总线，多个 DS18B20 的 DQ 引脚都挂接在单总线上，单片机对每个 DS18B20 的访问都是通过总线 DQ 寻址。DQ 为漏极开路，须加上拉电阻 R，以保证总线空闲时，总线呈高电平状态。

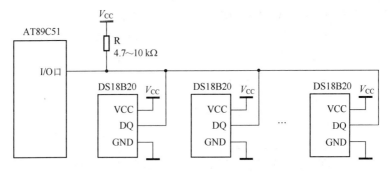

图 10-19 DS18B20 与单片机的接口电路

说明：

(1) 由于单片机的 I/O 口驱动能力有限，单总线上挂接的 DS18B20 不能超过 8 个，否则需要对总线进行驱动。

(2) 总线上的分布电容也会使信号发生畸变，使用普通电缆时，传输长度不能超过 50 m，如果使用双绞线传输，传输长度可到达 150 m。

2. 测温系统的程序设计

根据 10-19 所示电路，设计单片机与 DS18B20 之间的通信程序，这里只设计测温系统的主程序、初始化某个 DS18B20 子程序、启动 DS18B20 转换并读取温度值子程序，关于温度值的数据处理程序和显示程序详见 11.9.2。

设被寻址的 DS18B20 序列码放入 30H～37H 单元，读出 DS18B20 转换后的温度值，存入片内 RAM40H、41H 单元中，读出设置的温度上限、温度下限存入 43H、44H 单元中，读出设置的分辨率存入 45H 单元中。

编写的主程序和子程序如下。

```
        TH      EQU  38             ;高温报警点：38℃
        TL      EQU  20             ;低温报警点：20℃
        ORG  0000H
        SJMP START
        ORG  0030H
START:  MOV  SP, #60H               ;设置堆栈指针
MAIN:   ACALL DS18B20               ;调初始化 DS18B20 子程序
        LCALL RDTEMP                ;调从 DS18B20 中读取温度值的子程序
        LCALL DIVV                  ;数据处理子程序
        ACALL DISPLAY               ;显示子程序
        SJMP MAIN
DS18B20: LCALL RESET                ;调复位 18B20 子程序
```

```
                MOV     A, #55H          ; 发匹配 ROM 命令
                LCALL   WRITE
                MOV     R3, #8
                MOV     R0, #30H         ; 被寻址的序列码放在 30H～37H 单元
        NEXT:   MOV     A, @R0           ; 发送某个 18B20 的序列码
                LCALL   WRITE
                INC     R0
                DJNZ    R3, NEXT
                MOV     A, #0F0H         ; 搜索 ROM 命令，寻址某个 18B20
                LCALL   WRITE
                MOV     A, #0CCH         ; 发跳过 ROM 命令
                LCALL   WRITE
                MOV     A, #4EH          ; 发写 $T_H$, $T_L$ 命令
                LCALL   WRITE
                MOV     A, #TH           ; 设置高温报警点：38℃
                LCALL   WRITE
                MOV     A, #TL           ; 设置低温温报警点：20℃
                LCALL   WRITE
                MOV     A, #7FH          ; 发设置 12 位转换精度命令
                LCALL   WRITE
                RET
        RDTEMP: LCALL   RESET            ; 复位 18B20
                MOV     A, #0CCH         ; 发跳过 ROM 命令
                LCALL   WRITE
                MOV     A, #44H          ; 发启动温度始转换命令
                LCALL   WRITE
                LCALL   DELAY            ; 调延时子程序
                LCALL   RESET            ; 复位 18B20
                MOV     A, #0CCH         ; 发跳过 ROM 命令
                LCALL   WRITE
                MOV     A, #0BEH         ; 发读存储器命令
                LCALL   WRITE
                LCALL   READ             ; 读出温度的低字节
                MOV     40H, 3DH         ; 存入 40H 单元
                LCALL   READ             ; 读出温度的高字节
```

```
        MOV     41H, 3DH        ;存入 41H 单元
        LCALL   READ            ;读出 T_H
        MOV     44H, 3DH        ;存入 44H 单元
        LCALL   READ            ;读出 T_L
        MOV     43H, 3DH        ;存入 43H 单元
        LCALL   READ            ;读出分辨率
        MOV     45H, 3DH        ;存入 45H 单元
        RET
```

思考题与习题

10-1　I^2C 总线的优点是什么？

10-2　I^2C 总线的起始信号和终止信号是如何定义的？

10-3　I^2C 总线完整的数据传送格式是如何规定的？

10-4　I^2C 总线的数据传送方向如何控制？

10-5　常用的 I^2C 总线接口芯片有哪些？

10-6　I^2C 总线的寻址字节是如何确定的？

10-7　I^2C 总线的数据传送时，应答是如何进行的？

10-8　I^2C 总线模拟传送 n 个数据时，其传送数据的长度是多少？

10-9　I^2C 总线模拟接收 n 个数据时，应先执行什么操作？

10-10　并行扩展总线与串行扩展总线各有哪些特点？目前单片机应用系统中较为流行的扩展总线有哪些？

10-11　单总线有什么特点？

10-12　单总线器件的内部结构及通信规程是如何规定的？

10-13　试叙述数字温度传感器 DS18B20 的内部存储器结构。

10-14　数字温度传感器 DS18B20 采用寄生电源供电，在硬件上与单片机如何连接？

10-15　如何对 10 个数字温度传感器 DS18B20 进行轮流采样？如何编制采样程序？

第 11 章　89C51 单片机应用举例

前面几章介绍了 89C51 单片机的内核部分，在这一章将介绍几个应用实例。这部分内容包括：单片机应用系统的一般设计过程，A/D 及 D/A 应用实例，实时时钟应用实例，电动机驱动应用实例等。这几个应用实例充分考虑了 CPU 内部资源的使用及单片机最典型的应用。

11.1　单片机应用系统的一般设计过程

单片机虽然是一个计算机，但其本身无自主开发能力，必须由设计者借助于开发工具来开发应用软件并对硬件系统进行诊断。另外，由于在研制单片机应用系统时，通常都要进行系统扩展与配置，因此，要完成一个完整单片机应用系统的设计，必须完成下述工作：
(1) 硬件电路设计、组装和调试；
(2) 应用软件的编写、调试；
(3) 完整应用软件的调试、固化和脱机运行。

11.1.1　硬件系统设计原则

一个单片机应用系统的硬件设计包括两部分：一是系统扩展，即单片机内部功能单元不能满足应用系统要求时，必须在片外给出相应的电路；二是系统配置，即按照系统要求配置外围电路，如键盘、显示器、打印机、A/D 转换和 D/A 转换等。

系统扩展与配置应遵循下列原则：
(1) 尽可能选择典型电路，并符合单片机的常规使用方法；
(2) 在充分满足系统功能要求的前提下，留有余地以便于二次开发；
(3) 硬件结构设计应与软件设计方案一并考虑；
(4) 整个系统相关器件要力求性能匹配；
(5) 硬件上要有可靠性与抗干扰设计；
(6) 充分考虑单片机的带载驱动能力。

11.1.2　应用软件设计特点

应用系统中的应用软件是根据功能要求设计的，应可靠地实现系统的各种功能。应用系统种类繁多，应用软件各不相同，但是一个优秀的应用系统的软件应具有下列特点。

（1）软件结构清晰、简洁、流程合理。

（2）各功能程序实现模块化、子程序化，这样既便于调试、链接，又便于移植和修改。

（3）程序存储区、数据存储区规划合理，既能节省内存容量，又使操作方便。

（4）运行状态实现标志化合理，各个功能程序运行状态、运行结果及运行要求都设置状态标志以便查询，程序的转移、运行、控制都可通过状态标志条件来控制。

（5）经过调试修改后的程序应进行规范化，除去修改"痕迹"。规范化的程序便于交流、借鉴，也为今后的软件模块化、标准化打下基础。

（6）实现全面软件抗干扰设计，软件抗干扰是计算机应用系统提高可靠性的有力措施。

（7）为了提高运行的可靠性，在应用软件中设置自诊断程序，在系统工作运行前先运行自诊断程序，用以检查系统各特征状态参数是否正常。

11.1.3 应用系统开发过程

应用系统的开发过程应包括 4 部分内容，即系统硬件设计、系统软件设计、系统仿真调试及脱机运行调试。

在确定开发课题后，首先要进行方案调研，这是整个研制工作失败、好坏的关键，千万不可忽视，方案调研包括查找资料、分析研究，并解决以下问题。

（1）了解国内相似课题的开发水平，器材、设备技术水平，供应状态；若接受委托研制项目，还应充分了解对方技术要求、环境状况、技术水平，以确定课题的技术难度。

（2）了解可移植的软、硬件技术，能移植的尽量移植，以防大量低水平重复劳动。

（3）摸清软、硬件技术难度，明确技术主攻方向。

（4）综合考虑软、硬件分工与配合，单片机应用系统设计中，软、硬件工作具有密切的相关性。

通过调查研究，确定应用系统的功能、技术指标，软、硬件指令性方案，分工后系统的硬件设计与软件设计可并行。

硬件电路检查分两步进行：硬件电路检查与硬件系统诊断，硬件电路检查在开发系统外进行，主要检查电路制作是否正确无误；硬件系统诊断在开发系统上进行，用开发系统的仿真头代替应用系统中的单片机，在开发系统输入各种诊断程序来检查应用系统中各部分是否正确。

系统软件结构方案确定后，软件的编制可根据开发系统的功能，利用交叉汇编屏幕编辑或手工编制，编制好的程序通过自动生成或手工翻译成目标程序后送入开发系统进行软件调试。

所有模块化软件调试完毕后要进行链接工作，链接成一个完整的系统应用软件。软件链接调试时，要规范化，并重新修改 ROM、RAM 区域规则。

链接调试完毕的系统应用软件固化在 EPROM 中，然后可进行脱机（脱离开发系统）运行。在一般情况下，应能正常运行，但有时却不能，因此还需要做必需的检查调试。当脱机不能正常运行时，要考虑实际电路与仿真环境的差异。

11.2 应用系统结构及其设计内容

大多数情况下，单片计算机用来构成工业测、控系统，其应用系统的硬件设计不只限于计算机系统设计，还涉及多方位接口和多种类型的电路结构，如模拟电路、伺服驱动电路等。因此，单片机应用系统硬件中所涉及的问题远比计算机系统要复杂得多。

11.2.1 应用系统的结构特点

1. 单片机应用系统是一个工业测、控系统

从这一观念出发，单片机应用系统应满足下列条件。

(1) 大量的测、控接口，这些测、控接口及测、控功能电路配置和测控要求与测控对象密切相关。测、控接口及测、控功能电路配置在很大程度上决定了应用系统的技术性能，如 A/D、D/A 的精度、响应速度等。

(2) 必须适应现场环境要求，计算机系统及接口电路设计、配置必须考虑到应用系统安放的环境要求。例如煤矿监测系统中安放在井下的测、控子站，必须按照井下的环境设计，为此，其传感器及传感器接口尽可能采用数字系统即数字传感器。

(3) 要求从事单片机应用系统研制的技术人员通晓测、控技术。随着计算机芯片技术的发展，计算机硬件系统的设计难度会日渐减少，因此，单片机应用系统的研制工作会逐渐从计算机专业部门转向各个科技领域；从计算机专业人员转向各行各业的专业技术人员。计算机应用技术人员要迅速渗透到自动控制、测控技术、仪表电器、精密机械、制造工程等领域。

2. 单片机应用系统是一个模拟—数字系统

(1) 单片机应用系统中，模拟部分与数字部分的功能是硬件系统设计的重要内容，它涉及应用系统研制的技术水平及难度。例如在传感器通道中，为了提高抗干扰能力，尽可能采用频率输出的数字信号，而为了提高响应速度，往往不得不用模拟信号的 A/D 转换接口。

(2) 在这种模拟—数字系统中，模拟电路、数字逻辑电路功能与计算机的软件功能分工设计是应用系统设计的重要内容。计算机指令系统的运算、逻辑控制功能使得许多模拟、数字逻辑电路都可以依靠计算机的软件实现。因此，模拟、数字电路的分工与配置，应用系统中硬件功能与软件功能的分工与配置必须慎重考虑。用软件实现具有成本低，电路系统简单等优点，但是响应速度慢，占 CPU 工作时间。哪些功能由软件实现，哪些功能由硬件实现并无一定之规，它与微电子技术、计算机外围芯片技术发展水平有关，但常受到研制人员专业技术能力的影响。

(3) 要求应用系统研制人员不只是通晓计算机系统的扩展与配置，还必须了解数字逻辑电路、模拟电路及在这些领域中的新成果、新器件，以便获得最佳的模拟、数字逻辑计算机应用系统设计。

3. 物理结构灵活

单片机芯片技术的发展，使得单个芯片的计算机规模越来越大，功能越来越强，CMOS 工艺制作的芯片功耗越来越小。因此，用单片机构成应用系统越来越方便，技术难度越来越小，成本越来越低。

(1) 成本低，可大量配置。大量机械设备为了电子化、智能化，采用了单片机应用系统，实现了产品的升级换代而成本费用增加不多。

(2) 体积小，可靠性好。体积小加上低功耗特点，使单片机应用系统可与对象结合成一体构成智能系统，如智能传感器、智能接口等。

(3) 构成系统容易。单片机大多有串行接口及并行扩展接口，很容易构成各种规模的多机系统及网络系统，中、大规模的测控系统。

11.2.2 应用系统的典型通道接口

实际中，一般一个完整的单片机应用系统是由前向通道、后向通道、人机对话通道及计算机相互通道组成。

1. 前向通道及其特点

前向通道是单片机应用系统与采集对象相连接的部分，是应用系统的输入通道，有以下特点：

(1) 与现场采集对象相连，是现场干扰进入的主要通道，是整个系统抗干扰设计的重点部位；

(2) 由于所采集的对象不同，有开关量、模拟量、频率量等，而这些都是由安放在测量现场的传感、变换装置产生的，许多参量信号不能满足计算机输入的要求，故有大量的、形式多样的信号变换、调节电路，如测量放大器、I/F 变换、V/F 变换、A/D 转换、放大、整形电路等；

(3) 是一个模拟、数字混合电路系统，其电路功耗小，一般没有功率驱动要求。

2. 后向通道及其特点

后向通道是应用系统的伺服驱动控制通道，具有以下特点：

(1) 是应用系统的输出通道，大多数需要功率驱动；

(2) 靠近伺服驱动现场，伺服控制系统的大功率负荷易从后向通道进入计算机系统，故后向通道的隔离对系统的可靠性影响极大；

(3) 根据输出控制的不同要求，后向通路电路多种多样，有模拟电路、数字电路、开关电路等，有电流输出、电压输出、开关量输出及数字量输出等。

3. 人机对话通道及其特点

单片机应用系统中的人机对话通道是用户为了对应用系统进行干预及了解应用系统运行状态所设置的通道，主要有键盘、显示器、打印机等通道接口，其特点有以下几点。

(1) 由于通常的单片机应用系统大多是小规模系统，因此，应用系统中的人机对话通道及人机对话设备的配置都是小规模的。如微型打印机、功能键、拨盘开关、LED/LCD 显示器等。若需要高水平的人机对话配置，如宽行打印机、磁盘、标准键盘等，则往往将单片机应用系统通过总线与通用计算机相连，共享通用计算机的外围人机对话资源。

（2）单片机应用系统中，人机对话通道及接口大多数采用总线形式，与计算机系统扩展密切相关。

（3）人机通道接口一般都是数字电路，电路结构简单，可靠性好。

4. 相互通道接口及特点

单片机应用系统的相互通道是解决计算机系统间相互通信的接口，要组成较大的测、控系统，相互通道接口是不可少的。有如下特点：

（1）中、高档单片机大多设有串行口，为构成应用系统的相互通道提供了方便条件；

（2）单片机本身的串行口只给相互通道提供了硬件结构及基本的通信工作方式，并没有提供标准的通信规程，利用单片机串行口构成相互通道时，要配置较复杂的通信软件；

（3）很多情况下，采用扩展标准通信控制芯片来组成相互通道，例如用扩展 8250、8251、SIO、8273、MC6850 等通信控制芯片来构成相互通道接口；

（4）相互通道接口都是数字电路系统，抗干扰能力强，但大多数都需长线传输，故要解决长线传输驱动、匹配、隔离等问题。

11.2.3 应用系统设计内容

单片机应用系统设计包含硬件设计与软件设计两部分，设计内容有以下几点。

（1）系统扩展。通过系统扩展，构成一个完整的单片机系统，它是单片机应用系统中的核心部分。系统的扩展方法、内容、规模与所选用的单片机系列，以及供应状态有关。不同系列的单片机，内部结构、外部总线特征均不相同。

（2）通道与接口设计。由于这些通道大都是通过 I/O 口进行配置的，与单片机本身联系不甚紧密，故大多数接口电路都能方便地移植到其他类型的单片机应用系统中去。

（3）系统抗干扰设计。抗干扰设计要贯穿在应用系统设计的全过程。从总体方案、器件选择到电路系统设计，从硬件系统设计到软件程序设计，从印刷电路板到仪器化系统布线等，都要把抗干扰设计列为一项重要工作。

（4）应用软件设计。应用软件设计是根据单片机的指令系统功能及应用系统的要求进行的，因此，指令系统功能好坏对应用系统软件设计影响很大。目前各种单片机指令系统各不相同，极大地阻碍了单片机技术的交流与发展。

11.3 水塔水位控制

11.3.1 水塔水位控制原理

单片机水塔水位控制原理如图 11-1 所示。图中虚线代表水塔中水位位置，正常情况下

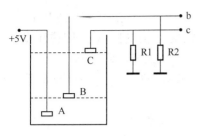

图 11-1 水塔水位控制原理

应保证水位在上下限水位之间。在水塔内部不同高度安装 3 根金属棒，以探知水位变化情况。其中 R 棒处于下限水位，C 棒处于上限水位，A 棒处于 B 棒之下并与 +5 V 电源相接，B 棒、C 棒各通过电阻与地相接。

水塔水位的控制是由电动机带动水泵进行供水，单片机控制电动机转动以达到对水位的控制目的，泵供水时水位上升，当达到水位上限时，由于水的导电作用，B 棒、C 棒连通 +5 V 电源。因此 b、c 两端为 1 状态，这时应停止电机运行，水泵不再给水塔供水。

当水位低于下限时，B 棒、C 棒都不能与 A 棒导电，因此 b、c 两端均为 0 状态，这时应启动电机，带动水泵工作，给水塔供水。

当水位处于上、下限之间时，B 棒与 A 棒导通，C 棒与 A 棒不导通，b 端为 1 状态，c 端为 0 状态。这时，无论电机已带动水泵给水塔加水，使水位上升，还是电机没有工作，用水使水位下降，都应继续维持电机的原有工作状态。

11.3.2 水塔水位控制电路与软件设计

1. 控制电路设计

采用 89C51 单片机设计控制电路，控制电路如图 11-2 所示。

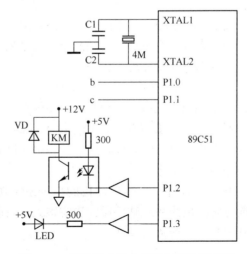

图 11-2 单片机水塔水位控制硬件原理图

两个水位信号分别由 P1.0 和 P1.1 输入，共有四种组合。控制信号由 P1.2 端输出，P1.2 端输出低电平时电机运行，P1.2 端输出高电平时，电机停止。为提高控制的可靠性，使用光电耦合器。由 P1.3 输出报警信号，驱动一只发光二极管进行光报警。

水位控制的四种组合形式如表 11-1 所示，其中第三种形式在正常情况下不可能出现，所以作为一种故障处理。

表 11-1　水位控制的四种工作形式

P1.1	P1.0	P1.2	P1.3	备注
0	0	0	1	供水
0	1	维持	1	维持
1	0	1	0	报警、停止供水
1	1	1	1	停止供水

2. 软件设计

按照水位控制的工作原理和控制电路的配置，程序流程图如图 11-3 所示。

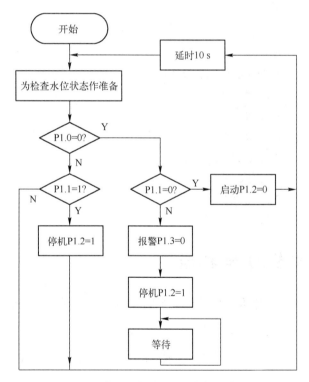

图 11-3　单片机水塔水位控制软件流程图

编程如下。

```
        ORG     0000H
        AJMP    LOOP
        ORG     0100H
```

```
LOOP:   ORL     P1, #03H        ; 为检查水位状态作准备
        MOV     A, P1           ; 读入状态信号
        JNB     ACC.0, ONE      ; P1.0=0 则跳转
        JB      ACC.1, TWO      ; P1.0=1, P1.1=1 则跳转
BACK:   ACALL   D10S            ; 延时 10 s
        SJMP    LOOP
ONE:    JNB     ACC.1, THREE    ; P1.1=0 则跳转
        CLR     P1.3            ; P1.3←0, 启动报警
        SETB    P1.2            ; P1.2←1, 停止电机工作
FOUR:   SJMP    FOUR            ; 等待处理
THREE:  CLR     P1.2            ; 启动电机
        SJMP    BACK
TWO:    SETB    P1.2            ; 停止电机工作
        SJMP    BACK
```

延时子程序 D10S（延时 10 s，晶振 4 MHz）：

```
D10S:   MOV     R3, #32H
LOOP3:  MOV     R1, #85H
LOOP1:  MOV     R2, #0FAH
LOOP2:  DJNZ    R2, LOOP2
        DJNZ    R1, LOOP1
        DJNZ    R3, LOOP3
        RET
```

11.4 交通信号灯模拟控制

交通信号灯的控制是单片机应用中最基本的应用之一。现就交通信号灯的自动控制电路原理叙述如下。

11.4.1 交通信号灯模拟控制的硬件设计

交通信号灯模拟控制的硬件电路如图 11-4 所示。从图中可以看出，交通信号灯的控制通过单片机的 P1 口实现。P1.0、P1.1、P1.2 用来控制东西向的信号灯，P1.3、P1.4、P1.5 用来控制南北向的信号灯。当端口给出高电平时，相应的指示灯才亮；而当端口给出低电平时，相应的指示灯处于灭的状态。

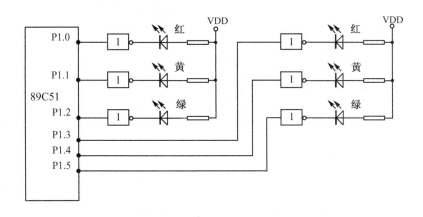

图 11-4 交通信号灯模拟控制的硬件电路

11.4.2 交通信号灯模拟控制的软件设计

交通信号灯模拟控制的软件设计也比较简单。其基本思路是利用软件延时，对相应信号灯的点亮时间加以控制，软件延时时间为 0.5 s。

下面介绍某一交通岗信号灯的控制软件，东西向为主线路，通行时间为 60 s，而南北向为支线路，通行时间为 40 s。设系统时钟为 f_{osc} = 12 MHz，程序如下：

```
            ORG    0000H
            LJMP   START
            ORG    0030H
START:      MOV    P1, #00H      ;信号灯初始状态全灭
            SETB   P1.2          ;亮东西向绿灯，东西向放行
            SETB   P1.3          ;亮南北向红灯，南北向禁止通行
            MOV    R4, #72H      ;延时 57 s
LP1:        LCALL  DL
            DJNZ   R4, LP1
            CLR    P1.2          ;熄灭东西向绿灯
            SETB   P1.1          ;点亮东西向黄灯
            MOV    R4, #06H      ;延时 3 s
LP2:        LCALL  DL
            DJNZ   R4, LP2
            MOV    P1, #00H
            SETB   P1.0          ;东西向红灯亮，禁止东西向通行
```

```
            SETB    P1.5                ;点亮南北向绿灯,南北向放行
            MOV     R4,#4AH             ;延时37 s
    LP3:    LCALL   DL
            DJNZ    R4,LP3
            CLR     P1.5                ;熄灭南北向绿灯
            SETB    P1.4                ;点亮南北向黄灯
            MOV     R4,#06H             ;延时3 s
    LP4:    LCALL   DL
            DJNZ    R4,LP4
            MOV     P1,#00H
            LJMP    START               ;重新开始下一个周期
    DL:     MOV     R7,#05H             ;0.5 s软件延时子程序
    DL1:    MOV     R6,#0C8H
    DL2:    MOV     R5,#0FAH
            DJNZ    R5,$
            DJNZ    R6,DL2
            DJNZ    R7,DL1
            RET
            END
```

11.5 火灾报警控制系统

11.5.1 火灾报警控制系统工作原理

火灾报警控制系统是在火灾初起时,通过报警通知人员抢救,将火灾消灭在萌芽状态,从而避免重大损失,是目前公共场合常用的一种消防设备。

火灾报警控制系统由测温传感器、测温电路、测烟传感器、测烟电路和控制电路组成。当所检测环境温度超过规定温度时,产生温升信号,发出温升报警;当有烟雾信号产生时,发出烟雾报警;当两信号同时产生时,就认为有火灾发生,发出火灾报警信号。

火灾报警控制电路要求比较严格,为防止传感器到控制电路之间发生电力断线、接触不良、传感器丢失等问题,设有电路故障自动检测回路。当发生上述情况之一时,电路故障监测系统发出电路故障报警,以防止火灾报警失误。

向系统定时输出一个矩形波,然后在信号检测端监测该信号的变化。图11-5所示为电路故障监测和火灾探测工作波形图,电路故障监测和火灾探测是分时进行操作的。

显然,在检查线上输出矩形波,在该波形的高电平期间,进行电路故障监测。此时检测信号线上的变化,如果信号线上输出高电平,表明电路无故障,否则有故障。根据信号线的

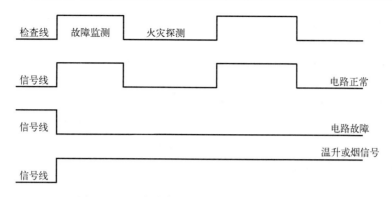

图 11-5 电路故障监测和火灾探测工作波形图

不同来区分测温电路故障还是测烟电路故障。

在检查线输出的矩形波低电平期间,进行火灾探测,此时监测信号线的变化,如果测温信号线为高电平,则进行温升报警;如果测烟信号线为高电平,则要进行烟雾报警;如果两个信号线均为高电平,则认为有火灾发生,进行火灾报警;如果两个信号线均为低电平,则表明正常,不报警。

11.5.2 火灾报警控制电路与软件设计

1. 硬件电路设计

如图 11-6 所示电路为由 8031 和 2732 构成的单片机控制火灾探测系统原理图,P1 口用于进行各种检测与报警输出,具体功能安排如下。

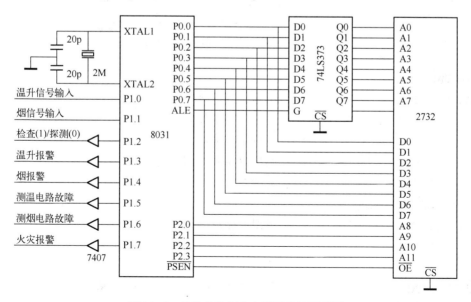

图 11-6 单片机控制火灾探测系统原理图

P1.0——测温信号输入端；

P1.1——测烟信号输入端；

P1.2——检测电路故障（高电平）输出信号端；探测火灾（低电平）输出信号端；

P1.3——温升报警输出端（低电平有效）；

P1.4——烟报警输出端（低电平有效）；

P1.5——测温电路故障报警输出端（低电平有效）；

P1.6——测烟电路故障报警输出端（低电平有效）；

P1.7——火灾报警输出端（低电平有效）。

2. 软件设计

程序流程图如图 11-7 所示。

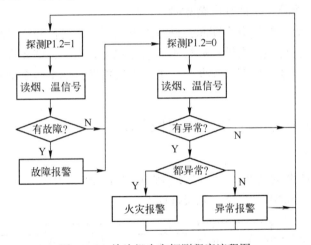

图 11-7　单片机火灾探测程序流程图

编程如下。

```
MAIN:   SETB    P1.2            ;电路故障监测阶段
        JNB     P1.0, D1        ;测温电路故障则跳转
        SETB    P1.5            ;无测温故障
        JNB     P1.1, D2        ;测烟电路故障则跳转
        SETB    P1.6            ;无测烟故障
        SJIMP   D3
DI:     CLR     P1.5            ;测温电路故障报警
        SJMP    D3
D2:     CLR     P1.6            ;测烟电路故障报警
D3:     ACALL   YS              ;延时子程序
        CLR     P1.2            ;温、烟探测阶段
```

```
        JB      P1.0, D4        ; 有温升信号跳转
        SETB    P1.3            ; 无温升
        JB      P1.1, D5        ; 有烟信号跳转
        SETB    P1.4            ; 无烟
        SJMP    D7
D4:     JB      P1.1, D6        ; 同时有烟信号
        SETB    P1.7            ; 无火灾
        CLR     P1.3            ; 温升报警
        SJMP    D7
D5:     CLR     P1.4            ; 有烟报警
        SJMP    D7
D6:     CLR     P1.7            ; 火灾报警
D7:     ACALL   YS              ; 延时子程序
        SJMP    MAIN            ; 循环
```

值得注意的是，本设计中只考虑了火灾报警等基本功能，单片机的很多功能还没有得到充分的利用与开发，例如在无人值守的情况下，可以根据火灾现场情况引爆不同的灭火设施，同时可以利用串行通信功能构成网络，设置拨打火灾电话等功能。

11.6 步进电动机控制

步进电动机是工业过程控制及仪表控制的主要控制元件之一。步进电动机有几个显著特点：
（1）步进电动机可以直接接受数字信号，而无须模/数变换；
（2）步进电动机具有快速启、停控制能力，可在瞬间实现启动和停止；
（3）步进电动机具有精度高的特点，步距角为 $0.36°\sim 90°$；
（4）定位准确。

常用的步进电动机有三相、四相、五相、六相四种，本节以三相反应式步进电动机为例，介绍其控制原理及程序设计。

11.6.1 步进电动机控制原理

1. 步进电动机控制原理

三相步进电动机定子上有 6 个磁极，每两个相对磁极上绕有一相绕组，定子的三相绕组即为控制绕组，以 A、B、C 表示。定子两个磁极之间的夹角为 60°，各磁极上还有 5 个均匀分布的矩形小齿。电动机转子上没有绕组，它上面有 40 个矩形小齿均匀分布在圆周上，相邻两个齿之间的夹角（即齿距角）为 9°。

当某相绕组通电时,相应的两个磁极就分别形成 N-S 极,产生磁场,并与转子形成磁路。如果这时定子的小齿与转子的小齿没有对齐,则在磁场的作用下,转子将转动一定的角度,使转子齿与定子齿对齐,从而使步进电机向前"走"一步。

转子走一步所转过的角度称为步距角 θ_b,定子从一种通电状态变换到另一种通电状态,叫做一"拍",转子每一拍转过一个 θ_b,定子的通电状态循环改变一次所包含的状态数称为拍数 N,拍数 N 与步距角 θ_b 的乘积为一个齿距角 θ_t,即

$$\theta_t = 360°/Z_r = \theta_b N$$

式中:Z_r 为转子齿数,通常拍数 $N=m$ 或 $N=2m$(m 为相数),因此有

$$\theta_b = 360°/(Z_r N)$$

三相步进电动机的通电方式有以下几种:

单三拍　　　→A──→B──→C──┐
　　　　　　└──────────────┘

双三拍　　　→AB──→BC──→CA──┐
　　　　　　└──────────────┘

六拍　　　→A→AB──→B→BC──→C→CA──┐
　　　　　└────────────────────┘

如果按 A→B→C→A 顺序不断接通和断开控制绕组,转子就会一步一步地连续转动,转动的角度大小等于步距角×步数(即脉冲数),其转速取决于控制绕组的通电、断电的频率,即

$$n = 60f\theta_b/360° = 60f/(Z_r N)$$

旋转方向取决于控制绕组轮流通电的顺序,当通电顺序与上述相反时,则步进电动机变为反方向旋转。

单三拍、双三拍的步距角为 3°,六拍的步距角为 1.5°。因此,在六拍下,步进电动机的运行平稳柔和,但在同样的运行角度和速度下,六拍驱动脉冲的频率提高一倍,对驱动开关管的开关特性要求较高。

2. 步进电动机的驱动方式

步进电动机常用的驱动方式是全电压驱动,即在电动机移步与锁存时都加载额定电压。为防止电动机过流及改善驱动特性,需加限流电阻。由于步进电动机锁步时,限流电阻要消耗大量的功率,因此限流电阻要有较大的功率容量,并且开关也要有较高的负载能力。全电压驱动适用于小功率步进电动机,如图 11-8 所示。

步进电动机的另一种驱动方式是高低压驱动,即在电动机移步时加额定或超过额定值的电压,以便在较大电流下驱动,使电动机快速移步。而在锁步时则加低于额定值的电压,只让电机绕组流过锁步所需的电流值。这样既可以减少限流电阻的功率消耗,又可以提高电动

机运行速度,但这种驱动方式的电路要复杂些,如图 11-9 所示。

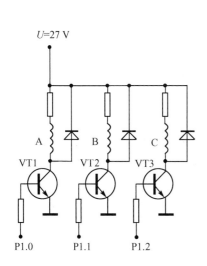

图 11-8 全电压驱动方式

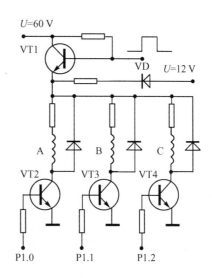

图 11-9 高低压驱动方式

当电动机移步时,除向 VT2、VT3、VT4 发出相应控制信号外,还应使 VT1 导通。+60 V 驱动电压经过 VT1 加到步进电动机相应绕组上,实现高压移步。经过一段时间延迟后,令 VT1 关闭,这样锁步电压就经 VD 加到步进电动机相应绕组上,实现低压移步。

高低压驱动方式适合于中、大功率步进电动机。驱动脉冲的分配可以使用硬件方法,即使用脉冲分配器实现;也可以使用软件方法,即使用单片机以软件方式驱动步进电动机。

11.6.2 步进电动机接口技术与软件设计

由单片机控制步进电动机,主要任务是把二进制的控制字(即通电状态)变成脉冲序列后输入给步进电动机。由步进电动机的控制原理可知,每输入一个脉冲,电动机沿选择的方向就前进一步,改变 A、B、C 的通电顺序,可改变电动机的转动方向;改变步数(即脉冲数)可以控制步进电动机的转动角度;改变脉冲频率,可以改变步进电动机的转动速度。

综上所述,步进电动机程序设计的主要任务是:
(1) 判断旋转方向;
(2) 按相序确定控制字;
(3) 按顺序输入控制字,即传送控制脉冲序列;
(4) 控制步数。

图 11-10 给出了三相步进电动机与 89C51 单片机的接口电路。设步进电机为三相双三拍

工作方式,电动机 A、B、C 三相绕组分别接于单片机的 P1.0、P1.1 和 P1.2,其工作方式和控制字如表 11-2 所示。

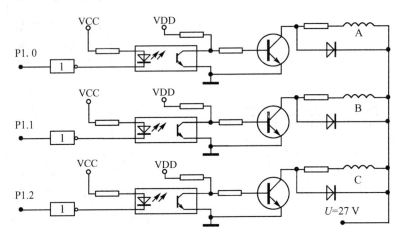

图 11-10 三相步进电动机与 89C51 单片机的接口电路

图中,P1.0、P1.1、P1.2 分别经光电耦合和驱动电路再加到 A、B、C 三相电动机绕组上。根据表 11-1,设单三拍相序为→A→B→C→,双三拍相序为→AB→BC→CA→,六拍相序为→A→AB→B→BC→C→CA→时电机正转,反之,电机反转。

表 11-2 三相步进电动机工作方式及控制字

方式	步序	P1.2 (C 相)	P1.1 (B 相)	P1.0 (A 相)	通电绕组	控制字
三相单三拍式	1 步	0	0	1	A 相	01H
	2 步	0	1	0	B 相	02H
	3 步	1	0	0	C 相	04H
三相双三拍式	1 步	0	1	1	AB 相	03H
	2 步	1	1	0	BC 相	06H
	3 步	1	0	1	CA 相	05H
三相六拍方式	1 步	0	0	1	A 相	01H
	2 步	0	1	1	AB 相	03H
	3 步	0	1	0	B 相	02H
	4 步	1	1	0	BC 相	06H
	5 步	1	0	0	C 相	04H
	6 步	1	0	1	CA 相	05H

三相双三拍驱动程序流程图如图 11-11 所示。

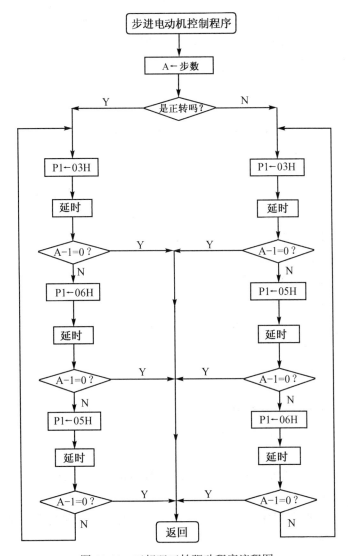

图 11-11 三相双三拍驱动程序流程图

软件驱动程序如下：

```
        ORG 2000H
ROUT1:  MOV  A, #N         ;步数 N 送 A
        JNB  00H, LP2      ;00H 位为 1 正转，为 0 则反转
LP1:    MOV  P1, #03H      ;正向，第一拍
```

```
            ACALL  DL           ;延时
            DEC    A            ;步数减1
            JZ     DONE         ;(A)=0,返回
            MOV    P1,#06H      ;正向,第二拍
            ACALL  DL
            DEC    A            ;步数再减1
            JZ     DONE         ;(A)=0返回
            MOV    P1,#05H      ;正相,第三拍
            ACALL  DL
            DEC    A
            JNZ    LP1          ;步数不够,返回到正转开始
            AJMP   DONE         ;(A)=0,则返回
    LP2:    MOV    P1,#03H      ;反转,第一拍
            ACALL  DL
            DEC    A
            JZ     DONE
            MOV    P1,#05H      ;反转,第二拍
            ACALL  DL
            DEC    A
            JZ     DONE
            MOV    P1,#06H      ;反转,第三拍
            ACALL  DL
            DEC    A
            JNZ    LP2          ;步数不够,继续反转
    DONE:   RET
    DL:     延时子程序           ;改变延时时间,即改变了脉冲的频率
            RET
```

假设图 11-10 所示接口电路所接步进电动机为三相六拍驱动,并设正转驱动相序为 A→AB→B→BC→C→CA→A,反转驱动相序为 A→CA→C→BC→B→AB→A。再把控制字组成一个表,通过查表法查找控制字,采用循环程序设计可大大简化程序。图 11-12 给出了三相六拍步进电动机驱动程序流程图。

三相六拍步进电动机驱动程序如下:

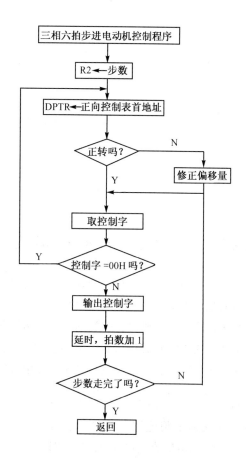

图 11-12 三相六拍步进电动机驱动程序流程图

```
        ORG     2000
ROUT1:  MOV     R2, #N          ;步数送 R2
LP0:    MOV     R3, #00H
        MOV     DPTR, #TAB      ;控制字表首地址
        JNB     00H, LP2        ;(00H)=1, 正转, 否则, 反转
LP1:    MOV     A, R3           ;查表偏移量送 A
        MOVC    A, @A+DPTR      ;查表取控制字
        JZ      LP0             ;控制字为 0 表示已走完六拍, 返回
        MOV     P1, A           ;控制字送 P1 口, 步进一步
        ACALL   DL              ;延时
        INC     R3              ;偏移量加 1（拍数加 1）
        DJNZ    R2, LP1         ;步数减 1, 判别步数到否
```

```
                RET
LP2:    MOV     A, R3           ; 查表偏移量送 A
        ADD     A, #07H         ; 修正偏移量, 查反向控制字
        MOV     R3, A           ; 偏移量保存在 R3 中
        AJMP    LP1
DL:     延时子程序               ; 可改变延时时间
        RET
TAB:    DB      01H, 03H, 02H, 06H, 04H, 05H, 00H; 正转, 00H 作为结束标志
        DB      01H, 05H, 04H, 06H, 02H, 03H, 00H; 反转, 00H 作为结束标志
        END
```

11.7 电力系统负载电流的数据采集与远端再现

在电力系统中，为了保证系统的安全运行，经常需要对电力系统的参数进行监测。而有时由于工业现场的原因，要做到实时监测却很难。比如，要对电力系统的负载电流进行实时监测，而主监控室距离电力线又较远，为解决这一类的问题，可以先将电力系统负载电流的大小进行数据采集，然后再通过数据通信方式将采集下来的负载电流数据远传到远端的主监控室；在主监控室里，再将这一负载电流的数据还原成与真实负载电流完全一致的模拟电流。

11.7.1 电力系统负载电流的数据采集

电力系统负载电流单相数据采集电路原理图如图 11-13 所示。图中所选用的 A/D 转换器为 MAX197。实际中，要对三相交流负载电流进行监视，也就是还需要对其他两相和中性线进行监视，所以，实际要使用 MAX197 的 4 个模拟输入通道。由于 MAX197 是 12 位 A/D 转换器，所以其转换精度可达到最大负载电流峰值的 1/4096。

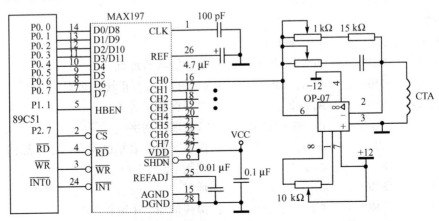

图 11-13 电力系统负载电流单相数据采集电路原理图

由图中可以看出,MAX197 使用的是内部参考电压,内部时钟方式,外部控制采集模式。下面给出了与之配套的完整的软件程序:

```
            ORG     0000H
            LJMP    Start
            ORG     000BH
            LJMP    T0INT
            ORG     0100H
    Start:  MOV     SP, #80H
            MOV     IE, #82H        ; 允许 T0 中断
            MOV     2FH, #0EFH      ; 串行口通信同步信号
            MOV     SCON, #0C0H     ; 串行口工作在模式 3
            MOV     RCAP2H, #0FFH   ; 设定波特率为 172.8 kbit/s
            MOV     RCAP2L, #0FEH
            MOV     TH2, #0FFH
            MOV     TL2, #0FEH
            MOV     T2CON, #34H     ; 将 T2 设为波特率发生器,并启动 T2 计数
            MOV     TMOD, #01H      ; T0 作为定时器,工作在模式 1
            MOV     TH0, #0FDH      ; 定时时间为 625μs
            MOV     TL0, #0C0H
            SETB    TR0             ; 启动定时器 T0 计数
            MOV     DPTR, #7FFF     ; 指向 A/D 端口
    WAIT:   SJMP    WAIT            ; 等待定时中断
    T0INT:  MOV     TH0, #0FDH      ; 定时 625μs
            MOV     TL0, #0C0H
            CLR     P1.1            ; 指向 A/D 转化结果的低 8 位
            MOV     A, #5BH         ; 控制字送 MAX197
            MOVX    @DPTR, A
            MOV     R2, #05H        ; 等待 A/D 转化完毕
            DJNZ    R2, $
            MOVX    A, @DPTR        ; 读入 A/D 转化结果的低 8 位
            SETB    P1.1            ; 指向 A/D 转化结果的高 4 位
            MOV     30H, A          ; 存入 A/D 转化结果的低 8 位
            MOVX    A, @DPTR        ; 读入 A/D 转化结果的高 4 位
            CPL     ACC.3           ; 符号处理
            MOV     31H, A          ; 存入 A/D 转化结果的高 4 位
```

```
            MOV     R0, #2FH            ;发送采集数据
            MOV     R3, #03H
    LP:     MOV     SBUF, @R0
            JNB     TI, $               ;等待发送完毕
            CLR     TI
            INC     R0
            DJNZ    R3, LP              ;没有发送完毕,则继续发送
            RETI
            END
```

11.7.2 电力系统负载电流的远端再现

图 11-14 给出了与图 11-13 相配套的电力系统负载电流的远端再现电路原理图。图中所选用的 D/A 转换器为 MAX508,并且,图中同样也只给出了单相负载电流的远端再现电路原理图。实际中,要对三相交流负载电流进行监视,也就是还需要对其他两相和中性线进行监视,所以,实际要使用 4 片 MAX508 进行三相负载电流和一个中性线的同步 D/A 再现恢复。因为由串行口接收到的数据为 12 位,所以其转换精度可达最大峰值电流的 1/4096。

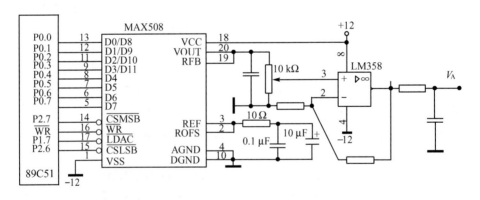

图 11-14 电力系统负载电流的远端再现电路原理图

下面是与图 11-14 相配套的完整的软件程序:

```
            ORG     0000H
            LJMP    MAIN
            ORG     0023H
            LJMP    SIO
            ORG     0030H
    MAIN:   MOV     SP, #70H
```

```
        MOV     IE, #90H            ; 允许串行口中断
        MOV     SCON, #0D0H         ; 串行口工作在模式 3，且允许接收
        MOV     RCAP2L, #0FEH       ; 波特率为 172.8 kbit/s
        MOV     RCAP2H, #0FFH
        MOV     TL2, #0FEH
        MOV     TH2, #0FFH
        MOV     T2CON, #34H         ; 设 T2 为波特率发生器
WAIT:   SJMP    WAIT
SIO:    JNB     RI, $
        CLR     RI
        MOV     A, SBUF
        CJNE    A, #0EFH, SIO
        MOV     R0, #30H
        MOV     R7, #02H
SIO1:   JBC     RI, SIO2            ; 接收到有效数据，则跳
        SJMP    SIO1
SIO2:   MOV     @R0, SBUF           ; 存入已接收到的有效数据
        INC     R0
        DJNZ    R7, SIO1
        MOV     DPTR, #7FFFH        ; 指向高 4 位 D/A 端口
        MOV     A, 31H              ; 读出 D/A 转换数据的高 4 位
        MOVX    @DPTR, A            ; 送出 D/A 转换数据的高 4 位
        MOV     A, 30H              ; 读出 D/A 转换数据的低 8 位
        MOV     DPTR, #3FFFH        ; 指向低 8 位 D/A 端口
        MOVX    @DPTR, A            ; 送出 D/A 转换数据的低 8 位
        CLR     P1.7                ; 将 D/A 转换数据锁存到 DAC 锁存器
        SETB    P1.7
        RETI
        END
```

11.8 倒计时器的设计

在实际应用当中，倒计时器随处可见。比如在中国香港回归和中国澳门回归时，大陆同胞以设立倒计时器的方式来表示期盼中国香港和中国澳门回归祖国的迫切心情，并极大地激发了祖国大陆同胞的爱国热情。而在学校里又经常有迎接重要赛事的倒计时，以提醒学生和老师对赛事的重视。本节就以迎接中国澳门回归的倒计时牌为例，介绍倒计时器的设计。

11.8.1 实时日历时钟芯片 DS12C887 简介

DS12C887 是具有并行接口的实时日历时钟芯片。它为 DIP24 脚封装,内嵌锂电池、石英晶体及其支持电路,具有秒、分、小时、日、星期、月、年计数功能,提供日历及报警时间的二进制和 BCD 码表示,具有 12 小时(上、下午指示)、24 小时计时功能,具有夏令时选择,具有摩托罗拉与英特尔器件时序选择,内含 128 B RAM (15 B 时钟与控制字节,113 B 的通用 RAM),可编成方波输出,具有总线兼容的中断信号,并有三种中断选择:报警中断、周期中断、更新结束中断。

1. 引脚描述

DS12C887 的引脚图如图 11-15 所示。现将其引脚描述说明如下。

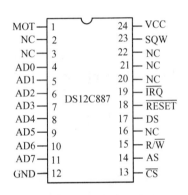

图 11-15 DS12C887 的引脚图

- AD0 ~ AD7:地址/数据分时复用线。
- NC:空脚。
- MOT:总线类型选择。接高电平,选择摩托罗拉时序,接低电平,选择英特尔时序。
- $\overline{CS}$:片选线。在对 DS12C887 操作期间,该位必须保持低电平,以处于选通状态。
- AS:地址选通信号。下降沿将地址锁存在 DS12C887 内部以选通其内部 RAM。
- $R/\overline{W}$:读/写控制信号。在英特尔时序下,$R/\overline{W}$ 用做写 $\overline{WR}$ 信号。
- DS:数据选通信号。
- $\overline{RESET}$:复位输入。要求复位时间应 ≥200 ms。
- $\overline{IRQ}$:中断请求输出信号。只要内部所允许的中断信号存在,它就保持在低电平上。
- SQW:方波输出信号。
- VCC:+5 V 主电源。一般要求 VCC ≥ +4.25 V。
- GND:地。

2. 控制寄存器与内部 RAM

图 11-16 给出了 DS12C887 的地址分配图。从图中可以看出,DS12C887 内部共有 128B RAM 可用。

1) 时间、日历和报警数据位置分配

表 11-3 给出了时间、日历和报警数据位置分配分布情况。在表中可以清楚地看到,任何一个数据都有两种给出方式:二进制和 BCD 码形式。其他说明从略。

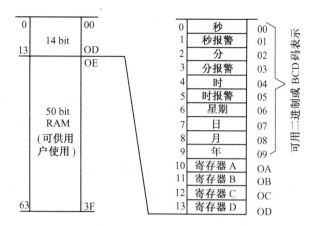

图 11-16 DS12C887 的地址分配图

表 11-3 时间、日历和报警数据位置分配分布情况

地址	功能	十进制范围	范围	
			二进制数据模式	BCD 码模式
0	秒	0~59	00~3B	00~59
1	秒报警	0~59	00~3B	00~59
2	分	0~59	00~3B	00~59
3	分报警	0~59	00~3B	00~59
4	时十二进制	1~12	01~0C AM 81~8C PM	01~12 AM 81~92 PM
	时二十四进制	0~23	00~17	00~23
5	时报警十二进制	1~12	01~0C AM 81~8C PM	01~12 AM 81~92 PM
	时报警二十四进制	0~23	00~17	00~23
6	星期	1~7	01~07	01~07
7	日	1~31	01~1F	01~31
8	月	1~12	01~0C	01~12
9	年	0~99	00~63	00~99
50	世纪	0~99	NA	19~20

2）寄存器 A

寄存器 A 控制字的格式如下：

MSB							LSB
BIT7	BIT6	BIT5	BIT4	BIT3	BIT2	BIT1	BIT0
UIP	DV2	DV1	DV0	RS3	RS2	RS1	RS0

寄存器 A 的各位不受复位影响,且除 UIP 位外,其他各位均可读/写。

UIP:更新进行中状态标志。为 1 时,表示更新即将开始,为 0 表示更新至少在 244 μs 内不会进行,即该位为 0 时,时钟信息可读。

DV2、DV1、DV0:用来关断或是打开振荡器,并复位递减计数器组。当写入 010 时,下一次更新将在半秒后进行。

RS3、RS2、RS1、RS0:用来选择 15 级分频器中 13 个抽头的一个抽头或禁止分频器输出。抽头选择用来产生方波或周期中断。表 11-4 列出了与 RS 组合相对应的周期中断速率和方波输出频率。该 4 位的读/写不受复位信号影响。

表 11-4 周期中断速率和方波输出频率

寄存器 A 选择位				周期中断速率	SQW 方波输出频率
RS3	RS2	RS1	RS0		
0	0	0	0	None	None
0	0	0	1	3.906 25 ms	256 Hz
0	0	1	0	7.812 5 ms	128 Hz
0	0	1	1	122.070 μs	8.192 kHz
0	1	0	0	244.141 μs	4.096 kHz
0	1	0	1	488.281 μs	2.048 kHz
0	1	1	0	976.562 5 μs	1.024 kHz
0	1	1	1	1.953 125 ms	521 Hz
1	0	0	0	3.906 25 ms	256 Hz
1	0	0	1	7.812 5 ms	128 Hz
1	0	1	0	15.625 ms	64 Hz
1	0	1	1	31.25 ms	32 Hz
1	1	0	0	62.5 ms	16 Hz
1	1	0	1	125 ms	8 Hz
1	1	1	0	250 ms	4 Hz
1	1	1	1	500 ms	2 Hz

3) 寄存器 B

寄存器 B 控制字的格式如下:

MSB							LSB
BIT7	BIT6	BIT5	BIT4	BIT3	BIT2	BIT1	BIT0
SET	PIE	AIE	UIE	SQWE	DM	24/12	DSE

寄存器 B 可读可写，用于控制芯片的工作状态。

SET 位：芯片工作控制位。该位为 1 时，芯片停止工作，此时可对芯片进行初始化；该位为 0 时，芯片处于工作状态，每秒产生一个更新中断。

PIE、AIE、UIE 位：这三位分别是周期中断、报警中断、更新中断的允许控制位。当各位写入 1 时，将允许相应的中断。

SQWE 位：方波输出允许位。用来确定方波是否允许输出。

DM 位：时标数字给出方式位。用来选择时标以 BCD 码或二进制码的形式给出。

24/12 位：该位用来选择是二十四小时进制还是十二小时进制。

DSE 位：夏令时选择位。用来选择是否实行夏令时。

4) 寄存器 C

寄存器 C 控制字的格式如下：

MSB							LSB
BIT7	BIT6	BIT5	BIT4	BIT3	BIT2	BIT1	BIT0
IRQF	PF	AF	UF	0	0	0	0

寄存器 C 是芯片的状态寄存器，读之后，自动清零。

IRQF 位：中断申请标志位。其逻辑表达式为：IRQF=PF·PIE+AF·AIE+UF·UIE。当 IRQF 位变为 1 时，IRQF 脚变低，从而引发中断申请。

PF、AF、UF 位：这三位分别是周期中断、报警中断、更新结束中断标志位。只要满足中断条件，相应的中断标志位将置 1。

BIT3 ~ BIT0 位：保留位。读出值始终为 0。

5) 寄存器 D

寄存器 D 控制格式如下：

MSB							LSB
BIT7	BIT6	BIT5	BIT4	BIT3	BIT2	BIT1	BIT0
VRT	0	0	0	0	0	0	0

寄存器 D 为只读存储器，并不受复位影响。

VRT 位：内部数据有效指示位。该位的读出值应为 1；一旦读出值为 0，则指示内部锂电池电力不足，此时无法保证其内部数据的正确性。

BIT6 ~ BIT0 位：保留位。读出值始终为 0。

3. 硬件接口与软件设计

硬件接口与软件设计请参见 10.6.2 节和 10.6.3 节所述。

11.8.2　倒计时器的硬件电路设计

图 11-17 给出了倒计时器的硬件原理图。从图中可以看出，倒计时器的电路原理主要由

CPU 内核、实时日历时钟芯片和显示及其驱动电路三部分组成。

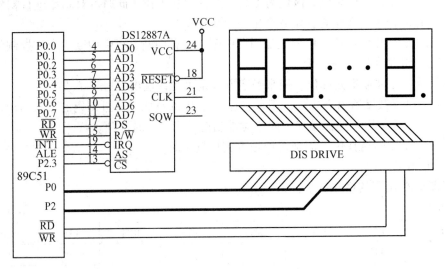

图 11-17　倒计时器的硬件原理图

11.8.3　倒计时器的软件设计

与图 11-17 配套的软件程序如下：

```
            ORG     0000H
            LJMP    MAIN
            ORG     000BH
            LJMP    ST0
            ORG     0013H
            LJMP    SINT1
            ORG     0030H
MAIN:       MOV     SP, #50H        ;对 CPU 进行初始化
            MOV     TMOD, #01H
            MOV     IE, #82H
            SETB    IT1             ;边沿触发中断
            MOV     TL0, #0B0H
            MOV     TH0, #3CH
            MOV     DPTR, #0F70AH   ;指向 DS12C887 之 A 寄存器
            MOV     A, #20H         ;对 DS12C887 进行初始化
            MOVX    @DPTR, A
```

```
            INC    DPTR                    ;指向 B 寄存器
            MOV    A, #12H                  ;更新中断，BCD，24 小时制，开始运行
            MOVX   @DPTR, A
            INC    DPTR                    ;指向 C 寄存器
            MOVX   A, @DPTR
            INC    DPTR
            MOVX   A, @DPTR
    START:  LCALL  KEYB                    ;等待特定时刻，按 A 键开始倒计时
            CJNE   A, #0AH, START
            MOV    IE, #86H
    STOP:   LCALL  KEYB                    ;键盘扫描程序
            JB     ACC.7, STOP
```
键处理程序在此从略。
```
    DIS:    MOV    R0, #38H                ;显示子程序
            MOV    R5, #08H
            MOV    41H, #1FH
    DIS1:   MOV    A, @R0
            MOV    DPTR, #TAB
            MOVC   A, @A+DPTR
            MOV    DPH, 41H
            MOVX   @DPTR, A
            INC    R0
            MOV    A, #20H
            ADD    A, 41H
            MOV    41H, A
            DJNZ   R5, DIS1
            RET
    TAB:    DB  3FH, 06H, 5BH, 4FH, 66H, 6DH, 7DH, 07H
            DB  7FH, 6FH, 77H, 7CH, 39H, 5EH, 79H, 71H
    KEYB:   CLR    P1.0                    ;键盘扫描子程序
            ...
            RET
    SINT1:  MOV    A, 3FH                  ;时钟中断子程序
            JNZ    GO0
            MOV    3FH, #09H
```

```
              LCALL  SUBR1
              SJMP   GO
       GO0:   DEC    A
              MOV    3FH, A
       GO:    LCALL  DIS
              MOV    DPTR, #0F70CH
              MOVX   A, @DPTR
              INC    DPTR
              MOVX   A, @DPTR
              RETI
       SUBR1: 倒计时减 1 处理程序
              ...
              RET
       ST0:   T0 定时中断程序
              ...
              RETI
              END
```

11.9 数字温度计的设计

利用单总线数字温度传感器 DS18B20 与 AT89C51 单片机的结合设计数字温度计,实现环境温度的实时采集和显示,环境温度不超过 99℃。DS18B20 是 Dallas 公司生产的具有单总线接口的数字化温度传感器,其测温范围为 -55 ~ 125℃,具有 0.5、0.25、0.125 和 0.0625 共 4 种转换精度可选择,具有体积小、测温精度高的特点。

11.9.1 数字温度计的硬件电路设计

数字温度计的硬件电路如图 11-18 所示。

单片机采用 AT89C51,单片机的 f_{osc} = 11.0592 MHz,3 位数码管用于显示环境温度,其中 1 号数码管显示温度值的个位,2 号数码管显示温度值的十位,3 号数码管显示温度的符号。温度为正时,符号位不显示;温度为负时,显示负号"-"。用 P1、P2 两个并行口控制 3 位数码管的显示,P1 口作段选口,P2 口作位选口,74LS541 是(三态输出、原码)八缓冲器/及线驱动器,DS18B20 的 DQ 线挂接在单片机的 P2.7 口线上,P2.7 口线作单总线,总线上接有 4.7 kΩ 的上拉电阻 R2。

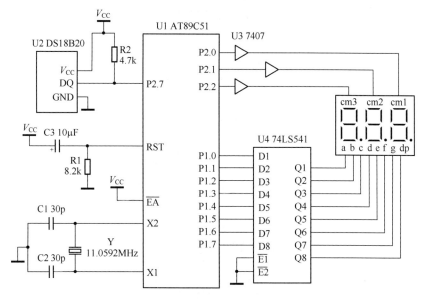

图 11-18 数字温度计电路图

11.9.2 数字温度计的软件设计

数字温度计需要不断循环采集温度传感器的测量结果,并将测出的温度值送显示器显示。根据图 11-18 所示电路,设计单片机与 DS18B20 之间的通信程序及显示程序,其系统的软件流程图如图 11-19 所示。

编写程序如下。

```
        DQ      EQU     P2.7
        ORG     0000H
        SJMP    START
        ORG     0030H
START:  MOV     SP, 60H         ;设置堆栈指针
MAIN:   LCALL   RESET           ;调复位 18B20 子程序
        MOV     A, #0CCH        ;发跳过 ROM 命令
        LCALL   WRITE           ;写一个字节子程序
        MOV     A, #44H          ;发启动温度转换命令
        LCALL   WRITE           ;写一个字节子程序
        LCALL   DELAY100        ;调延时 100 ms 子程序,等待温度转换
        LCALL   RESET           ;调复位 18B20 子程序
        MOV     A, #0CCH        ;发跳过 ROM 命令
```

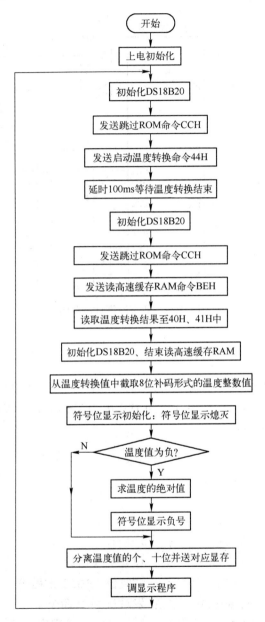

图 11-19 数字温度计程序流程图

```
        LCALL   WRITE           ;调写一个字节子程序
        MOV     A,#0BEH         ;发读存储器命令
        LCALL   WRITE           ;调写一个字节子程序
        LCALL   READ            ;调读一个字节子程序,读出温度的低字节
```

```
               MOV    40H, 3DH        ; 温度的低字节存入 40H 单元
               LCALL  READ            ; 调读一个字节子程序, 读出温度的高字节
               MOV    41H, 3DH        ; 温度的高字节存入 41H 单元
               LCALL  RESET           ; 调复位 18B20 子程序, 结束读高速缓存
               MOV    A, 40H          ; 取转换温度低字节
               SWAP   A               ; 将温度整数值的低 4 位移到低 4 位处
               ANL    A, #0FH         ; 保留温度整数值的低 4 位, 高 4 位清 0
               MOV    42H, A          ; 温度整数值的低 4 位存入 42H 单元
               MOV    A, 41H          ; 取转换温度高字节
               SWAP   A               ; 将一个符号位及温度整数值的高 3 位移到高 4 位处
               ANL    A, #0F0H        ; 保留符号位及温度整数值的高 3 位, 低 4 位清 0
               OR     42H, A          ; 获取 1 位符号位和 7 位温度整数值, 符号位在最高
位上
               MOV    52H, #00H       ; 符号位熄灭的段码 00H 送显存中
               MOV    A, 42H          ; 读取温度整数值
               JNB    ACC.7, DISP1    ; 符号位为 0, 温度值为正, 则跳转
               MOV    52H, #40H       ; 符号位为 1, 将 "-" 的段码送显存中
               CPL    A               ;
               INC    A               ; 计算温度的绝对值
DISP1:         MOV    B, #0AH         ; 除数 10 送 B 中
               DIV    AB              ; 十位数 BCD 码在 A 中, 个位数 BCD 码在 B 中
               MOV    50H, B          ; 分离温度的个位 BCD 码存入显存中
               MOV    51H, A          ; 分离温度的十位 BCD 码存入显存中
               LCALL  DISPLAY         ; 调显示子程序 DISPLAY
               LJMP   MAIN            ; 循环
DISPLAY:  MOV    DPTR, #TAB      ; 显示子程序; 送段码表首地址
               MOV    A, 50H          ; 取个位温度值的 BCD 码
               MOVC   A, @A+DPTR      ; 查表取个位温度值的段码
               MOV    P1, A           ; 输出个位的段码
               CLR    P2.0            ; 选通个位显示器
               LCALL  DELAY10         ; 调延时 10 ms 子程序
               SETB   P2.0            ; 个位停显示
               MOV    A, 51H          ; 取十位温度值的 BCD 码
               MOVC   A, @A+DPTR      ; 查表取十位温度值的段码
               MOV    P1, A           ; 输出十位的段码
```

```
        CLR    P2.1            ;选通十位显示器
        LCALL  DELAY10         ;调延时 10 ms 子程序
        SETB   P2.1            ;十位停显示
        MOV    A,52H           ;取符号位的段码
        MOV    P1,A            ;输出符号位的段码
        CLR    P2.2            ;选通符号位显示器
        LCALL  DELAY10         ;调延时 10 ms 子程序
        SETB   P2.2            ;符号位停显示
        RET
TAB:    DB 3FH,06H,5BH,4FH,66H;共阴极段码表
        DB 6DH,7DH,07H,7FH,6FH;
RESET:  NOP                    ;DS18B20 复位子程序
L0:     CLR    DQ              ;DQ=0
        MOV    R2,#160         ;延时 480 μs
L1:     NOP
        DJNZ   R2,L1
        SETB   DQ              ;DQ=1
        MOV    R2,#20          ;延时（15~60）μs
L4:     DJNZ   R2,L4
        CLR    C               ;C=0
        ORL    C, DQ
        JC     L3
        MOV    R6,#30
L5:     ORL    C,DQ
        JC     L3
        DJNZ   R6,L5
        SJMP   L0
L3:     MOV    R2,#120
L2:     DJNZ   R2,L2
        RET
READ:   MOV    R6,#8           ;读一个字节子程序,读入数据放在 3DH 单元中;
                                循环次数送 R6
RE1:    CLR    DQ              ;DQ=0
        MOV    R4,#4
        NOP
```

```
            SETB    DQ              ; DQ=1
RE2:        DJNZ    R4, RE2
            MOV     C, DQ           ; 读一位数据到 C
            RRC     A               ; 数据移入累加器 A 中
            MOV     R5, #20         ; 延时 45μs
RE3:        DJNZ    R5, RE3
            DJNZ    R6, RE1         ; 连续读 8 位
            MOV     3DH, A          ; 数据存入 3DH 单元
            SETB    DQ              ; DQ=1
            RET
WRITE:      MOV     R3, #8          ; 写一个字节子程序，写入数据在 A 中；
                                      循环次数送 R3
WR1:        SETB    DQ              ; DQ=1
            MOV     R4, #6
            RRC     A               ; 最低位数据移入 C 中
            CLR     DQ              ; DQ=0
WR2:        DJNZ    R4, WR2         ; 延时 15 μs
            MOV     DQ, C           ; 输出一位数据到数据线
            MOV     R4, #20
WR3:        DJNZ    R4, WR3         ; 延时 45 μs
            DJNZ    R3, WR1
            SETB    DQ              ; DQ=1 结束写操作
            RET
```

说明：上述程序中，延时子程序 DELAY10 和 DELAY100 未给出，可参考例 4-11 软件延时程序设计方法自行编写。

思考题与习题

11-1 硬件系统扩展与配置应遵循什么原则？
11-2 应用软件的设计应具有哪些特点？
11-3 应用系统开发过程应包括哪些环节？
11-4 单片机应用系统中，前向通道具有哪些特点？
11-5 单片机应用系统中，后向通道具有哪些特点？
11-6 单片机应用系统中，人机通信通道具有哪些特点？

第 12 章 单片机应用系统的抗干扰技术设计

单片机应用系统经常应用于工业生产过程,而工业生产的工作环境往往比较恶劣,干扰严重,这些干扰有时会严重损坏系统中的器件或导致系统不能正常运行。因此,为了保证单片机系统在实际应用中可靠地工作,必须要周密考虑和解决干扰的问题。本章将介绍单片机应用系统的硬件和软件抗干扰技术设计。

12.1 干扰源

干扰信号主要通过三个途径进入单片机系统内部,即电磁感应、传输通道和电源线。一般情况下,经电磁感应进入单片机系统的干扰在强度上远远小于从传输通道和电源线进入的干扰,对于电磁感应干扰可采用良好的"屏蔽"和正确的"接地"加以解决。所以抗干扰措施主要是针对来自传输通道和电源线的干扰。

12.1.1 串模干扰

串模干扰是指干扰电压与有效信号串联叠加后作用到系统上的信号,如图 12-1 所示。串模干扰通常来自高压输电线、与信号线平行铺设的电源线及大电流控制线所产生的空间电磁场。由传感器来的信号线有时长达 100～200 m,干扰源通过电磁感应和静电耦合作用在如此之长的信号线上产生的感应电压数值是相当可观的。例如一路电源线与信号线平行铺设时,信号线上的电磁感应电压和静电感应电压分别可达到毫伏级,而来自传感器的有效信号电压的动态范围通常也仅有几十毫伏,甚至更小。

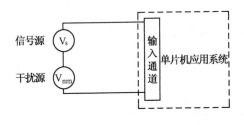

图 12-1 串模干扰示意图

由此可知:第一,由于测量控制系统的信号线较长,通过电磁和静电耦合所产生的感应电压有可能大到与被测有效信号相同的数量级,甚至比后者还大得多;第二,对测量控制系统而言,由于采样时间短,工频的感应电压也相当于缓慢变化的干扰电压,这种干扰信号与有效直流信号一样被采样和放大,造成有效信号失真。除了信号线引入的串模干扰外,信号源本身固有的漂移、纹波和噪声,以及电源变压器不良屏蔽或稳压效果不良等也会引入串模干扰。

12.1.2 共模干扰

共模干扰是指输入通道两个输入端上共有的干扰电压。这种干扰可以是直流电压,也可以是交流电压,其幅值可达几伏甚至更高,取决于现场产生干扰的环境条件和仪表的接地情况。因为在测控系统中,检测元件和传感器是分散在生产现场的各个地方,因此,被测信号 V_s 的参考接地点和仪表输入信号的参考接地点之间往往存在着一定的电位 V_{cm},如图 12-2 所示。

由图 12-2 可见,对于输入通道的两个输入端来说,分别有 $V_s + V_{cm}$ 两个输入信号。显然,V_{cm} 是转换器输入端上共有的干扰电压,故称共模干扰电压。

在测量电路中,被测信号有单端对地输入和双端不对地输入两种输入方式,如图 12-3 所示。图中 Z_s,Z_{s1},Z_{s2} 为信号源内阻;Z_i,Z_{cm1},Z_{cm2} 为输入通道的输入阻抗。对于存在共模干扰的场合,不能采用单端对地输入方式,因为此时的共模干扰电压将全部成为串模干扰电压,见图 12-3(a),而必须采用双端不对地输入方式,如图 12-3(b)所示。

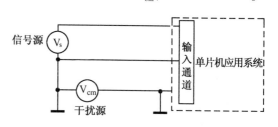

图 12-2 共模干扰示意图

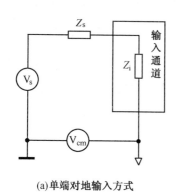
(a)单端对地输入方式

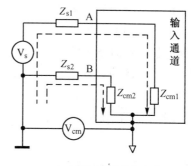
(b)双端不对地输入方式

图 12-3 被测信号的输入方式

由图 12-3(b)可见,共模干扰电压 V_{cm} 对两个输入端形成两个电流回路(如虚线所示),每个输入端 A、B 的共模电压分别为

$$V_A = \frac{V_{cm}}{Z_{s1}+Z_{cm1}} \cdot Z_{cm1}$$

$$V_B = \frac{V_{cm}}{Z_{s2}+Z_{cm2}} \cdot Z_{cm2}$$

因此在两个输入端之间呈现的共模电压为

$$V_{AB} = V_A - V_B = \frac{V_{cm}}{Z_{s1}+Z_{cm1}} \cdot Z_{cm1} - \frac{V_{cm}}{Z_{s2}+Z_{cm2}} \cdot Z_{cm2} = V_{cm}\left(\frac{Z_{cm1}}{Z_{s1}+Z_{cm1}} - \frac{Z_{cm2}}{Z_{s2}+Z_{cm2}}\right)$$

如果此时 $Z_{s1}=Z_{s2}$ 和 $Z_{cm1}=Z_{cm2}$，则 $V_{AB}=0$，表示不会引入共模干扰；但实际上无法满足上述条件，只能做到 Z_{s1} 接近于 Z_{s2}，Z_{cm1} 接近于 Z_{cm2}，因此 $V_{AB} \neq 0$，也就是说实际上总存在一定的共模干扰电压。显然，Z_{s1}、Z_{s2} 越小，Z_{cm1}、Z_{cm2} 越大，并且 Z_{cm1} 与 Z_{cm2} 越接近时，共模干扰的影响就越小。一般情况下，共模干扰电压 V_{cm} 总是转化成一定的串模干扰出现在两个输入端之间。

输入通道的输入阻抗通常由直流绝缘电阻和分布耦合电容容抗决定。差分放大器的直流绝缘电阻可做到 $10^9 \Omega$，工频寄生耦合电容可小到几个 pF（容抗达 10^9 数量级），但共模电压仍有可能造成 1% 的测量误差。

12.1.3　电源干扰

除了串模和共模干扰以外，还有一些干扰是从电源引入的，电源干扰一般有以下几种：

（1）当同一电源系统中的可控硅器件通断时产生的尖峰，通过变压器的初级和次级之间的电容耦合到直流电源中去产生干扰；

（2）附近断电器动作时产生的浪涌电压，当电源线经变压器级间电容耦合产生的干扰；

（3）共用同一个电源的附近设备接通或断开时产生的干扰。

12.2　硬件抗干扰设计

12.2.1　共串模干扰的抑制

串模干扰的抑制能力用串模抑制比 NMR 来衡量

$$\text{NMR} = 20\lg\frac{V_{nm}}{V_{nm1}}(\text{dB})$$

式中：V_{nm}——串模干扰电压；V_{nm1}——单片机系统输入端由串模干扰引起的等效差模电压。一般要求 NMR≥40～80 dB。

单片机系统中，主要的抗串模干扰措施是用低通输入滤波器滤除交流干扰，而对直流串模干扰则采用补偿措施。

常用的低通滤波器有 RC 滤波器、LC 滤波器、双 T 滤波器及有源滤波器等，它们的原理图分别如图 12-4（a）、(b)、(c)、(d) 所示。

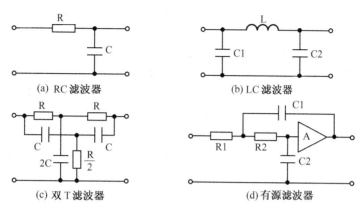

图 12-4　滤波器原理图

RC 滤波器的结构简单，成本低，也无须调整。但它的串模抑制比不高，一般需 2～3 级串联使用才能达到规定的 NMR 指标。而且时间常数 RC 较大，RC 过大时将影响放大器的动态特性。

LC 滤波器的串模抑制比较高，但需要绕制电感，体积大，成本高。

双 T 滤波器对一固定频率的干扰具有很高的抑制比，偏离该频率后抑制比迅速减小。主要用来抑制工频干扰，而对高频干扰无能为力，其结构虽然也简单，但调整比较麻烦。

有源滤波器可以获得较理想的频率特性，但作为单片机系统输入级，有源器件（运算放大器）的共模抑制比一般难以满足要求，其自身带来的噪声也较大。

通常单片机系统的输入滤波器都采用 RC 滤波器，在选择电阻和电容参数时除了要满足 NMR 指标外，还要考虑信号源的内阻抗，兼顾共模抑制比和放大器动态特性的要求，故常用两级阻容低通滤波网络作为输入通道的滤波器，如图 12-5 所示，它可使 50 Hz 的串模干扰信号衰减至 1/600 左右。该滤波器的时间常数小于 200 ms，因此，当被测信号变化较快时应当相应改变网络参数，以适当减小时间常数。

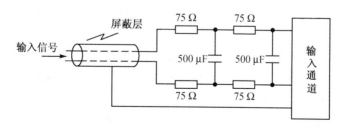

图 12-5　两级阻容低通滤波网络

用双积分式 A/D 转换器可以削弱周期性的串模干扰的影响。因为此类转换器是对输入信号的平均值进行转换，所以对周期干扰具有很强的抑制能力。如果取积分周期等于主要串模干扰的周期或整数倍，则通过双积分 A/D 转换器后，对串模干扰的抑制有更好的效果。

对于与主要来自电磁感应的串模干扰应尽可能早地对被测信号进行前置放大，以提高回路中信号噪声比；或者尽可能地完成 A/D 转换或采取隔离屏蔽措施。

在选取单片机系统的元器件时，可以采用高抗扰度的逻辑器件，通过提高阈值电平来抑制低噪声的干扰；或采用低速逻辑器件来抑制高频干扰；也可人为地附加电容器，以降低某个逻辑电路的工作速度来抑制高频干扰。这些方法能有效地抑制由元器件内部的热扰动产生的随机噪声干扰及在数字信号传输过程中夹带的低噪声或窄脉冲干扰。

如果串模干扰的变化速度与被测信号相当，则一般很难通过以上措施来抑制这种干扰。此时应从根本上消除产生干扰的原因，对测量元件或变送器进行良好的电磁屏蔽，同时信号线应选用带屏蔽层的双绞线或电缆线，并应有良好的接地系统。

12.2.2 共模干扰的抑制

共模干扰的抑制能力用共模抑制比 CMR 表示

$$\text{CMR} = 20\lg \frac{V_{cm}}{V_{cm1}} (\text{dB})$$

式中：V_{cm}——共模干扰电压；V_{cm1}——单片机系统输入端由共模干扰引起的等效电压。

共模干扰是一种常见的干扰源，采用双端输入的差分放大器作为单片机系统输入通道的前置放大器，是抑制共模干扰的有效方法。设计比较完善的差分放大器，在不平衡电阻为 1 kΩ 的条件下，共模抑制比 CMR 可达 100 ~ 160 dB。

也可以利用变压器或光电耦合器把各种模拟负载与数字信号隔离开来，也就是把"模拟地"与"数字地"断开，被测信号通过变压器耦合或光电耦合获得通路，而共模干扰由于不成回路而得到有效的抑制。如图 12-6 所示。

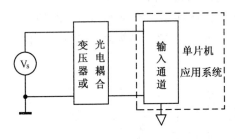

图 12-6 输入隔离

当共模干扰电压很高或要求共模漏电流很小时，常在信号源与单片机系统的输入通道之间插入隔离放大器。

还可以采用浮地输入双层屏蔽放大器来抑制共模干扰，如图 12-7 所示。这是利用屏蔽方法使输入信号的"模拟地"浮空，从而达到抑制共模干扰的目的。

图中 Z_1 和 Z_2 分别为模拟地和内屏蔽罩之间，内屏蔽罩和外屏蔽罩（机壳）之间的绝缘阻抗组成，所以阻抗值很大。图中，用于传递信号的屏蔽线的屏蔽层和 Z_2 为共模电压 V_{cm} 提供了共模电流 I_{cm1} 的通路。由于屏蔽线的屏蔽层存在电阻 R_c，因此，共模电压 V_{cm} 在 R_c 上会产生较小的共模信号,它将在模拟量输入回路中产生共模电流 I_{cm2},I_{cm2} 会在模拟量输入回路中产生串模干扰电压。显然,由于 $R_c \ll Z_2$,$Z_s \ll Z_1$,故由 V_{cm} 引入的串模干扰电压是非常微弱的,所以这是一种十分有效的共模干扰抑制措施。

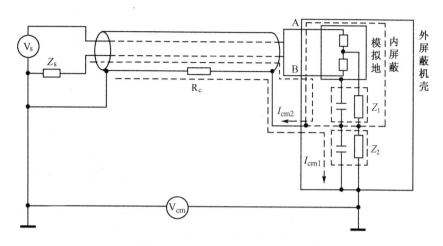

图 12-7 浮地输入双层屏蔽放大器

在采用这种方法时要注意以下几点:

(1) 信号线屏蔽层只允许一端接地,并且只在信号源侧接地,而放大器侧不得接地,当信号源为浮地方式时,屏蔽只接信号源的低电位端;

(2) 模拟信号的输入端要相应地采用三线采样开关;

(3) 在设计输入电路时,应使放大器两个输入端对屏蔽罩的绝缘电阻尽量对称,并且尽可能减小线路的不平衡电阻。

采用浮地输入的单片机系统输入通道虽然增加了一些器件,如每路信号都要用屏蔽线和三线开关,但对放大器本身的抗共模干扰能力的要求大为降低,因此这种方案已获得广泛应用。

12.2.3 输入/输出通道干扰的抑制

开关量输入/输出通道和模拟量输入/输出通道,都是干扰窜入的渠道,要切断这条渠道,就要去掉对象与输入/输出通道之间的公共地线,实现彼此电隔离以抑制干扰脉冲。最常用的隔离器件是光电耦合器,如图 12-8 所示,其内部结构见图 12-8(a)。

光电耦合器之所以具有很强的抗干扰能力,主要有以下几个原因。

(1) 光电耦合器的输入阻抗很低,一般在 100~1 000 Ω 之间,而干扰源的内阻一般都很大,通常为 $10^5 \sim 10^6$ Ω,根据分压原理可知,这时能馈送到光电耦合器输入端的噪声自然会很小。即使有时干扰电压的幅度较大,但所提供的能量却很小,只能形成很微弱的电

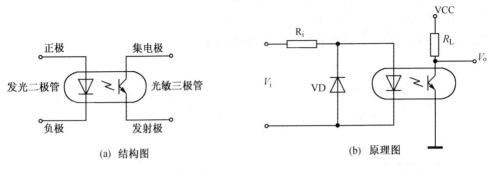

图 12-8 二极管-三极管的光电耦合电路

流。而光电耦合器输入部分的发光二极管,只有在通过一定强度的电流时才能发光;输出部分的光敏三极管只在一定光强下才能工作(见图 12-8(b))。因此电压幅值很高的干扰,由于没有足够的能量而不能使二极管发光,从而被抑制掉了。

(2) 输入与输出回路之间的分布电容极小,一般仅为 0.5~2 pF,而绝缘电阻又非常大,通常为 $10^{11} \sim 10^{13}$ Ω,因此回路一边的各种干扰噪声都很难通过光电耦合器馈送到另一边去。

(3) 光电耦合器的数字电路如图 12-8(b)所示,其中 R_i 为限流电阻,VD 为反向保护二极管,可以看出,这时并不要求输入 V_i 值一定得与 TTL 逻辑电平一致,只要经 R_i 限流之后符合发光二极管的要求即可。R_L 是光敏三极管的负载电阻(R_L 也可接在光敏三极管的射极端)。当 V_i 使光敏三极管导通时,V_o 为低电平(即逻辑 0);反之为高电平(即逻辑 1)。R_i 和 R_L 的选取说明如下:若光电耦合器选用 GO103,发光二极管在导通电流 I_f = 10 mA 时,正向压降 $V_f \leq 1.3$ V,光敏三极管导通时的压降 V_{ce} = 0.4 V,设输入信号的逻辑 1 电平为 V_i = 12 V,并取光敏三极管导通时的压降 V_{ce} = 0.4 V,设 VCC 接 +5 V,并取光敏三极管导通电流 I_c = 2 mA 时,R_i 和 R_L 可由下式计算

$$R_i = (V_i - V_f)/I_f = (12 - 1.3)/10 = 1.07 \text{ k}\Omega$$
$$R_L = (\text{VCC} - V_{ce})/I_c = (5 - 0.4)/2 = 2.3 \text{ k}\Omega$$

需要强调指出的是,在光电耦合器的输入部分和输出部分必须分别采用独立的电源,如果两端共用一个电源,则光电耦合器作用将失去意义。顺便提一下,变压器是无源器件,它也经常用做隔离器,其性能虽不及光电耦合器,但结构简单。

开关量输入电路接入光电耦合器后,由于光电耦合器抗干扰作用,使夹杂在输入开关量中的各种干扰脉冲都被挡在输入回路的一边。另外,光电耦合器还起到很好的安全保障作用,即使故障造成 V_i 与电力线相接也不至于损坏单片机系统,因为光电耦合器输入回路与输出回路之间可耐很高的电压(GO103 为 500 V,有些光电耦合器可达 1 000 V,甚至更高)。

12.2.4 电源与电网干扰的抑制

为了抑制电网干扰所造成稳压电源的波动,可以采取以下一系列措施。

(1) 采用能抑制交流电源干扰的计算机系统电源,在这样的电源中,电抗用来抑制交流电源线上引入的工频干扰,让 50 Hz 的基波通过;变阻二极管用来抑制进入交流电源线上的瞬时干扰(或者大幅值的尖脉冲干扰);隔离变压器的初、次级之间加有静电屏蔽层,从而进一步减小进入电源的各种干扰。该电源再通过整流、滤波和直流电子稳压后使干扰被抑制到最小。

(2) 不间断电源(UPS)是近年来推出的一种新型电源,它除了有很强的抗电网干扰的能力外,更主要的是一旦电网断电,它能以极短的时间(<3 ms)切换到后备电源上去,后备电源能维持 10 min 以上(满载)或 30 min 以上(半载)的供电时间,以便操作人员及时处理电源故障或采取应急措施。在要求很高的控制场合可采用 UPS。以开关式直流稳压器代替各种稳压电源。由于开关频率可达 10 kHz~20 kHz 或更高,因而变压器、扼流圈都可小型化。高频开关晶体管工作在饱和和截止状态,效率可达 60%~70%,而且抗干扰性能强。

12.2.5 地线系统干扰的抑制

正确接地是单片机系统抑制干扰所必须注意的重要问题。在设计中若能把接地和屏蔽正确地结合,可很好地消除外界干扰的影响。

接地设计的基本目的是消除各电路电流流经公共地线时所产生的噪声电压,以及免受电磁场和地电位差的影响,即不使其形成地环路。接地设计应注意如下几点。

1. 一点接地和多点接地的使用原则

一般低频电路应一点接地。在低频电路中,接地电路形成的环路对干扰影响很大,因此应一点接地。另外,对具有类似特性的电路应连在一起,然后将每一个公共点连接到单点地,对于干扰大的电路应尽可能靠近单点地。

一般高频电路应就近接地。高频时地线上具有点感应,因而增加了地线阻抗,而且地线变成了天线,向外辐射噪声信号,因此,要多点就近接地。对于不敏感模拟电路,可将子单元通过多条短线与机架、地平面或其他低阻抗导体连接起来。

对于有些系统,单靠一点接地或多点接地不能解决问题,则可考虑混合接地。混合接地是使用电抗性器件(电感和电容),使接地系统在低频和高频时呈现不同的特性。这种接地方法在宽带敏感电路中是非常必要的,而且是行之有效的。

2. 屏蔽层与公共端的连接

当一个接地的放大器与一个不接地的信号源连接时,连接电缆的屏蔽层应接到放大器公共端,反之应接到信号公共端。高增益放大器的屏蔽层应接到放大器公共端。

3. 交流地

功率地同信号地不能公用,流过交流地和功率地的电流较大,会造成数毫伏、甚至几伏电压,这会严重地干扰低电平信号的电路。因此信号地应与交流地、功率地分开。

4. 屏蔽地（或机壳地）

接法随屏蔽目的不同而异。电场屏蔽是为了解决分布电容问题,一般接大地;电磁屏蔽主要屏蔽雷达和短波电台等高频电磁场的辐射干扰,地线用低阻金属材料做成,可接大地,也可不接。屏蔽是防磁铁、电机、变压器等磁感应和磁耦合的,办法是用高导磁材料使磁路蔽合,一般接大地。

5. 电缆和接插件的屏蔽

在电缆和接插件的屏蔽中要注意以下几点。

(1) 高电平线和低电平线不要走同一条电缆,不得已时,高电平线应单独组合和屏蔽,同时要仔细选择低电平的位置。

(2) 高电平线和低电平线不要使用同一插件,不得已时,要将高低电平端子分立两端,中间留接高低电平引地线的备用端子。

(3) 设备上进出电缆的屏蔽应保持完整,电缆和屏蔽线要经插件连接,两条以上屏蔽缆共用一个插件时,每条电缆的屏蔽层都要用一个单独接线端子,以免电流在各屏蔽层流动。

12.3 软件抗干扰设计

12.2节介绍的硬件抗干扰措施的目的是尽可能切断干扰进入单片机控制系统的通道,因此是十分必要的。但是由于干扰存在的随机性,尤其是在一些较恶劣的外部环境下工作的单片机系统,尽管采用了硬件抗干扰措施,但并不能将各种干扰完全拒之门外。这时就应该充分发挥单片机在软件编程方面的灵活性,采用各种软件抗干扰措施,与硬件措施相结合,提高单片机系统工作的可靠性。

12.3.1 程序执行过程中的软件抗干扰

如果干扰信号已经通过某种途径作用到了CPU上,则CPU就不能按正常状态执行程序,从而引起混乱,这就是通常所说的程序"跑飞"。程序"跑飞"后使其恢复正常的一个最简单的方法是使CPU复位,让程序从头开始重新运行。单片机控制系统中都应设置人工复位电路,人工复位一般是在整个系统已经完全瘫痪,无计可施的情况下才使用的。因此在进行软件设计时还要考虑到万一程序"跑飞",应让其能够自动恢复到正常状态下运行。

1. 指令冗余

程序"跑飞"后往往将一些操作数当做指令码来执行,从而引起整个程序的混乱。采用"指令冗余"是实施"跑飞"时程序恢复正常的一种措施。所谓"指令冗余"就是在一些关键的地方人为地插入一些单字节的空操作指令NOP。当程序"跑飞"到某条单字节指令上时,就不会发生将操作数当成指令来执行的错误。对于89C51单片机来说,所有的指令不会超过 3 个字节，因此在某条指令前面插入两条 NOP 指令，则该条指令就不会被前面冲下来的失控程序拆散，而会得到完整的执行，从而使程序重新纳入正常轨道。通常是在一些对程序的流向起关键作用的指令前面插入两条 NOP 指令。应该注意的是在一个程序中"指令冗余"不能使用过多，否则会降低程序的执行效率。

2. 软件陷阱

采用"指令冗余"使"跑飞"的程序恢复正常是有条件的，首先"跑飞"的程序必须落到程序区，其次必须执行到所设置的冗余指令。如果"跑飞"的程序落到非程序区（如 EPROM 中未用完的空间或某些数据表格等），或在执行到冗余指令之前已经形成一个死循环，则"指令冗余"措施就不能使"跑飞"的程序恢复正常了。这时可以采用另一个软件抗干扰措施，即所谓"软件陷阱"。"软件陷阱"是一条引导指令，强行将捕获的程序引向一个指定地址，在那里有一段专门处理错误的程序。假设这段处理错误的程序指定的地址为 ERR，则下面三条指令即组成一个"软件陷阱"：

  NOP
  NOP
  LJMP ERR

"软件陷阱"一般安排在下列 4 种地方。

1) 未使用的中断向量区

89C51 单片机的中断向量区为 0003H～002BH，如果所设计的单片机系统未使用完全部中断向量区，可在剩余的中断向量区安排"软件陷阱"以便能捕捉到错误的中断。例如单片机使用了两个外部中断$\overline{INT0}$、$\overline{INT1}$和一个定时器中断 T0，它们的中断服务子程序入口地址分别为 FUINT0、FUINT1 和 FUT0，可按下面的方式来设置中断向量区。

```
              ORG     0000H
    0000H  START: LJMP   MAIN        ;引向主程序入口
    0003H         LJMP   FUINT0      ;INT0中断服务程序入口
    0006H         NOP                ;冗余指令
    0007H         NOP
    0008H         LJMP   ERR         ;陷阱
    000BH         LJMP   FUT0        ;T0 中断服务程序入口
    000EH         NOP                ;冗余指令
    000FH         NOP
    0010H         LJMP   ERR         ;陷阱
    0013H         LJMP   FUINT1      ;INT1中断服务程序入口
    0016H         NOP                ;冗余指令
    0017H         NOP
```

```
0018H        LJMP    ERR             ;陷阱
001BH        LJMP    ERR             ;未使用 T1 中断，设陷阱
001EH        NOP                     ;冗余指令
001FH        NOP
0020H        LJMP    ERR             ;陷阱
0023H        LJMP    ERR             ;未使用串行口中断，设陷阱
0026H        NOP                     ;冗余指令
0027H        NOP
0028H        LJMP    ERR             ;陷阱
002BH        LJMP    ERR             ;未使用 T2 中断，设陷阱
002EH        NOP                     ;冗余指令
002FH        NOP
0030H  MAIN: …                       ;主程序
       ⋮
```

2) 未使用的大片 EPROM 空间

单片机系统中使用的 EPROM 芯片一般都不会使用完其全部空间，对于剩余未编程的 EPROM 空间，一般都维持其原状，即其内容为 0FFH。0FFH 对于 89C51 单片机的指令系统来说是一条单字节指令：MOV R7，A，如果程序"跑飞"到这一区域，则将顺序向后执行，不在跳跃（除非又受到新的干扰），因此在这段区内每隔一段地址设一个陷阱，就一定能捕捉到"跑飞"的程序。

3) 表格

有两种表格，即数据表格和散转表格。由于表格的内容与检索值有一一对应关系，在表格中间安排陷阱会破坏其连续性和对应关系，因此只能在表格最后安排陷阱。如果表格区较长，则安排在最后的陷阱不能保证一定能捕捉到飞来的程序的流向，有可能在中途再次"跑飞"。

4) 程序区

程序区是由一系列指令所构成的，不能在这些指令区间任意安排陷阱，否则会破坏正常的程序流程。但是在这些指令中间常常有一些间断点，正常的程序执行到断点处就不再往下执行了，如果在这些地方设"陷阱"就有可能有效地捕获"跑飞"的程序。例如在一个根据累加器 A 中内容的正、负和零的情况进行三分支的程序，软件陷阱安排如下：

```
        JNZ     XYZ
        ⋮                       ;零处理
        AJMP    ABC             ;断裂点
        NOP
```

```
            NOP
            LJMP   ERR           ;陷阱
    XYZ:    JB   ACC.7,UVW
              ⋮                  ;正处理
            AJMP   ABC           ;断裂点
            NOP
            NOP
            LJMP   ERR           ;陷阱
    UVW:      ⋮                  ;负处理
    ABC:    MOV  A,R2            ;取结果
            RET                  ;断裂点
            NOP
            NOP
            LJMP   ERR           ;陷阱
```

由于软件陷阱都安排在正常程序执行不到的地方，故不会影响程序执行效率。在 EPROM 容量允许的条件下，这种陷阱多一些为好。

3. "看门狗"技术

如果"跑飞"的程序落到一个临时构成的死循环中时，冗余指令和软件陷阱都将无能为力。这时可以采用人工复位的方法使系统恢复正常，实际上可以设计一种模仿人工监测的"程序运行监视器"，俗称"看门狗"（WATCHDOG）。WATCHDOG 有如下特征。

（1）本身独立工作，基本上不依赖于 CPU。CPU 只在一个固定的时间间隔内与之打一次交道，表明整个系统"目前尚正常"。

（2）当 CPU 落入死循环后，能及时发现并使整个系统复位。

图 12-9 所示为由美国美信公司提供的专用微处理器监视芯片 MAX813L 构成的上电复位、手动复位、"看门狗"电路和电源监视一体化硬件电路。该电路在系统初上电时可由其 RESET 脚给出 200 ms 的高电平脉冲，在系统运行时的任意时刻按下复位按钮，其 RESET 脚都可给出 200 ms 的高电平复位脉冲。其芯片内部还集成有一个"看门狗"电路：当系统正常运行时，CPU 应对其"看门狗"电路的触发输入端 WDI 进行定期触发（它要求每 1.6 s 内对 WDI 触发一次），这样可保持"看门狗"输出端 $\overline{\text{WDO}}$ 一直保持输出高电平状态，此时，隔离二极管 VD 截止；当系统运行不正常时，CPU 不能按时对 WDI 施以触发脉冲，这时，"看门狗"输出端 WDO 将给出低电平脉冲，此时，隔离二极管 VD 导通，致使芯片的 MR 脚被拉低，使芯片复位，从而完成自动将系统从软件死循环状态恢复到复位状态，使系统重新恢复到正常的运行状态。该芯片还有对系统电源的监视作用，这里不再介绍，设计者可自行加以考虑。

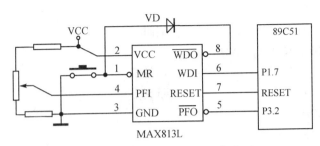

图 12-9 硬件 WATCHDOG 电路

也可以用软件程序来形成 WATCHDOG。例如可以采用 89C51 的定时器 T0 来形成 WATCH-DOG：将 T0 的溢出中断设为高级中断，其他中断均设置为低级中断，若采用 6 MHz 的时钟，则可用以下程序使 T0 定时约 10 ms 来形成软件 WATCHDOG：

```
        MOV     TMOD, #01H      ;置 T0 为 16 位定时器
        SETB    ET0             ;允许 T0 中断
        SETB    PT0             ;设置 T0 位高级中断
        MOV     TH0, #0ECH      ;定时约 10 ms
        MOV     TL0, #78H
        SETB    TR0             ;启动 T0
        SETB    EA              ;开中断
```

软件 WATCHDOG 启动后，系统工作程序必须每隔小于 10 ms 的时间执行一次 MOV TH0, #0ECH 和 MOV TL0, #78H 指令，重新设置 T0 的计数初值。如果程序"跑飞"后执行不到这条指令，则在 10 ms 之内即会产生一次 T0 溢出中断，在 T0 的中断向量区安放一条转移到出错处理程序的指令：LJMP ERR，由出错处理程序来处理各种善后工作。

采用软件 WATCHDOG 有一个弱点，就是如果"跑飞"的程序使某些操作数变形成为了修改 T0 功能的指令，则执行这种指令后软件 WATCHDOG 就会失效，因此，软件 WATCH-DOG 的可靠性不如硬件高。

12.3.2 系统的恢复

前面列举的各项措施只解决了如何发现系统受到干扰和如何捕捉"跑飞"程序，但仅此还不够，还要能够让单片机根据被破坏的残留信息自动恢复到正常工作状态。

硬件复位是使单片机重新恢复正常工作状态的一个简单有效的方法。前面介绍的上电复位、人工复位及硬件 WATCHDOG 复位，都属于硬件复位。硬件复位后 CPU 被重新初始化，所有被激活的中断标志都被清除，程序从 0000H 地址重新开始执行。硬件复位又称为"冷启动"，使系统当时的状态全部作废，重新进行彻底的初始化来使系统的状态得到恢复。用软件抗干扰措施来使系统恢复到正常状态，是对系统的当前状态和有选择的部分初始化，这

种操作又称为"热启动",热启动时首先要对系统软件复位,也就是执行一系列指令来使各专用寄存器达到与硬件复位时同样的状态,这里需要注意的是还要清除已被激活的中断标志。如用软件 WATCHGOG 使系统复位时,程序出错可能发生在中断子程序中,中断激活标志已经置位,它将阻止同级的中断响应;而软件 WATCHDOG 是高级中断,它将阻止所有的中断响应。由此可见,清除已被激活的中断标志的重要性。在所有指令中,只有 RET1 指令能清除中断激活标志。前面提到的出错处理程序 ERR 主要就是用来完成这一功能,这部分程序如下:

```
        ORG     0030H
ERR:    CLR     EA              ;关中断
        MOV     DPTR, #ERR1     ;准备返回地址
        PUSH    DPL
        PUSH    DPH
        RET1                    ;清除高级中断激活标志
ERR1:   MOV     66H, #0AAH      ;重建上电标志
        MOV     67H, #55H
        CLR     A               ;准备复位地址
        PUSH    ACC             ;压入复位地址
        PUSH    ACC
        RET1                    ;清除低级中断激活标志
```

在这段程序中用两条 RET1 来代替两条 LJMP 指令,从而清除了全部的中断激活标志。另外在 66H、67H 两个单元中存放一个特定的数据 0AA55H 作为软件复位标志,系统程序在执行复位操作时可以根据这一标志来决定是进行全面初始化还是进行有选择的部分初始化。如前所述,热启动适应部分初始化,但如果干扰很严重而使系统遭受的破坏太大,热启动不能使系统得到正确恢复时,则只有采取冷启动,对系统进行全面初始化来使之恢复正常。

在进行热启动时,为使热启动过程能顺利进行,首先应关中断并重新设置堆栈。因为热启动过程是由软件复位(如软件 WATCHDOG 等)引起的,这时中断系统未被关闭,有些中断请求也许正在排队等待响应,因此使系统复位的第一条指令应为关中断指令;第二条指令应为重新设置栈底指令。因为在启动过程中要执行各种子程序,而子程序的指令需堆栈的配合,在系统得到正确恢复之前堆栈指针的值是无法确定的,所以在进行正式恢复工作之前要先设置好栈底。然后应将所有的 I/O 设备都设置成安全状态,封锁 I/O 操作,以免干扰造成的破坏进一步扩大。接下来即可根据系统中残留的信息进行恢复工作,系统遭受干扰后会使 RAM 中的信息受到不同程度的破坏,RAM 中的信息有:系统的状态信息,如各种软件标志、状态变量等;预先设置的各种参数;临时采集的数据或程序运行中产生的暂时数据。对系统进行恢复实际上就是恢复各种关键的状态信息和重要的数据信息,同时尽可能地纠正由于干扰而造成的错误信息,对于那些临时数据则没有必要进行恢复。在恢复了关键信息之

后，还要对各种外围芯片重新写入它们的命令控制字，必要时还需补充一些新的信息，才能使系统重新进入工作循环。

思考题与习题

12-1 单片机系统中有几种类型的干扰？它们是通过什么途径进入单片机系统内部的？

12-2 什么是串模干扰和共模干扰？应如何克服？

12-3 采用浮地双层屏蔽放大器来抑制共模干扰时，有哪些注意事项？

12-4 为什么说光电耦合器具有很强的抗干扰能力？

12-5 采用光电耦合器抑制干扰时，它应分别设置在 A/D 电路和 D/A 电路的什么位置上？为什么？

12-6 在设计印制电路板的接地线时，在什么情况下采用一点接地？在什么情况下采用多点接地，又在什么情况下采用混合接地？

12-7 如何抑制来自电源与电网的干扰？

12-8 如何抑制地线系统的干扰？接地设计时应注意什么问题？

12-9 软件"看门狗"和硬件"看门狗"相比，哪一个更为有效，为什么？

12-10 软件抗干扰中，有哪几种对付程序"跑飞"的措施？它们各有何特点？

12-11 软件陷阱一般应设在程序的什么地方？

12-12 使受干扰的系统重新恢复正常时，何时应采用冷启动？何时应采用热启动？热启动时要进行哪些工作？

附录 A　ASCII 表

行 \ 列	位 654→ ↓ 3210	0③ 000	1③ 001	2③ 010	3 011	4 100	5 101	6 110	7③ 111
0	0000	NUL	DLE	SP	0	@	P	`	p
1	0001	SOH	DC1	!	1	A	Q	a	q
2	0010	STX	DC2	"	2	B	R	b	r
3	0011	ETX	DC3	#	3	C	S	c	s
4	0100	EOT	DC4	$	4	D	T	d	t
5	0101	ENQ	NAK	%	5	E	U	e	u
6	0110	ACK	SYN	&	6	F	V	f	v
7	0111	BEL	ETB	,	7	G	W	g	w
8	1000	BS	CAN	(	8	H	X	h	x
9	1001	HT	EM	)	9	I	Y	i	y
A	1010	LF	SUB	*	:	J	Z	j	z
B	1011	VT	ESC	+	;	K	[	k	{
C	1100	FF	FS	,	<	L	\	l	|
D	1101	CR	GS	-	=	M	]	m	}
E	1110	SO	RS	.	>	N	Ω①	n	~
F	1111	SI	US	/	?	O	_②	o	DEL

① 取决于使用这种代码的机器,它的符号可以是弯曲符号、向上箭头,或(―)标记;
② 取决于使用这种代码的机器,它的符号可以是在下面画线、向下箭头或心形;
③ 是第 0、1、2 和 7 列特殊控制功能的解释。

NUL	空	VT	垂直制表
SOH	标题开始	FF	走纸控制
STX	正文结束	CR	回车
ETX	本文结束	SO	移位输出
EOT	传输结果	SI	移位输入
ENQ	询问	SP	空间(空格)

ACK	承认	DLE	数据转换符
BEL	报警符（可听见的信号）	DC1	设备控制 1
BS	退一格	DC2	设备控制 2
HT	横向列表（穿孔卡片指令）	DC3	设备控制 3
LF	换行	DC4	设备控制 4
SYN	空转同步	NAK	否定
ETB	信息组传送结束	FS	文字分隔符
CAN	作废	GS	组分隔符
EM	纸尽	RS	记录分隔符
SUB	减	US	单元分隔符
ESC	换码	DEL	作废

附录 B 89C51 单片机指令系统表

表 B-1 数据传送类指令

助 记 符	十六进制代码	功　　能	P	OV	AC	CY	字节数	晶振周期数
MOV A, Rn	E8～EF	(A)←(Rn)	√	×	×	×	1	12
MOV A, direct	E5	(A)←(direct)	√	×	×	×	2	12
MOV A, @Ri	E6, E7	(A)←((Ri))	√	×	×	×	1	12
MOV A, #data	74	(A)←data	√	×	×	×	2	12
MOV Rn, A	F8～FF	(Rn)←(A)	×	×	×	×	1	12
MOV Rn, direct	A8～AF	(Rn)←(direct)	×	×	×	×	2	24
MOV Rn, #data	78～7F	(Rn)←data	×	×	×	×	2	12
MOV direct, A	F5	(direct)←(A)	×	×	×	×	2	12
MOV direct, Rn	88～8F	(direct)←(Rn)	×	×	×	×	2	24
MOV direct1, direct2	85	(direct1)←(direct2)	×	×	×	×	3	24
MOV direct, @Ri	86, 87	(direct1)←((Ri))	×	×	×	×	2	24
MOV direct, #data	75	(direct)←data	×	×	×	×	3	24
MOV @Ri, A	F6, F7	((Ri))←(A)	×	×	×	×	1	12
MOV @Ri, direct	A6, A7	((Ri))←(direct)	×	×	×	×	2	24
MOV @Ri, #data	76, 77	((Ri))←data	×	×	×	×	2	12
MOV DPTR, #data	90	(DPTR)←data	×	×	×	×	3	24
MOV C, bit	A2	(CY)←(bit)	×	×	×	√	2	12
MOV bit, C	92	(bit)←(CY)	×	×	×	×	2	24
MOVC A, @A+DPTR	93	(A)←((A)+(DPTR))	√	×	×	×	1	24
MOVC A, @A+PC	83	(A)←((A)+(PC))	√	×	×	×	1	24
MOVX A, @Ri	E2, E3	(A)←((P2)+(Ri))	√	×	×	×	1	24
MOVX A, @DPTR	E0	(A)←((DPTR))	√	×	×	×	1	24
MOVX @Ri, A	F2, F3	((Ri)+(P2))←(A)	×	×	×	×	1	24
MOVX @DPTR, A	F0	((DPTR))←(A)	×	×	×	×	1	24
PUSH direct	C0	(SP)←(SP)+1 ((SP))←(direct)	×	×	×	×	2	24
POP direct	D0	(direct)←((SP)) (SP)←(SP)-1	×	×	×	×	2	24
XCH A, Rn	C8～CF	(A)←→(Rn)	√	×	×	×	1	12
XCH A, direct	C5	(A)←→(direct)	√	×	×	×	2	12
XCH A, @Ri	C6, C7	(A)←→((Ri))	√	×	×	×	1	12
XCHD A, @Ri	C6, D7	(A)3～0←→((Ri))3～0	√	×	×	×	1	12

表 B-2 算术运算类指令

助记符	十六进制代码	功能	对标志位影响				字节数	晶振周期数
			P	OV	AC	CY		
ADD A, Rn	28～2F	(A) ← (A) + (Rn)	√	√	√	√	1	12
ADD A, direct	25	(A) ← (A) + (direct)	√	√	√	√	2	12
ADD A, @Ri	26, 27	(A) ← (A) + ((Ri))	√	√	√	√	1	12
ADD A, #data	24	(A) ← (A) +data	√	√	√	√	2	
ADDC A, Rn	38～3F	(A) ← (A) + (Rn) + (CY)	√	√	√	√	1	12
ADDC A, direct	35	(A)←(A)+(direct)+(CY)	√	√	√	√	2	12
ADDC A,@Ri	36,37	(A)←(A)+((Ri))+(CY)	√	√	√	√	1	12
ADDC A, #data	34	(A) ← (A) +data+ (CY)	√	√	√	√	2	12
SUBB A, Rn	98～9F	(A) ← (A) - (Rn) - (CY)	√	√	√	√	1	12
SUBB A, direct	95	(A)←(A)-(direct)-(CY)	√	√	√	√	2	12
SUBB A,@Ri	96,97	(A)←(A)-((Ri))-(CY)	√	√	√	√	1	12
SUBB A, #data	94	(A) ← (A) -data- (CY)	√	√	√	√	2	12
INC A	04	(A) ← (A) +1	√	×	×	×	1	12
INC Rn	08～0F	(Rn) ← (Rn) +1	×	×	×	×	1	12
INC direct	05	(direct) ← (direct) +1	×	×	×	×	2	12
INC @Ri	06, 07	((Ri)) ← ((Ri)) +1	×	×	×	×	1	12
INC DPTR	A3	(DPTR) ← (DPTR) +1	×	×	×	×	1	24
DEC A	14	(A) ← (A) -1	√	×	×	×	1	12
DEC Rn	18～1F	(Rn) ← (Rn) -1	×	×	×	×	1	12
DEC direct	15	(direct) ← (direct) -1	×	×	×	×	2	12
DEC @Ri	16, 17	((Ri)) ← ((Ri)) -1	×	×	×	×	1	12
MUL AB	A4	(A) (B) ← (A) × (B)	√	√	×	√	1	48
DIV AB	84	(A) (B) ← (A) ÷ (B)	√	√	×	√	1	48
DA A	D4	对 (A) 进行十进制调整	√	√	√	√	1	12

表 B-3 逻辑运算类指令

助记符	十六进制代码	功能	对标志位影响				字节数	晶振周期数
			P	OV	AC	CY		
ANL A, Rn	58～5F	(A) ← (A) ∧ (Rn)	√	×	×	×	1	12
ANL A, direct	55	(A) ← (A) ∧ (direct)	√	×	×	×	2	12
ANL A, @Ri	56, 57	(A) ← (A) ∧ ((Ri))	√	×	×	×	1	12

续表

助 记 符	十六进制代码	功 能	P	OV	AC	CY	字节数	晶振周期数
ANL A, #data	54	(A) ← (A) ∧ data	√	×	×	×	2	12
ANL direct, A	52	(direct) ← (direct) ∧ (A)	×	×	×	×	2	12
ANL direct, #data	53	(direct) ← (direct) ∧ data	×	×	×	×	3	24
ORL A, Rn	48～4F	(A) ← (A) ∨ (Rn)	√	×	×	×	1	12
ORL A, direct	45	(A) ← (A) ∨ (direct)	√	×	×	×	2	12
ORL A, @Ri	46, 47	(A) ← (A) ∨ ((Ri))	√	×	×	×	1	12
ORL A, #data	44	(A) ← (A) ∨ data	√	×	×	×	2	12
ORL direct, A	42	(direct) ← (direct) ∨ (A)	×	×	×	×	2	12
ORL direct, #data	43	(direct) ← (direct) ∨ data	×	×	×	×	3	24
XRL A, Rn	68～6F	(A) ← (A) ⊕ (Rn)	√	×	×	×	1	12
XRL A, direct	65	(A) ← (A) ⊕ (direct)	√	×	×	×	2	12
XRL A, @Ri	66, 67	(A) ← (A) ⊕ (Rn)	√	×	×	×	1	12
XRL A, #data	64	(A) ← (A) ⊕ data	√	×	×	×	2	12
XRL direct, A	62	(direct) ← (direct) ⊕ (A)	×	×	×	×	2	12
XRL direct, #data	63	(direct) ← (direct) ⊕ data	×	×	×	×	3	24
CLR A	E4	(A) ← 0	√	×	×	×	1	12
CPL A	F4	(A) ← ($\overline{A}$)	×	×	×	×	1	12
RL A	23	(A) 循环左移一位	×	×	×	×	1	12
RLC A	33	(A), (CY) 循环左移一位	√	×	×	√	1	12
RR A	03	(A) 循环右移一位	×	×	×	×	1	12
RRC A	13	(A), (CY) 循环右移一位	√	×	×	√	1	12
SWAP A	C4	(A) 半字节交换	×	×	×	×	1	12
CLR C	C3	(CY) ← 0	×	×	×	√	1	12
CLR bit	C2	(bit) ← 0	×	×	×	×	2	12
SETB C	D3	(CY) ← 1	×	×	×	√	1	12
SETB bit	D2	(bit) ← 1	×	×	×	×	2	12
CPL C	B3	(CY) ← ($\overline{CY}$)	×	×	×	√	1	12
CPL bit	B2	(bit) ← ($\overline{bit}$)	×	×	×	×	2	12
ANL C, bit	82	(CY) ← (CY) ∧ (bit)	×	×	×	√	2	24
ANL C, /bit	B0	(CY) ← (CY) ∧ ($\overline{bit}$)	×	×	×	√	2	24
ORL C, bit	72	(CY) ← (CY) ∨ (bit)	×	×	×	√	2	24
ORL C, /bit	A0	(CY) ← (CY) ∨ ($\overline{bit}$)	×	×	×	√	2	24

表 B-4 控制转移类指令

助 记 符	十六进制代码	功 能	对标志位影响 P	OV	AC	CY	字节数	晶振周期数
AJMP addr11	Y1①	(PC) ← (PC) +2 (PC) 10-0 ← addr11	×	×	×	×	2	24
LJMP addr16	02	(PC) ← adrr16	×	×	×	×	3	24
SJMP rel	80	(PC) ← (PC) +2 (PC) ← (PC) +rel	×	×	×	×	2	24
JMP @A+DPTR	73	(PC) ← (A) + (DPTR)	×	×	×	×	1	24
JZ rel	60	(PC) ← (PC) +2,若(A) = 0, 则(PC) ← (PC) +rel	×	×	×	×	2	24
JNZ rel	70	(PC) ← (PC) +2,若(A) ≠ 0, 则(PC) ← (PC) +rel	×	×	×	×	2	24
JC rel	40	(PC) ← (PC) +2,若(CY) = 1, 则(PC) ← (PC) +rel	×	×	×	×	2	24
JNC rel	50	(PC) ← (PC) +2,若(CY) = 0, 则(PC) ← (PC) +rel	×	×	×	×	2	24
JB bit,rel	20	(PC) ← (PC) +3,若(bit) = 1, 则(PC) ← (PC) +rel	×	×	×	×	3	24
JNB bit,rel	30	(PC) ← (PC) +3,若(bit) = 0, 则(PC) ← (PC) +rel	×	×	×	×	3	24
JBC bit, rel	10	(PC) ← (PC) +3, 若 (bit) = 1, 则 (bit) ← 0 (PC) ← (PC) +rel	×	×	×	×	3	24
CJNE A, direct, rel	B5	(PC) ← (PC) +3 若 (A) > (direct), 则 (PC) ← (PC) +rel, (CY) ← 0 若 (A) < (direct), 则 (PC) ← (PC) +rel, (CY) ← 1	×	×	×	×	3	24
CJNE A, #data, rel	B4	(PC) ← (PC) +3 若 (A) > data, 则 (PC) ← (PC) +rel, (CY) ← 0 若 (A) < data, 则 (PC) ← (PC) +rel, (CY) ← 1	×	×	×	×	3	24

续表

助 记 符	十六进制代码	功 能	对标志位影响				字节数	晶振周期数
			P	OV	AC	CY		
CJNE Rn, #data, rel	B8～BF	(PC) ← (PC) +3, 若 (Rn) >data, 则 (PC) ← (PC) +rel, (CY) ←0 若 (Rn) <data, 则 (PC) ← (PC) +rel, (CY) ←1	×	×	×	×	3	24
CJNE @Ri, #data, rel	B6, B7	(PC) ← (PC) +3, 若 ((Ri)) >data, 则 (PC) ← (PC) +rel, (CY) ←0 若 ((Ri)) <data, 则 (PC) ← (PC) +rel, (CY) ←1	×	×	×	√	3	24
DJNZ Rn, rel	D8～DF	(PC) ← (PC) +2 (Rn) > (Rn) -1 若 (Rn) ≠0, 则 (PC) ← (PC) +rel	×	×	×	√	2	24
DJNZ direct, rel	D5	(PC) ← (PC) +3 (direct) ← (direct) -1 若 (direct) ≠0, 则 (PC) ← (PC) +rel	×	×	×	×	3	24
ACALL addr11	X1②	(PC) ← (PC) +2 (SP) ← (SP) +1 ((SP)) ← (PCL) (SP) ← (SP) +1 ((SP)) ← (PCH) (PC) 10-0←addr11	×	×	×	×	3	24
LCALL addr16	12	(PC) ← (PC) +3 (SP) ← (SP) +1 ((SP)) ← (PCL) (SP) ← (SP) +1 ((SP)) ← (PCH) (PC) ←addr16	×	×	×	×	3	24
RET	22	(PCH) ← ((SP)) (SP) ← (SP) -1 (PCL) ← ((SP)) (SP) ← (SP) -1	×	×	×	×	1	24

续表

助 记 符	十六进制代码	功　能	对标志位影响			字节数	晶振周期数
			P	OV	AC CY		
RETI	32	(PCH) ← ((SP)) (SP) ← (SP) -1 (PCL) ← ((SP)) (SP) ← (SP) -1 从中断返回	×	×	× ×	1	24
NOP	00	(PC) ← (PC) +1，空操作	×	×	× ×	1	12

①Y = 0, 2, 4, 6, 8, A, C, E
②X = 1, 3, 5, 7, 9, B, D, F

附录 C 常用芯片引脚图

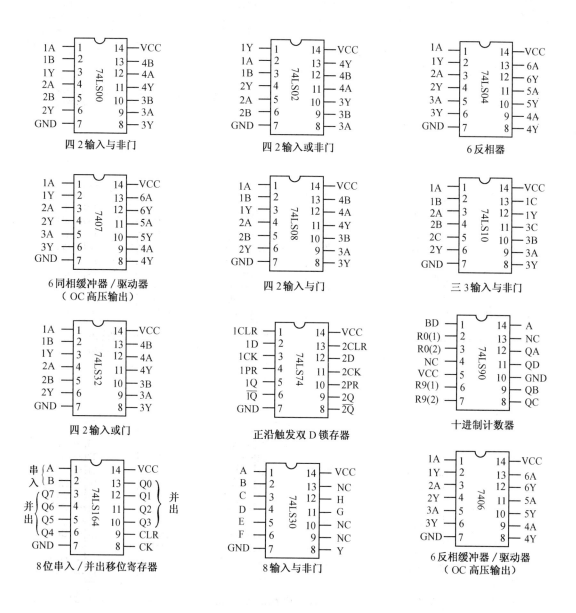

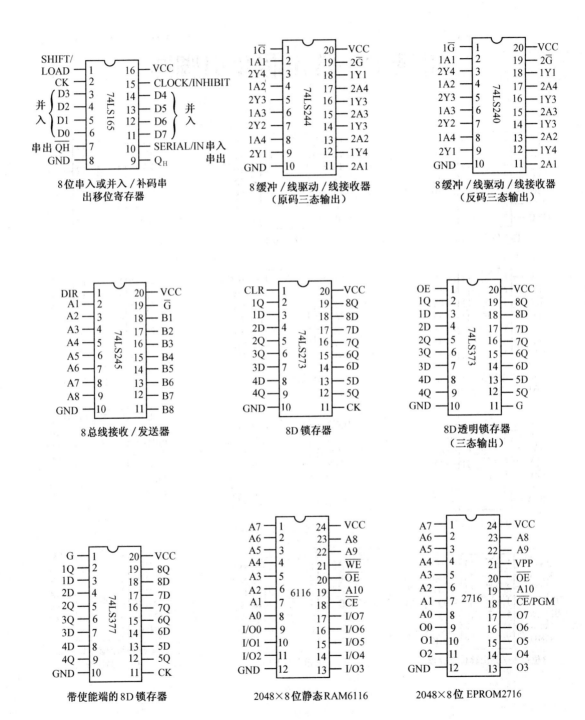

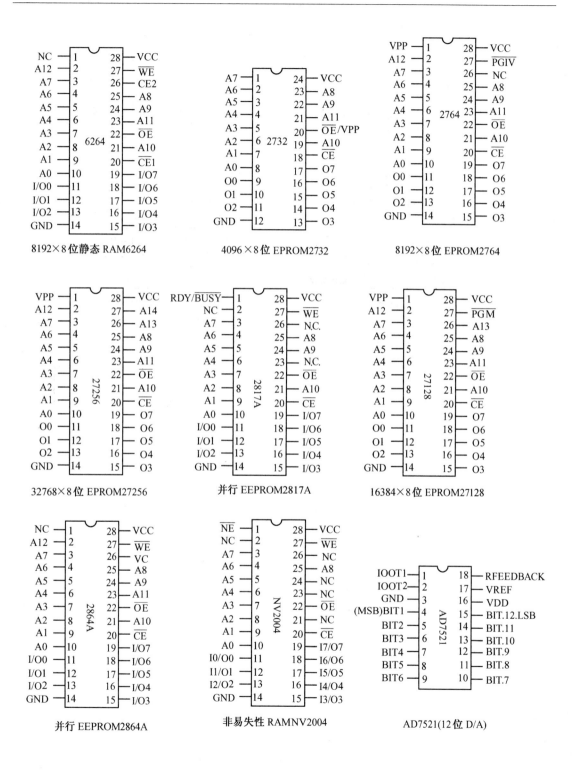

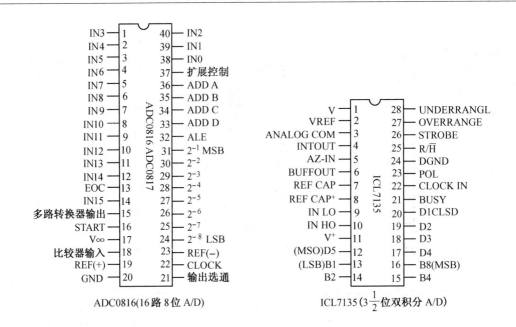

ADC0816(16路8位 A/D)　　　ICL7135($3\frac{1}{2}$位双积分 A/D)

参 考 文 献

[1] 李广弟. 单片机基础. 北京：北京航空航天大学出版社，1994.
[2] 孙涵芳，徐爱卿. 89C51/96系列单片机原理及应用. 北京：北京航空航天大学出版社，1988.
[3] 徐惠民，安德宁. 单片微型计算机原理、接口及应用. 北京：北京邮电大学出版社，2000.
[4] 姚凯军. 单片机原理及应用. 重庆：重庆大学出版社，1998.
[5] 何立民. 单片机应用系统设计. 北京：北京航空航天大学出版社，1990.
[6] 周明德. 微型计算机硬件、软件及其应用. 北京：清华大学出版社，1984.
[7] 张迎新. 单片微型计算机原理、应用及接口技术. 北京：国防工业出版社，1993.
[8] 曹素芬. 单片微型计算机原理与接口技术. 沈阳：东北大学出版社，1994.
[9] 何立民. I^2C总线应用系统设计. 北京：北京航空航天大学出版社，1995.
[10] 李全利. 单片机原理及应用技术. 北京：高等教育出版社，2001.
[11] 王晓明. 单片机教程. 沈阳：东北大学出版社，2001.
[12] 张伟. 单片机原理及应用. 北京：机械工业出版社，2002.
[13] 徐爱均. 智能化测量控制仪表原理与设计. 北京：北京航空航天大学出版社，1995.
[14] 李朝青. 单片机原理及接口技术. 简明修订版. 北京：北京航空航天大学出版社，1999.
[15] 张志良. 单片机原理与控制技术. 2版. 北京：机械工业出版社，2005.